全国高等职业教育“十二五”规划教材
中国电子教育学会推荐教材
全国高等院校规划教材 · 精品与示范系列

电子技术实验与课程设计

张慧敏　黄　祎　主　编
陶亚雄　主　审

電子工業出版社
Publishing House of Electronics Industry
北京 · BEIJING

内 容 简 介

本书是根据教育部新的教学改革要求及电子技术课程近几年的教改成果进行编写的。全书分为 4 章：第 1 章电子技术实验操作基础，主要介绍常用元器件的识别和正确使用、常用仪器仪表的原理及使用方法；第 2 章模拟电子技术实验，介绍实验过程中的操作与检测方法；第 3 章数字电子技术实验，介绍数字电子实验过程中的操作与检测方法；第 4 章电子技术课程设计，结合 6 个综合实验课题详细分析课程设计的设计思路和设计方法，同时给出参考电路。

本书为高等职业本专科院校电子信息类、通信类、计算机类、自动化类、机电类等专业电子技术课程的教材，也可作为开放大学、成人教育、自学考试、中职学校和培训班的教材，以及电子工程技术人员的参考书。

本书配有免费的电子教学课件等，详见前言。

图书在版编目（CIP）数据

电子技术实验与课程设计 / 张慧敏，黄祎主编. —北京：电子工业出版社，2017.1
全国高等院校规划教材. 精品与示范系列
ISBN 978-7-121-29283-5

Ⅰ. ①电… Ⅱ. ①张…②黄… Ⅲ. ①电子技术－实验－高等职业教育－教材②电子技术－课程设计－高等职业教育－教材 Ⅳ. ①TN

中国版本图书馆 CIP 数据核字（2016）第 152071 号

策划编辑：陈健德（E-mail：chenjd@phei.com.cn）
责任编辑：张　京
印　　刷：北京七彩京通数码快印有限公司
装　　订：北京七彩京通数码快印有限公司
出版发行：电子工业出版社
　　　　　北京市海淀区万寿路 173 信箱　邮编 100036
开　　本：787×1 092　1/16　印张：12　字数：307.2 千字
版　　次：2017 年 1 月第 1 版
印　　次：2021 年 2 月第 3 次印刷
定　　价：28.00 元

凡所购买电子工业出版社图书有缺损问题，请向购买书店调换。若书店售缺，请与本社发行部联系，联系及邮购电话：（010）88254888，88258888。

质量投诉请发邮件至 zlts@phei.com.cn，盗版侵权举报请发邮件至 dbqq@phei.com.cn。

本书咨询联系方式：chenjd@phei.com.cn。

前言

近年来，电子信息产业对国家经济建设的影响越来越大，电子技术发展日新月异，各种新器件、新电路、新技术、新工艺如雨后春笋般涌现。各高职院校要培养出符合社会发展需求的电子信息类专门技能人才，电子技术课程就必须进行教学改革，及时反映行业新进展，结合企业岗位技能变化，采用新内容、新思路和新方法。我们结合行业技术发展以及近几年来不断取得的课程改革成果编写本书。

本书力求实现理论与实践相结合，内容编写遵守循序渐进的原则，由浅入深，深入浅出，图文并茂，突出实用性和可操作性。全书共分为 4 章：第 1 章电子技术实验操作基础，主要介绍常用元器件的识别使用方法，万用表、示波器、函数发生器的使用方法；第 2 章模拟电子技术实验，主要介绍晶体管共射极放大器、场效应管放大器、负反馈放大器、RC 正弦波振荡器、LC 正弦波振荡器、低频功率放大器等 14 个模拟电子技术的常用实验原理和操作方法；第 3 章数字电子技术实验，主要介绍 TTL 集成逻辑门的逻辑功能与参数测试、译码器及其应用、触发器及其应用、计数器及其应用、移位寄存器及其应用，以及 D/A、A/D 转换器等 9 个数字电子技术实验的操作方法；第 4 章电子技术课程设计，主要结合智力竞赛抢答装置、电子秒表、数字频率计、拔河游戏机等 6 个电子技术综合实验课题项目，介绍本课程设计的思路和方法，帮助和提升学生的综合应用能力，为学习和掌握后续专业课程的相关知识和技能奠定坚实的基础。本课程参考学时为 50～64 学时，其中综合实训 20～40 学时，各校可结合实际情况进行适当调整与安排。在教学过程中，建议尽量使用多媒体进行教学，讲授与演示相结合，提高教学效果。

本书为高等职业本专科院校电子信息类、通信类、计算机类、自动化类、机电类等专业电子技术课程的教材，也可作为开放大学、成人教育、自学考试、中职学校和培训班的教材，以及电子工程技术人员的参考书。

本书由重庆电子工程职业学院张慧敏、黄祎主编，由陶亚雄教授主审。具体分工为：第 1 章和附录由黄祎编写，第 2～4 章由张慧敏编写。在本书的编写过程中，得到了浙江天煌科技实业有限公司和深圳市鼎阳科技有限公司的大力支持；陶亚雄教授对本书提出了宝贵的修改意见，在此一并表示衷心的感谢！

由于编者水平有限，书中难免存在不妥和疏漏之处，恳请读者批评指正。

为方便教学，本书配有免费的电子教学课件等，请有需要的教师登录华信教育资源网（http://www.hxedu.com.cn）免费注册后进行下载，如有问题请在网站留言或与电子工业出版社联系（E-mail: hxedu@phei.com.cn)。

编　者

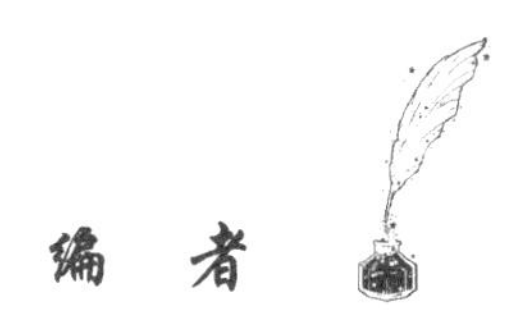

目 录

1.1 常用元器件的识别与使用

1.1.1 电阻器

电阻器（Resistor）简称电阻，是电子产品中常见的一种元器件，在电路中具有限流、分压、检测和阻抗匹配等作用。电阻在物理学中表示导体对电流阻碍作用的大小，用符号 R 表示。导体的电阻越大，表明导体对电流的阻碍作用越大。电阻的基本单位为欧姆，常用单位还有千欧、兆欧等，其对应的符号为：Ω（欧姆）、kΩ（千欧）、MΩ（兆欧）。电阻的单位换算关系为 $1\ \text{M}\Omega=10^3\ \text{k}\Omega=10^6\ \Omega$。

1. 电阻器的分类

电阻器有不同的分类方法，基于其阻值特性可分为三类：固定式电阻器、可变式电阻器和特种电阻器。

1）固定式电阻器

阻值固定的电阻器称为固定式电阻器。根据材料和工艺的不同，固定式电阻器又分为线绕电阻器、实芯电阻器、薄膜电阻器等。

线绕电阻器分为通用线绕电阻器、精密线绕电阻器、大功率线绕电阻器和高频线绕电阻器等，用康铜或锰铜、镍铬合金电阻丝，在陶瓷骨架上绕制成。它的特点是精确度高、工作稳定、耐热性能好、误差范围小、价格也较高。

实芯电阻器又可分为有机实芯电阻器和无机实芯电阻器两种。有机实芯电阻器具有较强的抗负荷能力。无机实芯电阻器温度系数较大，阻值范围较小。

薄膜电阻器分为碳膜电阻器、合成碳膜电阻器、金属膜电阻器、金属氧化膜电阻器、化学沉积膜电阻器、玻璃釉膜电阻器和金属氮化膜电阻器等。

图 1-1 中给出了几种常见固定式电阻器的实物图。

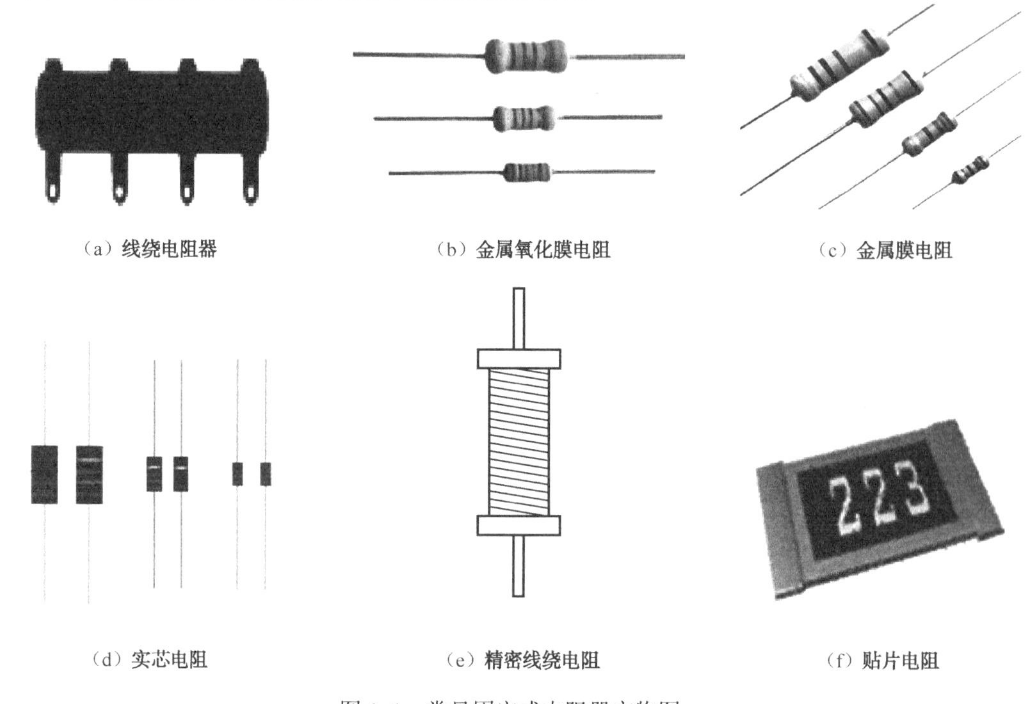

（a）线绕电阻器　（b）金属氧化膜电阻　（c）金属膜电阻

（d）实芯电阻　（e）精密线绕电阻　（f）贴片电阻

图 1-1　常见固定式电阻器实物图

图 1-2 中给出了常见固定式电阻器的图形符号。

图 1-2　常见固定式电阻器的图形符号

2）可变式电阻器

阻值可以连续调整的电阻器称为可变式电阻器，它通过调节转轴使输出的电阻值发生改变，从而达到改变电位的目的，这种连续可调的电阻器又称为电位器。常用在需要经常调节阻值的电路中，起调压、整流或信号控制等作用，其主要参数与固定电阻器基本相同。

可变电阻器根据其操作方式可分为单圈式电阻器、多圈式电阻器；根据其导电介质可分为碳膜电位器、线绕电位器、导电塑料电位器等；根据功能又可分为音量电位器、调速电位器等。常见可变电阻器的实物图如图 1-3 所示。常用可变电阻器的图形符号如图 1-4 所示。

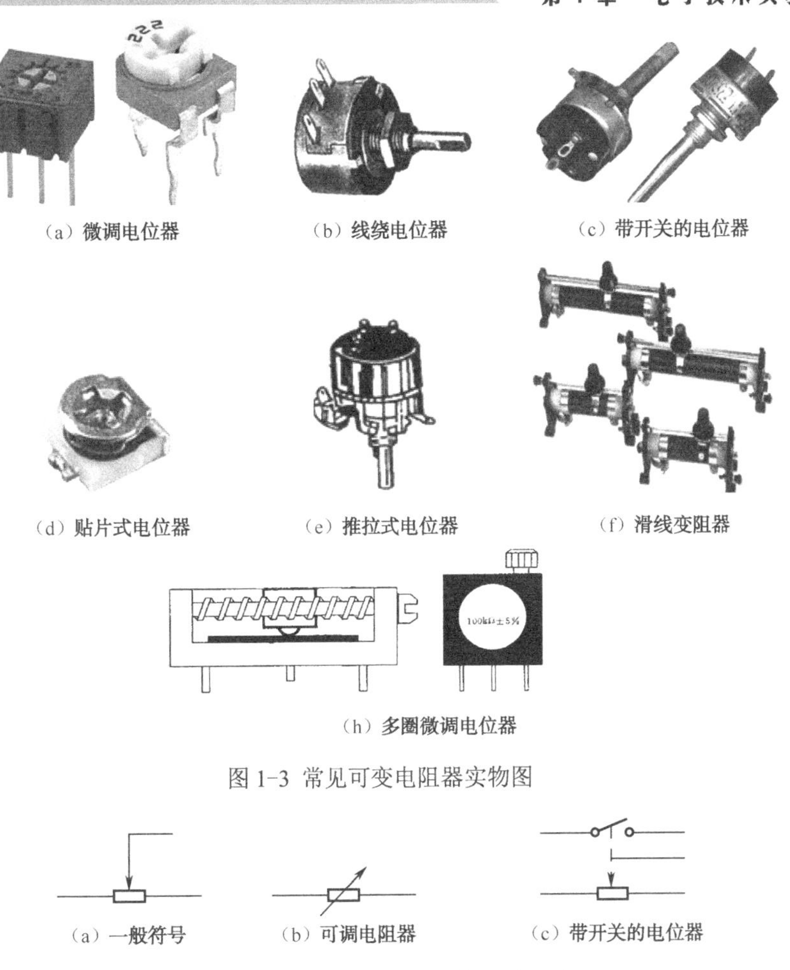

图1-3 常见可变电阻器实物图

图1-4　常用可变电阻器的图形符号

3）特种电阻器

具有特殊作用的电阻器称为特种电阻器，又称敏感电阻器，使用不同材料和工艺制造的半导体电阻，具有对温度、光照度、湿度、压力、磁通量、气体浓度等非电物理量敏感的性质。利用这些特性，可以构成检测不同物理量的传感器。这类电阻主要应用于自动检测和自动控制领域中。常见的特种电阻器有压敏电阻器、热敏电阻器、光敏电阻器、气敏电阻器、磁敏电阻器和湿敏电阻器等。常见特种电阻器的实物图如图 1-5 所示。常见特种电阻器的图形符号如图 1-6 所示。

2. 电阻器的命名

国产电阻器的命名一般由四部分构成：第一部分是主称，用字母表示，常用 R 表示固定电阻器，用 W 表示可变电阻器，用 M 表示敏感电阻器；第二部分是材料，用字母表示，表示电阻体用什么材料制成；第三部分为分类，一般用数字表示，个别类型用字母表示，表示产品属于什么类型；第四部分为序号，用数字表示，表示同类产品中的不同品种，以区分产品的外形尺寸和性能指标等。表 1-1 给出了固定电阻器和可变电阻器的名称构成。

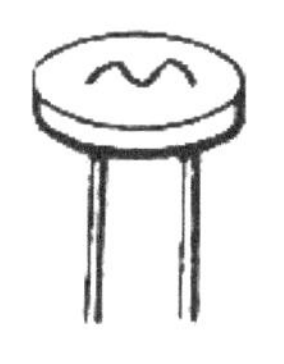
（a）光敏电阻器

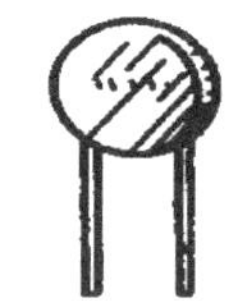
（b）热敏电阻器

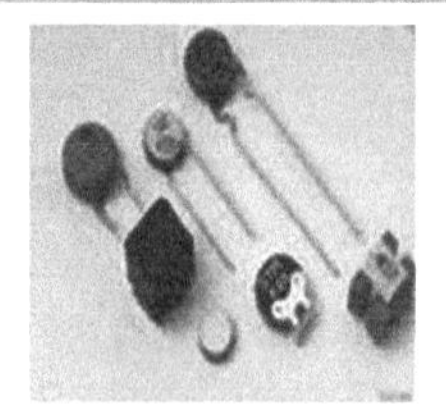
（c）压敏电阻器

（d）湿敏电阻器

（e）气敏电阻器

（f）磁敏电阻器

图 1-5　常见的特种电阻器实物图

（a）光敏电阻器

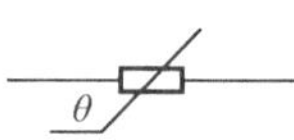

（b）热敏电阻器

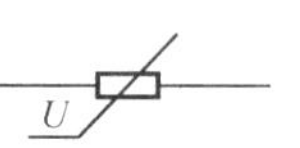

（c）压敏电阻器

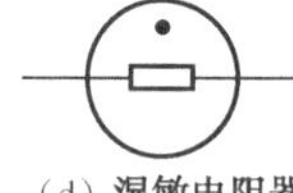
（d）湿敏电阻器

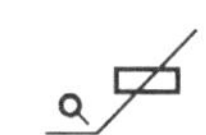
（e）气敏电阻器

（f）磁敏电阻器

图 1-6　常见特种电阻器的图形符号

表 1-2 给出了特种变阻器的名称构成。

表 1-1　固定电阻器和可变电阻器命名（不含特种电阻器）

<table>
<tr><th colspan="2" rowspan="2">第一部分：主称</th><th colspan="2" rowspan="2">第二部分：电阻体材料</th><th colspan="3">第三部分：特征分类</th><th rowspan="3">第四部：分序号</th></tr>
<tr><th rowspan="2">符号</th><th colspan="2">意义</th></tr>
<tr><th>符号</th><th>含义</th><th>字母</th><th>含义</th><th>固定电阻器</th><th>可变电阻器</th></tr>
<tr><td>R</td><td>固定电阻器</td><td>T</td><td>碳膜</td><td>1</td><td>普通</td><td>普通</td><td rowspan="11">对主称、材料相同，仅性能指标、尺寸大小有差别，但基本不影响互换使用的产品，给予同一序号；若其性能指标、尺寸大小明显影响互换，则在序号后面用大写字母作为区别代号</td></tr>
<tr><td>W</td><td>可变电阻器</td><td>H</td><td>合成膜</td><td>2</td><td>普通</td><td>普通</td></tr>
<tr><td rowspan="9"></td><td rowspan="9"></td><td>S</td><td>有机实芯</td><td>3</td><td>超高频</td><td>—</td></tr>
<tr><td>N</td><td>无机实芯</td><td>4</td><td>高阻</td><td>—</td></tr>
<tr><td>J</td><td>金属膜</td><td>5</td><td>高温</td><td>—</td></tr>
<tr><td>Y</td><td>氧化膜</td><td>6</td><td>—</td><td>—</td></tr>
<tr><td>C</td><td>沉积膜</td><td>7</td><td>精密</td><td>精密</td></tr>
<tr><td>I</td><td>玻璃釉膜</td><td>8</td><td>高压</td><td>特殊函数</td></tr>
<tr><td>P</td><td>硼碳膜</td><td>9</td><td>特殊</td><td>特殊</td></tr>
<tr><td>U</td><td>硅碳膜</td><td>G</td><td>高功率</td><td>—</td></tr>
<tr><td>X</td><td>线绕</td><td>T</td><td>可调</td><td>—</td></tr>
</table>

表 1-2 特种电阻器命名

第一部分：主称	第二部分（类别或材料）		第三部分（用途或特征）	第四部分
M		ZB：铂热敏电阻器	数字或字母	序号
		ZT：铜热敏电阻器		
		ZN：镍热敏电阻器		
		ZH：合金热敏电阻器		
	F：直热式负温度系数热敏电阻器			
	FP：旁热式负温度系数热敏电阻器			
	G：光敏电阻器			
	Y：压敏电阻器			
	S：湿敏电阻器			
	Q：气敏电阻器			
	L：力敏电阻器			
	C：磁敏电阻器			

3. 电阻器的主要特性参数

电阻器的主要特性参数见表 1-3。

表 1-3 电阻器的主要特性参数

参数名称	内容
标称阻值	电阻器上面所标示的阻值
允许误差	标称阻值与实际阻值的差值和标称阻值之比的百分数称为阻值偏差，它表示电阻器的精度。允许误差与精度等级的对应关系如下：±0.5%—0.05、±1%—0.1（或 00）、±2%—0.2（或 0）、±5%—Ⅰ级、±10%—Ⅱ级、±20%—Ⅲ级。误差越小，精度越高
额定功率	在正常的大气压力 90～106.6 kPa 及环境温度为-55 ℃～+70 ℃的条件下，电阻器长期工作所允许耗散的最大功率。如线绕电阻器额定功率系列为（W）1/20、1/8、1/4、1/2、1、2、4、8、10、16、25、40、50、75、100、150、250、500，非线绕电阻器额定功率系列为（W）1/20、1/8、1/4、1/2、1、2、5、10、2、5、50、100
额定电压	由阻值和额定功率换算出的电压
最高工作电压	允许的最大连续工作电压。在低气压工作时，最高工作电压较低
温度系数	温度每变化 1℃所引起的电阻值的相对变化。温度系数越小，电阻的稳定性越好。阻值随温度升高而增大的为正温度系数，反之为负温度系数
老化系数	电阻器在额定功率长期负荷下，阻值相对变化的百分数。它是表示电阻器寿命长短的参数
电压系数	在规定的电压范围内，电压每变化 1 V，电阻器的相对变化量
噪声	产生于电阻器中的一种不规则的电压起伏，包括热噪声和电流噪声两部分。热噪声是由于导体内部不规则的电子自由运动，使导体任意两点的电压不规则变化

4. 电阻器的阻值表示

电阻器的阻值表示方法通常有4种：直标法、文字符号法、数码法和色标法。

1）直标法

用数字和单位符号在电阻器表面标出阻值，其允许误差直接用百分数表示，若电阻上未注偏差，则均为±20%。图1-7给出了直标法的表示方式。

2）文字符号法

用阿拉伯数字和文字符号两者有规律的组合来表示标称阻值，其允许偏差也用文字符号表示。图1-8给出了文字符号法表示电阻的方式。

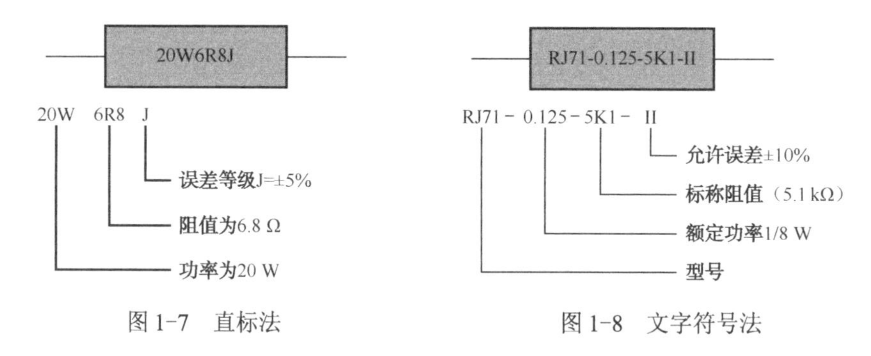

图1-7　直标法　　图1-8　文字符号法

3）数码法

数码法是在电阻体的表面用三位数字或两位数字加R或用四位数字来表示标称值的方法。

（1）三位数字标注法：第一个数字代表第一位有效数字；第二个数字代表第二位有效数字；第三个数字代表乘数以10为底的指数次幂的指数值，单位为Ω。

例如，标注为“103”的电阻阻值，前两个数字“10”为有效数字，“3”为10的幂次方的指数值，其阻值为10×10^3 Ω=10 kΩ。

（2）两位数字后加R标注法：第一个数字表示第一位有效数字，第二个数字表示第二位有效数字，字母R表示两位数字之间的小数点，单位为Ω。

例如，标注为“51R”的电阻其电阻值为5.1 Ω。

（3）两位数字中间加R的表示法：第一个数字表示第一位有效数字，第一个数字后面的R表示前后两个数字之间的小数点，R后的数字表示末尾数字，即小数点后的有效数字，单位为Ω。

例如，标注为“5R1”的电阻其电阻值为5.1 Ω。

（4）四位数字表示法：前三个数字依次表示电阻值的有效值，第4位数字表示乘数以10为底的指数次幂的指数值，单位为Ω。

例如，标注为“5032”的电阻的阻值表示：503×10^2 Ω=50.3 kΩ。

4）色标法

色标法是用不同颜色的带或点在电阻器表面标出标称阻值和允许偏差的方法。国外电

阻大部分采用色标法。色环电阻可分为三环、四环和五环三种表示方式。当为三环时，前两环对应的为有效数字，第三环为乘方数，允许误差均为±20%。当为四环时，最后一环必为金色或银色，前两环为有效数字，第三环为乘方数，第四环为偏差。当为五环时，最后一环与前面四环距离较大。前三环为有效数字，第四环为乘方数，第五环为偏差。色标法的具体参数规定如表 1-4 所示。

表 1-4　色标法的符号规定

颜色参数	棕	红	橙	黄	绿	蓝	紫	灰	白	黑	金	银	无
有效数字	1	2	3	4	5	6	7	8	9	0	—	—	—
乘数	10^1	10^2	10^3	10^4	10^5	10^6	10^7	10^8	10^9	10^0	10^{-1}	10^{-2}	—
偏差（%）	±1	±2	—	—	±0.5	±0.25	±0.1	—	50 −20	—	±5	±10	±20
额定电压（V）	6.3	10	16	25	32	40	50	63	—	4	—	—	—

图 1-9 中给出了四环和五环标注法的实例。

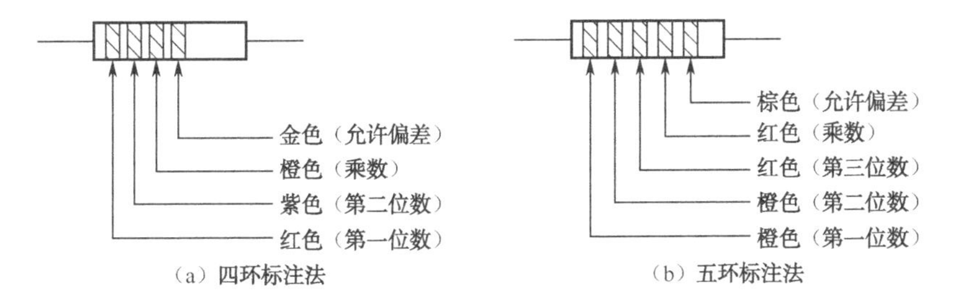

图 1-9　四环和五环标注法

在图 1-9（a）中，电阻的阻值为 $27\times10^3\ \Omega=27\ \text{k}\Omega$，允许偏差为±5%；在图 1-9（b）中，电阻的阻值为 $332\times10^2\ \Omega=33.2\ \text{k}\Omega$。

1.1.2　电容器

电容器简称电容，是一种储能元件，常用于谐振、耦合、隔直、交流旁路等电路中。也是电子产品中不可缺少的一种基本元器件。电容器用符号“C”表示。

电容器常用的单位有：法拉（F）、毫法（mF）、微法（μF）、纳法（nF）和皮法（pF）等，其换算关系为：$1\text{F}=10^3\ \text{mF}=10^6\ \mu\text{F}=10^9\ \text{nF}=10^{12}\ \text{pF}$。实际中常用的是微法（μF）和皮法（pF）两个单位。

1. 电容的分类

电容种类繁多，电容的分类方式有多种：按容量是否可调，可分为固定电容器、可变电容器、微调电容器；按极性可分为无极性电容、有极性电容；按介质材料可分为有机介质电容、无机介质电容、气体介质电容、电解质电容等。

1）固定电容器

固定电容器指制成后电容量固定不变的电容器，又分为有极性电容器和无极性电容器两种。常见固定电容器实物图如图 1-10 所示。常见固定电容的图形符号如图 1-11 所示。

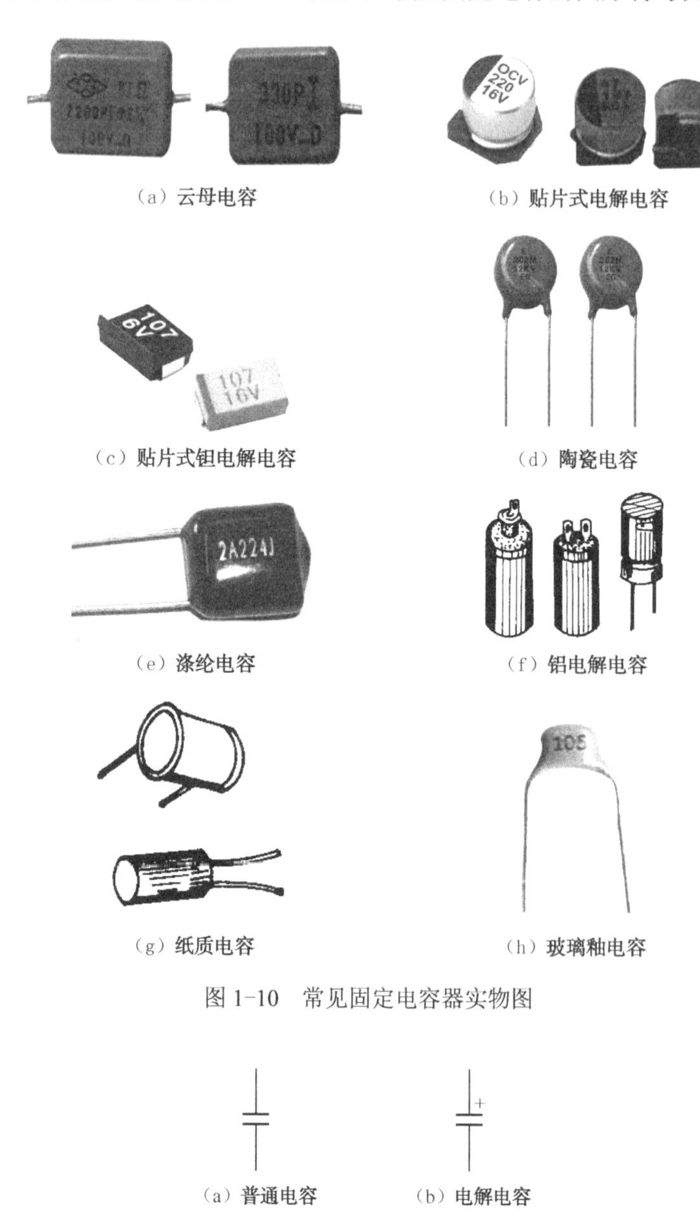

（a）云母电容　（b）贴片式电解电容

（c）贴片式钽电解电容　（d）陶瓷电容

（e）涤纶电容　（f）铝电解电容

（g）纸质电容　（h）玻璃釉电容

图 1-10　常见固定电容器实物图

（a）普通电容　（b）电解电容

图 1-11　常见固定电容器的图形符号

2）可变电容器

可变电容器即可变电容，是电容量可在一定范围内调节的电容器。常见可变电容器实物如图 1-12 所示。常用可变电容器的图形符号如图 1-13 所示。

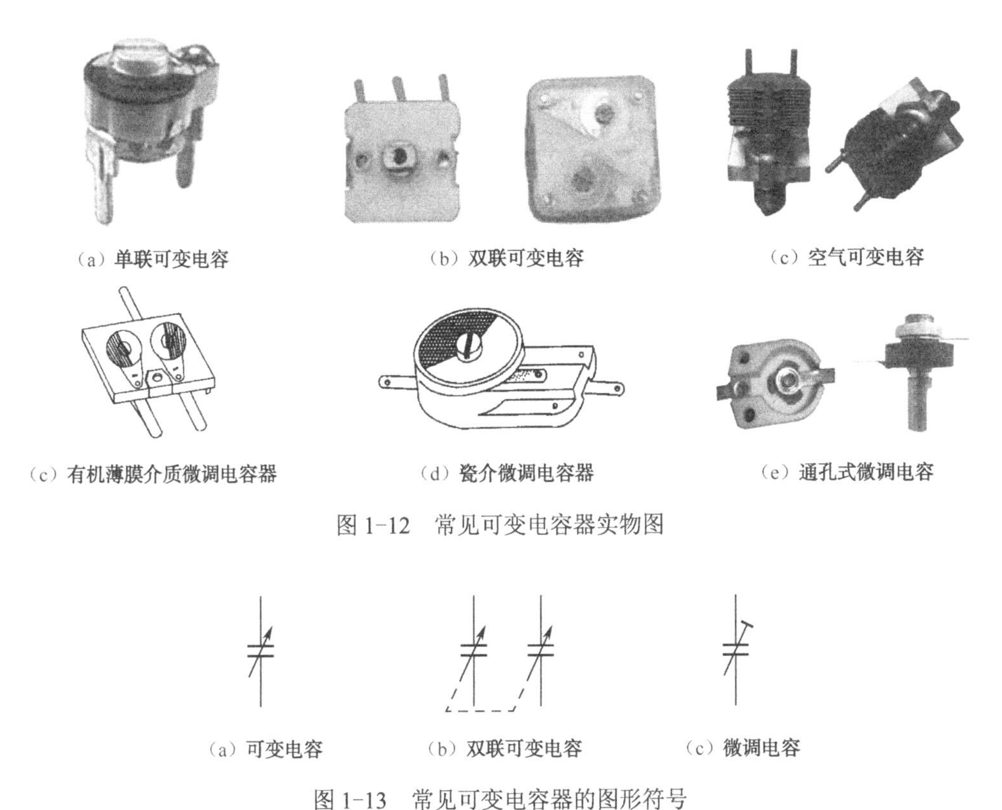

图 1-12　常见可变电容器实物图

图 1-13　常见可变电容器的图形符号

2. 电容的命名

电容器的命名和电阻类似，由四部分构成（见图 1-14），第一部分是主称，用字母“C”表示；第二部分（见表 1-5）表示构成电容器的材料，用字母表示；第三部分为特征分类（见表 1-6），一般用数字表示，个别用字母表示，表示产品的类型；第四部分为序号，表示同类产品中的不同品种。

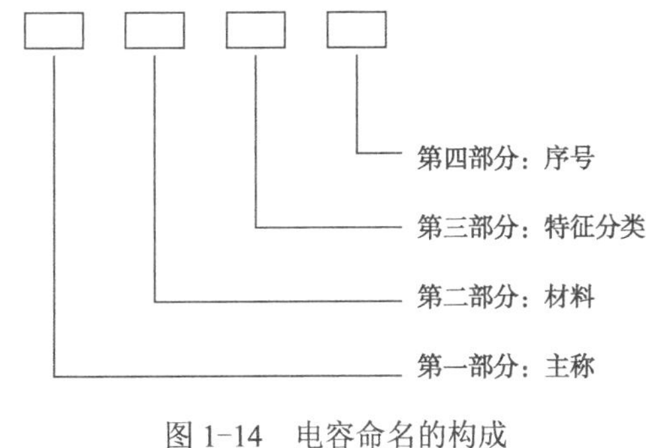

图 1-14　电容命名的构成

电容器命名中，第二部分材料符号的意义见表 1-5。

表 1-5　电容器材料符号的意义

符　号	含　义	符　号	含　义	符　号	含　义
A	钽电解质	B	聚苯乙烯	C	高频瓷介
D	铝电解	F	聚四氟乙烯	G	合金电解质
H	复合介质	I	玻璃釉	J	金属化纸介
L	涤伦	N	铌电解质	O	玻璃膜
Q	漆膜	S	聚碳酸酯	T	低频瓷介
Y	云母	Z	纸介	BB	聚丙烯

表 1-6　电容器的特征表示

数字	1	2	3	4	5	6	7	8	9
瓷介	圆片	管型	叠片	独石	穿心	支柱		高压	
云母	非密封		密封					高压	
有机	非密封		密封					高压	特殊
电解	筒式		烧结粉液体	烧结粉固体		无极性			特殊
字母	**C**	**D**	**J**	**M**	**S**	**W**	**X**	**Y**	
含义	穿心	低压	金属化	密封	独石	微调	小型	高压	

例如，CC1-2 为高频圆片瓷介电容，序号为 2。

3. 电容的主要技术参数

（1）耐压：电容的耐压指在允许环境温度范围内，电容长期安全工作所能承受的最大电压有效值。常用固定式电容的直流工作电压系列为：6.3 V、10 V、16 V、25 V、40 V、63 V、100 V、160 V、250 V、400 V、500 V、630 V、1 000 V 等。

（2）允许误差等级：电容的允许误差等级是电容的标称容量与实际电容量的最大允许偏差范围。

（3）标称电容量：电容的标称电容量指标示在电容表面的电容量。

4. 电容器的表示方法

电容器标称容值与电阻器类似，可参照电阻的表示方法理解，主要有以下几种。

（1）直标法：将电容器的容量、正负极性、耐压、偏差等参数直接标注在电容体上，这种方法主要用于体积比较大的元器件，如电解电容。

（2）数字字母混合标注法：将电容器主要参数用文字符号和数字有规律的组合来表示的方法。标称值中常用符号是：F、m、μ、n、p 等，常用到“μ”和“n”。

例如，“p68”表示 0.68 pF；“4n7”　表示 4 700 pF；“3μ3”表示 3.3 μF。

（3）数码法：是用三位数码来表示电容器参数的方法，其允许偏差通常用字母符号表示。识别方法与电阻器一样，单位为 pF。但当第三位数字为“9”时，表示的是 10^{-1}。

例如，“339”表示 3.3 pF；“472”表示 4 700 pF。

（4）数字表示法：数字表示法是只标数字不标单位的直接表示法。采用此种方法仅限于单位为 pF 和 μF 两种情况，一般无极性电容默认单位为 pF，电解电容默认单位为 μF。

（5）色标法：使用的颜色和规则与电阻器一样，色码表示法与电阻器的色环表示法类似，颜色涂于电容器的一端或从顶端向引线排列。色码一般只有三种颜色，前两环为有效数字，第三环为位率，色码代表的数码则表示有效数字后面添加的“0”的个数，容量单位为 pF。十种颜色（黑、棕、红、橙、黄、绿、蓝、紫、灰和白）分别对应 0～9 十位数字。

例如，沿着引线方向，第一色环的颜色为棕，代表数字“1”；第二色环的颜色为黑，代表数字“0”；第三色环的颜色为黄，代表数字“4”；则其数码为 104，即 0.1 μF。

1.1.3 电感器

电感器简称电感，是一种将电能转化为磁能并储存起来的元件，也是一种基本的电子元器件。一般情况下电感器主要指电感线圈和变压器。

1. 电感线圈

电感线圈是利用自感作用的元件，在电路中起调谐、振荡、滤波、阻波、延迟、补偿等作用。常用的单位有亨利（H）、毫亨（mH）、微亨（μH）等，其换算关系为：$1\ \text{H}=10^3\ \text{mH}=10^6\ \mu\text{H}$。

（1）电感线圈的分类

电感线圈的分类方式有很多种，按电感值的特性分为固定电感线圈和可变电感线圈；按导磁性质分为空心线圈、磁芯线圈；按工作性质分为天线线圈、震荡线圈、低频扼流线圈、高频扼流线圈；按耦合方式又分为自感应线圈和互感应线圈。

常见的电感线圈实物图如图 1-15 所示。常见电感线圈的图形符号如图 1-16 所示。

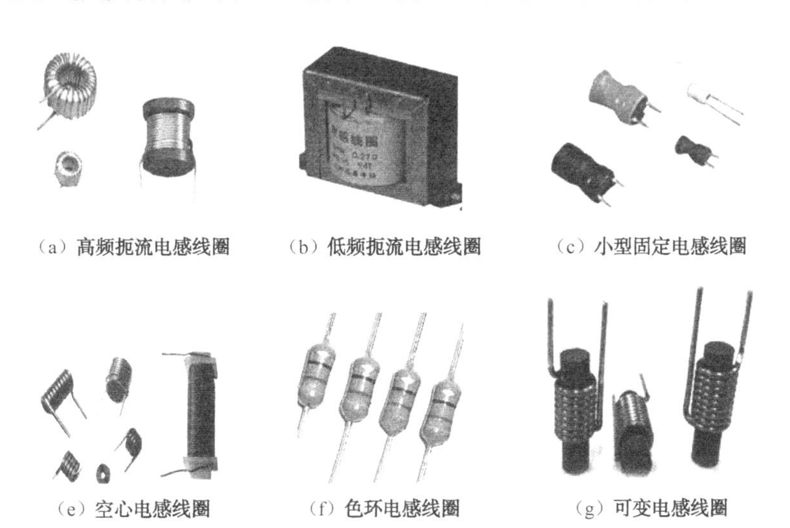

（a）高频扼流电感线圈　（b）低频扼流电感线圈　（c）小型固定电感线圈

（e）空心电感线圈　（f）色环电感线圈　（g）可变电感线圈

图 1-15　常见电感线圈实物图

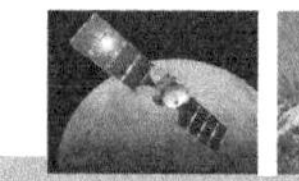

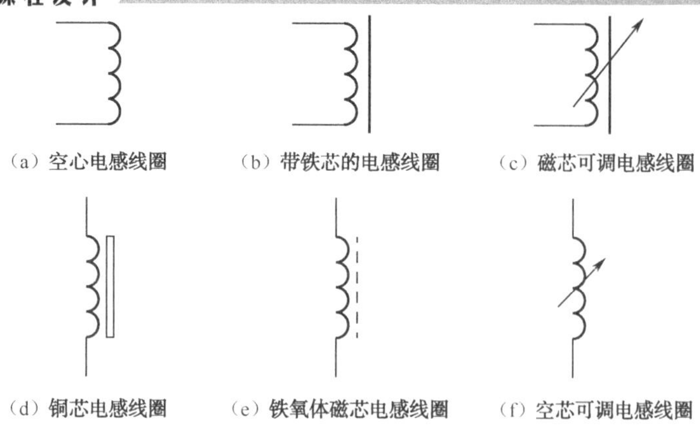

图 1-16　常见电感线圈电路符号图

(2) 电感线圈的命名

国产电感器的命名一般由四个部分组成，与电阻器类似，第一部分是主称，用字母表示，主称常用 L 表示线圈，ZL 表示阻流圈；第二部分是特征，用字母表示，其中 G 代表高频；第三部分为型式，用字母表示，其中 X 代表小型；第四部分为区别代号，用数字或字母表示。例如："LGX" 表示小型高频电感线圈。

(3) 电感线圈的特性参数

① 标称电感量和偏差

电感线圈上所标示的值为标称电感量。但标称值与实际值之间往往存在一定的误差，标称电感值与实际电感的差值与标称电感值之比的百分数称为电感偏差。

② 品质因数（Q 值）

品质因数是指线圈在某一频率下工作时所表现出的感抗与线圈的总损耗电阻的比值，其中损耗电阻是由直流电阻、高频电阻介质损耗等组成的。

线圈的品质因数为：$Q=\omega L/R$，其中，ω为工作角频率；L 为线圈的电感量；R 为线圈的总损耗电阻。Q 值越高，回路损耗越小，所以一般情况下都采用提高 Q 值的方法来提高线圈的品质因数。并不是所有的电路的 Q 值越高越好，如收音机的中频中周，为了加宽频带，常外接一个阻尼电阻，以降低 Q 值。

③ 电感线圈直流电阻

所有电感器都有一定的直流电阻。阻值越小，回路损耗越小。

④ 固有电容

线圈绕组的匝与匝之间存在着分布电容，多层绕组层与层之间也存在着分布电容。这些分布电容可以等效成一个与线圈并联的电容 C_o，如图 1-17 所示。

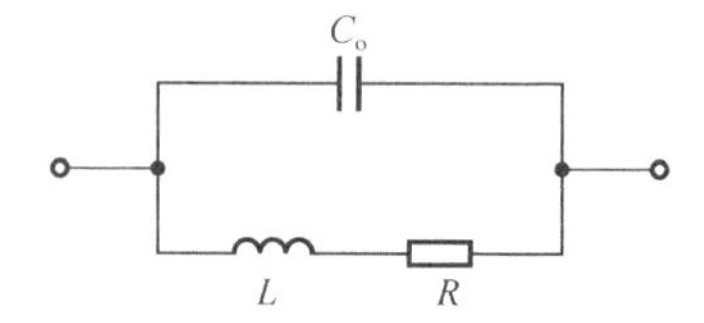

图 1-17　电感线圈等效电路

这个电容的存在，使线圈的工作频率受到限制，Q 值也下降了。图 1-17 所示的等效电路实际为一由 L、R 和 C_0 组成的并联谐振电路，其谐振频率称为线圈的固有频率。为了保证线圈有效电感量的稳定，使用电感线圈时，都使其工作频率远低于线圈的固有频率。为了减小线圈的固有电容，可以减小线圈骨架的直径，用细导线绕制线圈，或采用间绕法、蜂房式绕法。线圈的固有频率 f_0 表示为：

$$f_0 = \frac{1}{2}\pi\sqrt{LC_o}$$

⑤ 线圈的稳定性

电感量相对于温度的稳定性用电感的温度系数 α_L 表示：

$$\alpha_L = \frac{L_2 - L_1}{L_1(t_2 - t_1)}(1/℃)$$

式中，L_2 和 L_1 分别是温度为 t_2 和 t_1 时的电感量。经过温度循环变化后，电感量不再能恢复到原来值的这种不可逆变化，用电感的不稳定系数表示：

$$\beta_L = (L - L_1)/L$$

式中：L 和 L_1 分别为原来的电感量和温度循环变化后的电感量。

⑥ 额定电流

电感线圈中允许通过的最大电流即额定电流。

（4）电感量表示

电感量标记方法有直标法、文字符号法、色标法等、数码表示法等，与电阻器、电容器标称值标记方法类似，只是单位不同。

① 直标法：将电感的标称电感量直接标在电感线圈上，如图 1-18（a）所示。

② 文字符号法：将电感的标称值和偏差值用数字和文字符号法按一定的规律组合标示在电感体上。采用文字符号法表示的电感通常是一些小功率电感，单位通常为 nH 或 μH。μH 为单位时，“R”表示小数点；“nH”为单位时，“N”表示小数点。用文字符号法标示电感如图 1-18（b）所示。

③ 色标法：在电感表面涂上不同的色环来代表电感量，通常用 3～4 个色环表示。识别色环时，紧靠电感体一端的色环为第一环，露出电感体本色较多的另一端为末环，默认单位为微亨（μH）。图 1-18（c）中，左边的灰色为第一环，棕色为第二环，黑色为末环。

④ 数码表示法：用三位数字表示电感量的方法，常用于贴片电感。三位数字中，从左至右的第一、第二位为有效数字，第三位数字表示有效数字后面所加“0”的个数。默认单位为微亨（μH）。如果电感量中有小数点，则用“R”表示，并占一位有效数字。数码法标示电感量如图 1-18（d）所示。

2. 变压器

变压器是利用多个电感线圈产生互感作用的元件，在电路中常起变压、耦合、匹配、选频等作用。

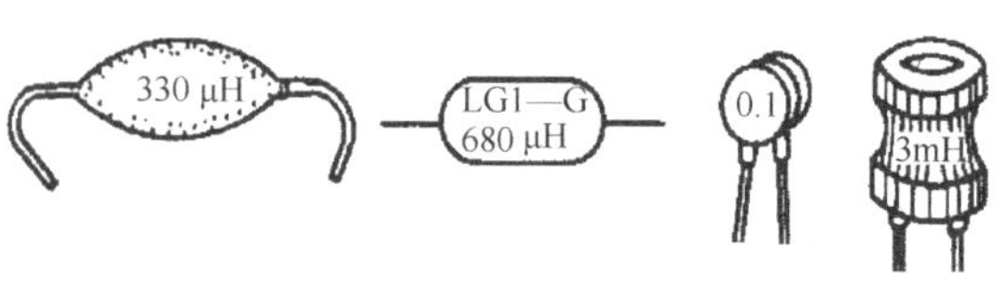

（a）直标法标示电感量

（b）文字符号法标示电感量

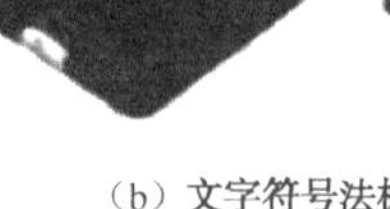

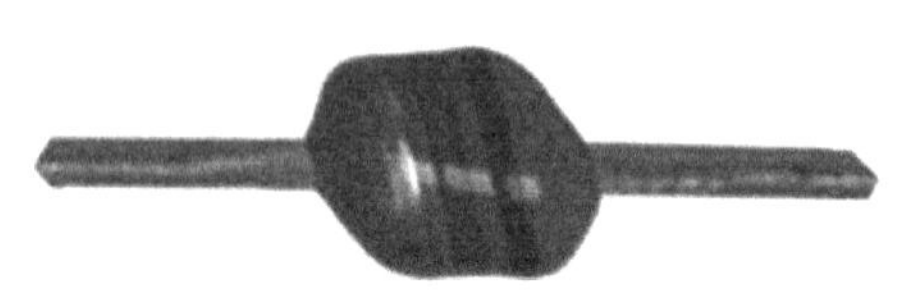

（c）色标法标示电感量

（d）数码法标示电感量

图 1-18　电感量标示

（1）变压器的分类

变压器按工作频率可分为低频变压器、中频变压器、高频变压器和脉冲变压器。按磁芯材料不同，可分为铁芯变压器、磁芯变压器和空气芯变压器。常见的铁芯变压器有“EI”形、“口”形、“F”形、“CD”形等，如图 1-19 所示。常见变压器实物图如图 1-20 所示。

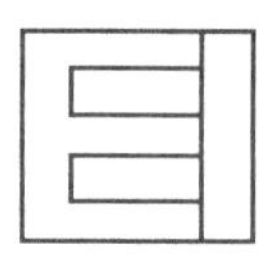

（a）“EI”形

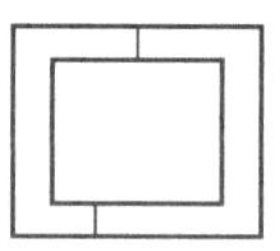

（b）“口”形

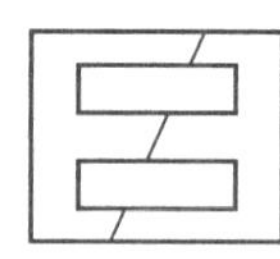

（c）“F”形

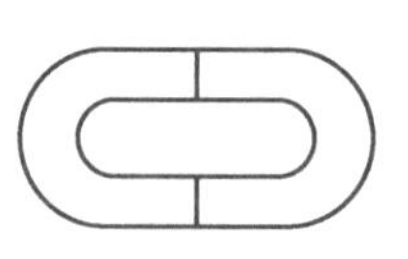

（d）“CD”形

图 1-19　常见铁芯变压器的外形

（a）低频变压器

（b）中频变压器

（c）高频变压器

（e）脉冲变压器

图 1-20　变压器实物图

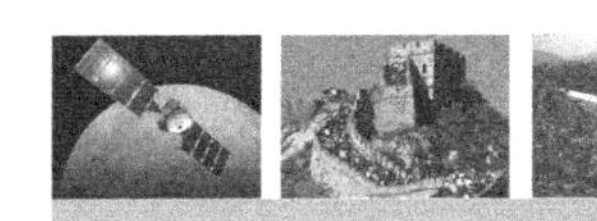

在电路图中，变压器通常用字母“T”表示。其中有黑点的一端表示变压器绕组的同名端。图 1-21 给出了常见变压器的图形符号。

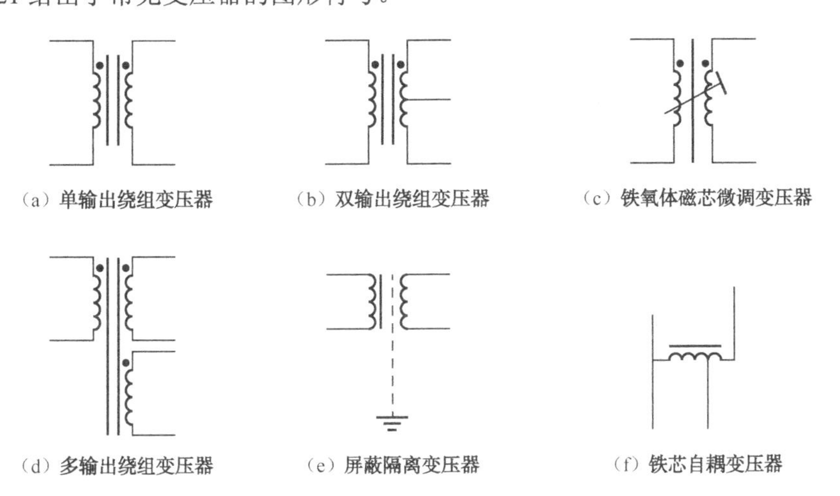

（a）单输出绕组变压器　（b）双输出绕组变压器　（c）铁氧体磁芯微调变压器

（d）多输出绕组变压器　（e）屏蔽隔离变压器　（f）铁芯自耦变压器

图 1-21　常见变压器的图形符号

（2）变压器的命名

普通低频变压器型号的名称通常由三部分组成，第一部分为主称，用字母表示；第二部分为功率，用数字表示，单位为伏安（VA）；第三部分为序号，用数字表示。中频变压器的型号也由三部分组成，第一部分是用字母表示的主称；第二部分是用数字表示的尺寸；第三部分是用数字表示的级数。

（3）变压器的主要参数

变压器参数较多，主要有变压比、额定功率、效率、空载电流及绝缘电阻等。

① 变压比：变压器一次侧电压（或阻抗）与二次侧电压（或阻抗）的比值。

② 额定功率：变压器在指定频率和电压下能长期连续工作而不超过规定温升时二次侧输出的功率，用伏安表示，习惯称瓦或千瓦。

③ 效率：输出功率与输入功率之比。一般变压器的效率与设计参数、材料、制造工艺及功率有关。

④ 空载电流：变压器在工作电压下二次侧空载或开路时，一次侧线圈流过的电流称为空载电流。一般不超过额定电流的 10%。

⑤ 绝缘电阻：表示变压器线圈之间、线圈与铁芯之间及引线之间的绝缘性能。绝缘电阻是变压器，特别是电源变压器安全工作的重要参数。常用的小型电源变压器绝缘电阻不小于 500 mΩ，抗电强度大于 2 000 V。

1.1.4　半导体二极管

半导体二极管简称二极管，是电子电路中最重要的半导体器件，在电路中广泛用于整流、检波、开关等用途。

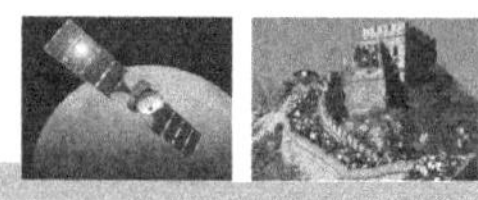

1. 二极管的分类

二极管的分类方法很多，根据材料不同分为硅二极管和锗二极管等。根据用途分为普通二极管和特殊二极管两大类；特殊二极管又分为开关二极管、发光二极管、变容二极管、稳压二极管、光电二极管等。根据外壳材质不同又分为金属壳二极管、玻璃壳二极管、塑封二极管等。根据 PN 结结构不同又分为点接触型二极管和面接触型二极管等。常见二极管实物图如图 1-22 所示。常见二极管的图形符号如图 1-23 所示。

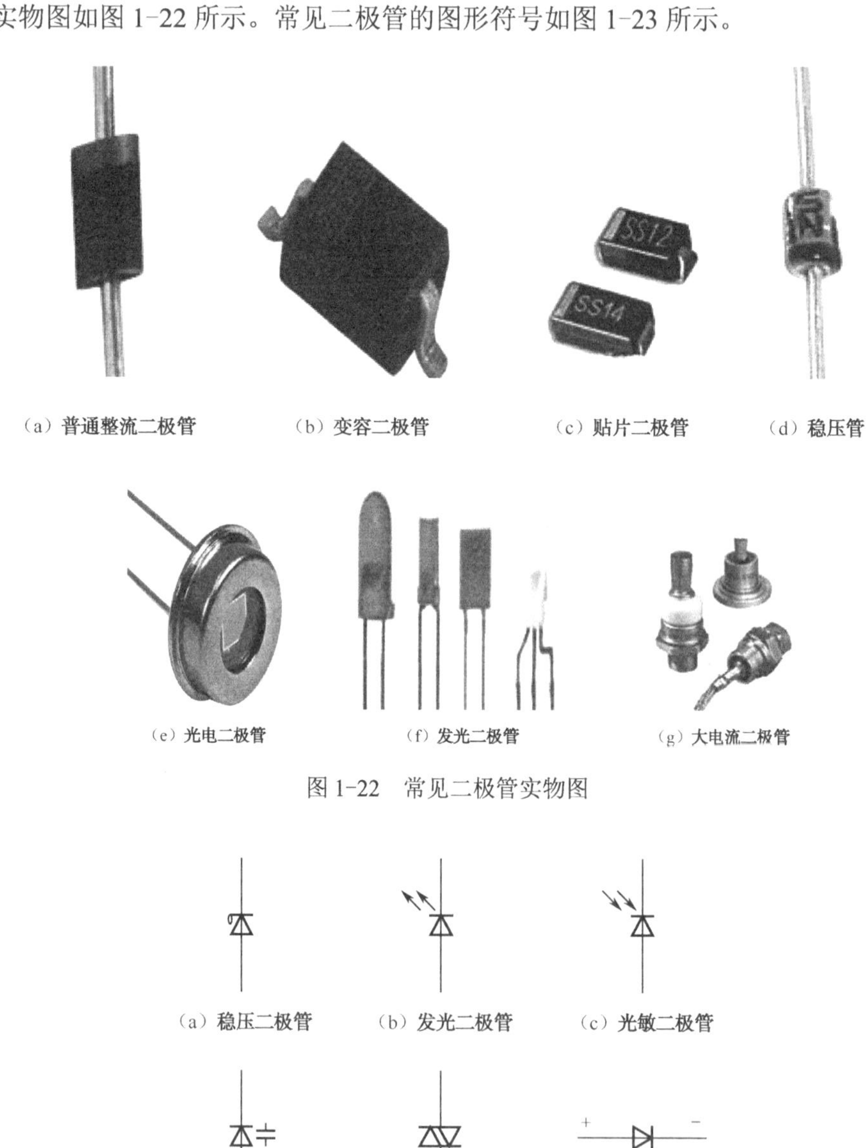

（a）普通整流二极管　（b）变容二极管　（c）贴片二极管　（d）稳压管

（e）光电二极管　（f）发光二极管　（g）大电流二极管

图 1-22　常见二极管实物图

（a）稳压二极管　（b）发光二极管　（c）光敏二极管

（d）变容二极管　（e）双向触发二极管　（f）普通二极管

图 1-23　常见二极管的图形符号

2. 二极管的命名

晶体二极管的命名由五部分组成，第一部分表示的是晶体二极管的电极数，用“2”表示二极管；第二部分表示材料和极性，用字母表示；第三部分表示类别和特征，用字母表示；第四部分表示序号，用数字表示；第五部分表示规格，用字母表示，也可以没有。晶体管各部分命名的具体含义见表 1-7。

表 1-7　晶体二极管命名方法

第 1 部分	第 2 部分	第 3 部分		第 4 部分	第 5 部分
2	A—N 型锗材料	P—普通管	C—变容管	用数字表示序号	用字母表示规格（可缺）
	B—P 型锗材料	Z—整流管	S—隧道管		
	C—N 型硅材料	K—开关管	V—微波管		
	D—P 型硅材料	W—稳压管	N—阻尼管		
	E—化合物	L—整流堆	U—光电管		

举例说明：

2AP6 为 N 型锗材料普通检波二极管，“6”表示序号；

2CZ41A 为 N 型硅材料整流二极管，“41”表示序号。

3. 半导体二极管的特性参数

1）普通整流二极管的特性参数

（1）最大整流电流（I_{OM}）：晶体二极管连续工作时，允许正向通过 PN 结的最大平均电流。如果电路电流大于此值，可使 PN 结温度超过额定值（锗管为 80℃、硅管为 170℃）而损坏。

（2）最大反向电压（U_{RM}）：反向加在二极管两端而不致引起 PN 结击穿的最大电压。如实际工作电压的峰值超过此值，PN 结中的反向电流将剧增而使整流特性变坏，甚至烧毁二极管。

（3）最大反向电流（I_{RM}）：因载流子的漂移作用，二极管截止时仍有反向电流通过 PN 结，该电流受反向电压影响。当反向电压为 U_{RM} 时，反向电流即为最大，用 I_{RM} 表示。二极管的 I_{RM} 越小，质量越好。

（4）反向击穿电压（U_B）：加在二极管两端的电压急剧增大，使反向电流也急剧增大。反向电流击穿 PN 结时的反向电压即为击穿电压，用 U_B 表示。U_B 一般为 U_{RM} 的 2 倍。

2）稳压二极管的特性参数

稳压二极管工作于反向击穿状态且具有稳定端电压的特点。即当反向电压增大到一定程度时，反向电流剧增，二极管进入反向击穿区，这时即使反向电流在很大范围内变化，二极管端电压仍保持基本不变，这个端电压即为稳定电压（U_Z）。只要使反向电流不超过最大工作电流（I_{ZM}），稳压二极管就不会损坏。

稳压二极管的参数如下。

（1）稳定电压（U_Z）：稳压二极管在起稳压作用的范围内，其两端的反向电压值。不同型号的稳压二极管具有不同的稳定电压，使用时应根据需要选取。

（2）最大工作电流（I_{ZM}）：稳压二极管长期正常工作时所允许通过的最大反向电流值。使用中应控制通过稳压二极管的工作电流，使其不超过最大工作电流，否则将烧毁稳压二极管。

1.1.5 半导体三极管

半导体三极管又叫双极型三极管，简称三极管，是信号放大和处理的核心器件，广泛用于电子产品中。它是由两个 PN 结背对背排列的三端器件，它有三个区：发射区、基区和集电区，各自引出一个电极，分别称为发射极 e（E）、基极 b（B）和集电极 c（C）。其文字符号多用“VT”表示。

1. 半导体三极管的分类

三极管的分类也有很多种方式，按内部三个区的半导体类型分为 NPN 型三极管和 PNP 型三极管；按工作频率可分为低频管和高频管；按功率分可分为小功率管、中功率管和大功率管；按半导体材料分可分为硅晶体三极管和锗晶体三极管；按用途分可分为普通三极管和开关管等。常见三极管的封装实物图如图 1-24 所示。三极管的图形符号如图 1-25 所示。

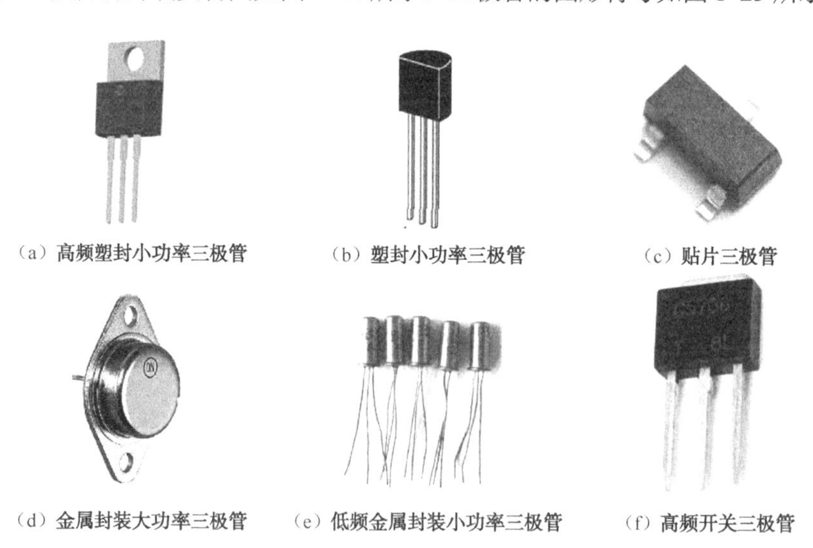

（a）高频塑封小功率三极管　（b）塑封小功率三极管　（c）贴片三极管

（d）金属封装大功率三极管　（e）低频金属封装小功率三极管　（f）高频开关三极管

图 1-24　常见三极管的封装实物图

（a）NPN型三极管图形符号　（b）PNP型三极管图形符号

图 1-25　三极管的图形符号

2. 半导体三极管的命名

国产三极管的命名由五部分组成，第一部分表示晶体管的电极数，用数字“3”表示三极管；第二部分表示晶体管的材料和极性，用字母表示；第三部分表示晶体管的类型，用字母表示；第四部分表示晶体管的序号，用数字表示；第五部分表示晶体管的规格，用字母表示，这部分也可以没有。表 1-8 给出了三极管名称中各部分的含义。

表 1-8　晶体三极管命名方法

第 1 部分	第 2 部分	第 3 部分		第 4 部分	第 5 部分
3	A—PNP 型，锗材料	X—低频小功率管	T—闸流管	用数字表示晶体管序号	用字母表示晶体管规格（可无）
	B—NPN 型，锗材料	G—高频小功率管	J—结型场效应管		
	C—PNP 型，硅材料	D—低频大功率管	O—MOS 场效应管		
	D—NPN 型，硅材料	A—高频大功率管	U—光电管		
	E—化合物	K—开关管			

3. 半导体三极管的主要特性参数

1）直流参数

（1）集电极-基极反向饱和电流 I_{cbo}：发射极开路（发射极电流 $I_e=0$）时，基极和集电极之间加上规定的反向电压 V_{cb} 时的集电极反向电流，它只与温度有关，在一定温度下是常数，所以称为集电极-基极的反向饱和电流。良好的三极管 I_{cbo} 很小，小功率锗管的 I_{cbo} 约为 1～10 μA，大功率锗管的 I_{cbo} 可达数毫安。硅管的 I_{cbo} 则非常小，是毫微安级的。

（2）直流电流放大系数β：这是指共发射接法下，没有交流信号输入时，集电极输出的直流电流 I_c 与基极输入的直流电流 I_b 的比值，即$\beta=I_c/I_b$。

（3）集电极-发射极反向电流 I_{ceo}（穿透电流）：基极开路（$I_b=0$）时，集电极和发射极之间加上规定反向电压 V_{ce} 时的集电极电流。I_{ceo} 大约是 I_{cbo} 的β倍，即 $I_{ceo}=(1+\beta)I_{cbo}$。I_{cbo} 和 I_{ceo} 受温度影响极大，它们是衡管子热稳定性的重要参数，其值越小，性能越稳定。小功率锗管的 I_{ceo} 比硅管大。

（4）发射极-基极反向电流 I_{ebo}：集电极开路时，在发射极与基极之间加上规定的反向电压时发射极的电流，它实际上是发射结的反向饱和电流。

2）交流参数

（1）交流电流放大系数β：指共发射极接法下，集电极输出电流的变化量Δi_c 与基极输入电流的变化量Δi_b 之比，即：$\beta=\Delta i_c/\Delta i_b$。一般晶体管的$\beta$在 10～200 之间，如果$\beta$太小，电流放大作用差；如果$\beta$太大，三极管性能不稳定。

（2）共基极交流放大系数α：指共基接法时，集电极输出电流的变化是ΔI_c 与发射极电流的变化量Δi_e 之比，即：$\alpha=\Delta i_c/\Delta i_e$ 。因为$\Delta i_c<\Delta i_e$，故$\alpha<1$，高频三极管的$\alpha>0.90$ 就可以使用。α与β之间的关系：

$$\alpha=\beta/(1+\beta);\ \beta=\alpha/(1-\alpha)\approx 1/(1-\alpha)$$

在低频时，直流电流放大系数β和交流电流放大系数β值很接近。

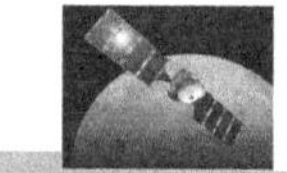

（3）截止频率（f_α）：f_α是指在共基极电路中，输出端交流短路时，其电流放大系数α的幅值下降到低频（1 kHz 以下）值的 0.707 时的频率。低频管的f_α<3 MHz，高频管的$f_\alpha \geqslant$3 MHz。

（4）特征频率（f_T）：是指当频率大于 f_β后，f_β将以很快的速度下降，频率每增加一倍，β值将下降一半，β降到 1 时的频率即为特征频率。此时共发射极电路将失去电流放大作用。

（5）输入、输出电阻（r_{be}、r_{ce}）：输入电阻（r_{be}）是指三极管输出交流短路（即Δu_{ce}=0 时，b–e 间的电阻）；输出电阻（r_{ce}）是指三极管输入交流短路（即Δi_b = 0 时，c–e 间的电阻）。

3）极限参数

集电极最大允许耗散功率（P_{CM}）：当管子的集电结通过电流时，因功率损耗要产生热量，使其结温升高。若功率耗散过大，将导致集电结烧毁。根据管子允许的最高温度和散热条件，可以定出其 P_{CM} 值。国产小功率三极管的 P_{CM}<1 W。

1.2 常用电子仪器的使用

1.2.1 数字万用表

相对来说，数字万用表属于比较简单的测量仪器。下面以 VC890D 型数字万用表来说明如何用数字万用表测电压、电阻、电流、二极管、三极管等。图 1–26 给出了 VC890D 数字万用表面板图。

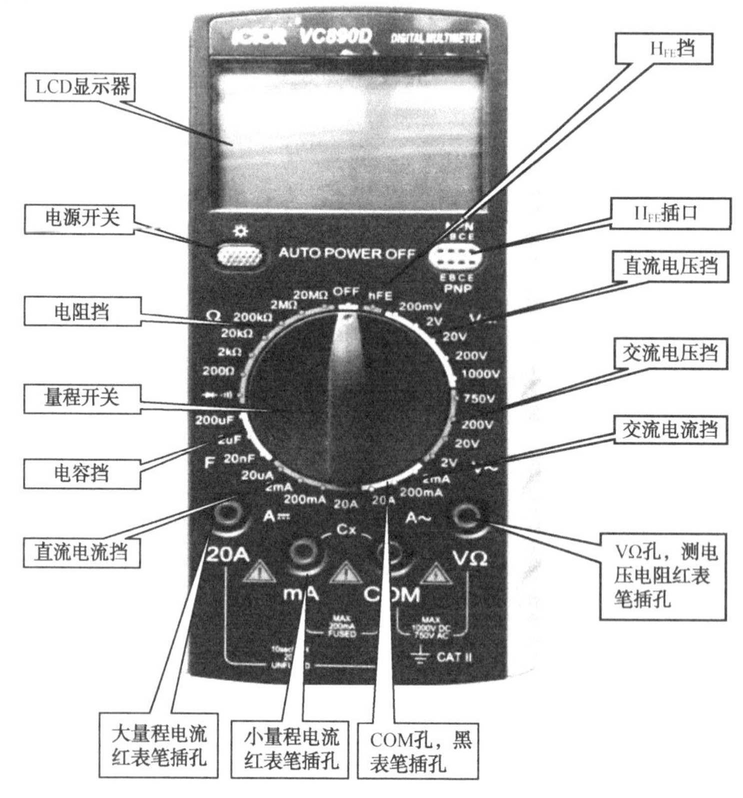

图 1–26　VC890D 数字万用表面板图

1. 电压的测量

测电压时应将万用表并联到电路中。

（1）直流电压的测量（如电池、随身听电源等）。结合图 1-26，首先将黑表笔插进“COM”孔，红表笔插进“V Ω”孔。把旋钮旋到比估计值大的量程。（注意：表盘上的数值均为最大量程，“V-”表示直流电压挡，“V～”表示交流电压挡。）为直流电时，把红表笔接电源的高电位端，黑表笔接低电位端，保持接触稳定。数值可以直接从显示屏上读取，若显示为“1.”，则表明量程太小，那么就要加大量程后再测量。如果在数值左边出现“-”，则表明表笔极性与实际电源极性相反，此时红表笔接的是负极。

（2）交流电压的测量。表笔插孔与直流电压的测量一样，不过在测量前应该将旋钮旋到交流挡“V～”处所需的量程即可。交流电压无正负之分，测量方法与前面相同。无论测交流电压还是直流电压，都要注意人身安全，不要随便用手触摸表笔的金属部分。

2. 电流的测量

测电流时应将万用表串联到电路中。

（1）直流电流的测量。结合图 1-26，若测量大于 200 mA 电流，首先将量程开关旋转到 20 A 的量程；接着将黑表笔插入“COM”孔，将红表笔插入“20A”插孔；若测量小于 200 mA 的电流，则将红表笔插入“200 mA”插孔，将旋钮旋到直流 200 mA 以内的合适量程。调整好后，就可以测量了。将万用表串联进电路中，保持稳定，即可读数。若显示为“1.”，那么就要加大量程；如果在数值左边出现“-”，则表明电流从黑表笔流进万用表。

（2）交流电流的测量。测量方法与直流电流类似，不过量程开关应该旋到交流挡位，电流测量完毕后应将红笔插回“VΩ”孔。

3. 电阻的测量

将表笔插进“COM”和“VΩ”孔中，把旋钮旋到“Ω”孔中所需的量程，用表笔接在电阻两端的金属部位，测量中可以用手接触电阻，但不要用手同时接触电阻两端，这样会影响测量精确度。（人体是电阻很大但有限大的导体。）读数时，要保持表笔和电阻有良好的接触。注意单位，在“200”挡时单位是“Ω”，在“2K”到“200K“挡时单位为“kΩ”，“2 M”以上的单位是“MΩ”。

4. 二极管的测量

（1）用数字万用表检测二极管的正、反向电阻值，判别其质量的好坏。测量方法如下：

① 将万用表量程开关旋转到 R×100 或 R×1 k 挡；

② 红黑表笔同时接二极管的两条引线，测出一组值；

③ 红黑表笔对调位置，连接二极管两条引线，重新测量，得出一组值；

④ 比较两组电阻值的大小，若二极管没有损坏，则电阻值小的那次测量中，黑表笔连接的是二极管的正极、红表笔接的是二极管的负极。

（2）二极管的单向导电性能检测。

若测检波二极管或小功率整流管，其值为几百欧（锗）～几千欧（硅）则将量程开关旋转到 R×100 挡；若测大功率整流二极管，其值为十几或几十欧，将量程开关旋转到 R×1 挡；若检测反向电阻，除大功率硅整流二极管外（其阻值一般为几百 kΩ或∞），一般采用 R×1 k 挡。

用数字万用表对二极管的正反向电阻和单向导电性能测试的结果如表 1-9 所示。

表 1-9　二极管的正反向电阻和导电性能测试结果

检测结果		判断结果
正向电阻	反向电阻	
几百Ω～几 kΩ	几十 kΩ～几百 kΩ以上	正向导通时，黑表笔所接端短为正极，红表笔所接端为负极
趋于无穷大	趋于无穷大	内部开路
趋于零	趋于零	内部短路
正向电阻增大	反向电阻减小	性能变劣

5. 三极管的测量

用万用表测量三极管各引脚的阻值步骤如下。

1）NPN 型和 PNP 型三极管引脚的识别

（1）将万用表量程开关旋转到 R×100（或 R×1 k）挡；

（2）用黑表笔接触三极管的任意一个引脚，红表笔分别接触另两个引脚，测出一组（两个）阻值；

（3）黑表笔依次换接三极管其余两引脚，重复上述操作，又测得两组（每组两个）阻值；

（4）比较三组阻值，当某一组中的两个阻值基本相同时，黑表笔所接的引脚为该三极管的基极，另外，若该组阻值为三组中最小的，说明被测管是 NPN 型管；若该组的两个阻值为最大的，则说明被测管是 PNP 型管。

2）硅管、锗管的判别

将万用表的量程开关旋转到 R×1 k 挡，测量三极管发射结的正向电阻（对于 NPN 型管，黑表笔接基极，红表笔接发射极；对于 PNP 型管，黑表笔接发射极，红表笔接基极），若测得阻值在 3～10 kΩ，说明是硅管；若测得阻值在 500～1 000 Ω，说明是锗管。

3）集电极的判断

（1）在判断出基极和管型的基础上，NPN 型三极管引脚识别步骤如下：

① 万用表量程开关旋转到 R×1 k 挡，用黑、红表笔接基极以外的另两根引脚；

② 用手同时捏住黑表笔所接的极与基极，注意不要让两个电极直接相碰；

③ 观察万用表读数；

④ 黑、红表笔对调，重复上述测试步骤，识别方法：观测万用表的读数，以数值大的那次测量为准，黑表笔接的是集电极，红表笔接的是发射极。

（2）PNP 型三极管引脚识别步骤如下。

与 NPN 型三极管的识别方法一致，但是阻值大的那次测量中，红表笔接的是集电极，黑表笔接的是发射极。

1.2.2　数字示波器

本书以深圳市鼎阳科技有限公司生产的 SDS1000CML 数字示波器为例进行介绍。SDS1000CML 系列数字示波器体积小巧、操作灵活；采用 7 英寸宽屏彩色 TFT-LCD 及弹出式菜单显示实现了易用性，大大提高了用户的工作效率。此外，该系列示波器性能优异、功能强大、价格实惠，具有其较高的性价比。实时采样率最高达 1 GSa/s，存储深度最高达 2 Mpts，完全满足捕捉快速、复杂信号的市场需求；支持 USB 设备存储，用户还可通过 U 盘对软件进行升级，最大限度地满足了用户的需求；其所有型号产品都支持 PictBridge 直接打印，满足最广泛的打印需求。

1. SDS1000CML 面板和用户界面

SDS1000CML 系列示波器面板上包括旋钮和功能按键，如图 1-27 所示。显示屏如图 1-28 所示，显示屏右侧的一列 5 个灰色按键为菜单操作键，通过它们可以设置当前菜单的不同选项。其他按键为功能键，通过它们，可以进入不同的功能菜单或直接获得特定的功能应用。

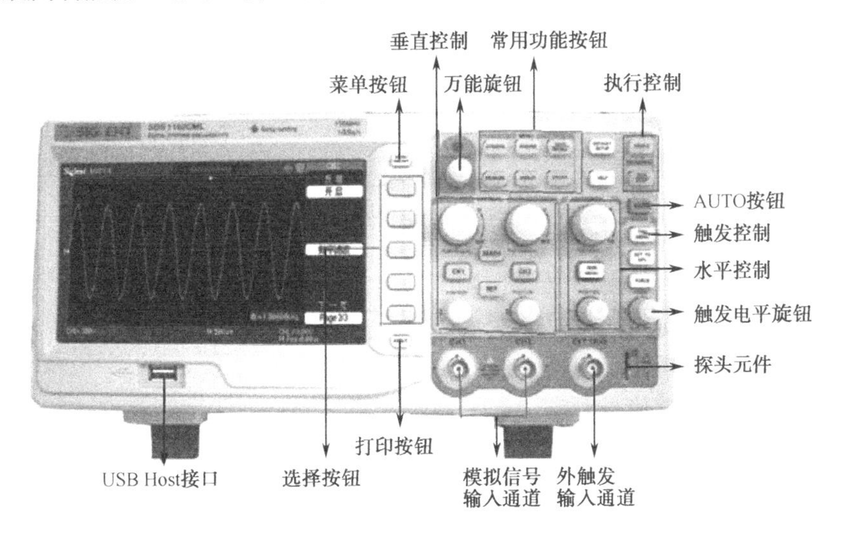

图 1-27　示波器面板结构图

图 1-28 中各符号分别介绍如下。

（1）触发状态。

① Armed：已配备。示波器正在采集预触发数据。在此状态下忽略所有触发。

② Ready：准备就绪。示波器已采集所有预触发数据并准备接受触发。

③ Trig'd：已触发。示波器已发现一个触发并正在采集触发后的数据。

④ Stop：停止。示波器已停止采集波形数据。

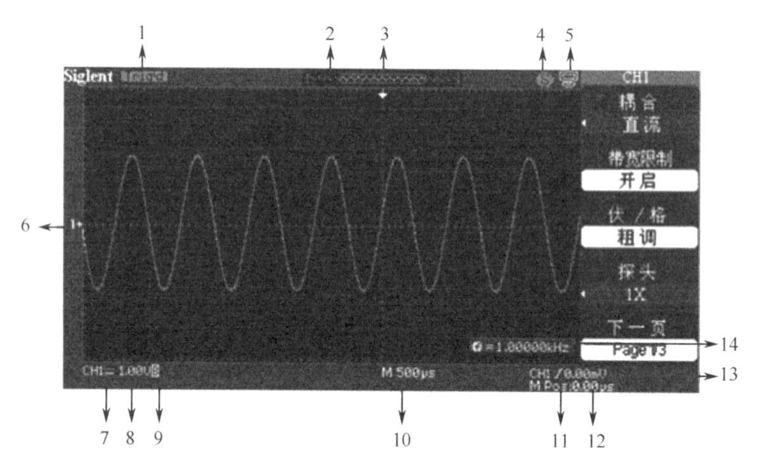

图 1-28　显示屏

⑤ Stop：采集完成。示波器已完成一个“单次序列”采集。

⑥ Auto：自动。示波器处于自动模式并在无触发状态下采集波形。

⑦ Scan：扫描。在扫描模式下示波器连续采集并显示波形。

（2）显示当前波形窗口在内存中的位置。

（3）使用标记显示水平触发位置。

（4）【打印钮】选项选择【打印图像】或【储存图像】。

（5）【后 USB 口】设置为【计算机】或【打印机】。

（6）显示波形的通道标志。

（7）信号耦合标志。

（8）以读数显示通道的垂直刻度系数。

（9）B 图标表示通道是带宽限制的。

（10）以读数显示主时基设置。

（11）显示主时基波形的水平位置。

（12）采用图标显示选定的触发类型。

（13）触发电平线位置。

（14）以读数显示当前信号频率。

SDS1000CML 系列数字示波器提供丰富的标准接口，用户可以灵活地连接示波器，如图 1-29 所示。

图 1-29 中各符号分别介绍如下。

（1）安全锁孔：对示波器进行锁定。

（2）Pass/Fail 输出口：输出 Pass/Fail 检测脉冲。

（3）RS-232 连接口：示波器软件升级或程控操作及连接 PC 端测试软件。

（4）后 USB Host、USB Device 接口：进行 U 盘存储、连接测试软件或进行波形打印。

（5）电源输入接口：三孔电源输入。

图 1-29　示波器各种接口

2. 功能检查

为了验证示波器是否正常工作，需要执行一次快速功能检查。操作步骤进行如下：

第 1 步：打开示波器电源，示波器执行所有自检项目，并确认通过自检。按下【DEFAULT SETUP】按钮，探头选项默认的衰减设置为 1×。

第 2 步：将示波器探头上的开关设定到 1×并将探头与示波器的通道 1 连接。将探头连接器上的插槽对准 CH1 同轴电缆插接件（BNC）上的凸键，按下去即可连接，然后向右旋转以拧紧探头。将探头端部和基准导线连接到“探头元件”连接器上，如图 1-30 所示。

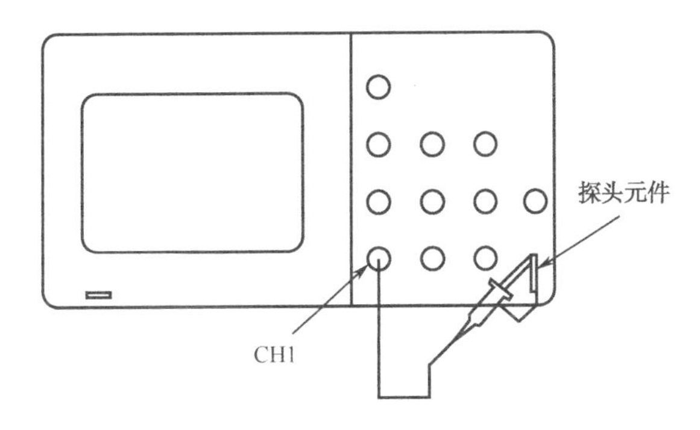

图 1-30　示波器探头

第 3 步：按下【AUTO】按钮，几秒钟内，屏幕会显示频率为 1 kHz、电压峰-峰约为 3 V 的方波，如图 1-31 所示。

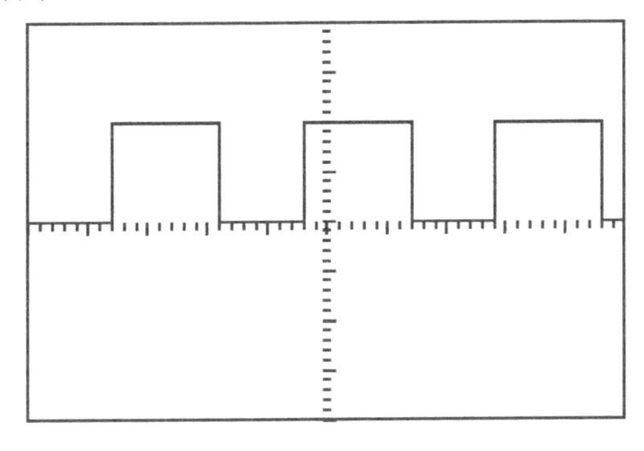

图 1-31　波形显示

第 4 步：连按两次【CH1】按钮删除通道 1，按下【CH2】按钮显示通道 2，重复第 2 步和第 3 步。

1.2.3 函数/任意波形发生器

现以深圳市鼎阳科技有限公司生产的 SDG5000 系列函数/任意波形发生器为参考仪器进行介绍。SDG5000 系列采用 4.3 英寸 TFT-LCD 显示屏，具有人性化的界面布局、恰到好处的按键设置。本节主要对 SDG5000 系列的前、后面板的操作及功能进行简单介绍，使用户尽快熟悉 SDG5000 系列函数/任意波形发生器的功能设置和使用方法。

1. 前面板总览

SDG5000 系列函数/任意波形发生器提供了明晰、简洁的前面板。前面板包括：4.3 英寸 TFT-LCD 显示屏、参数操作键、波形选择键、数字键盘、模式/功能键、方向键、旋钮和通道选择键，如图 1-32 所示。

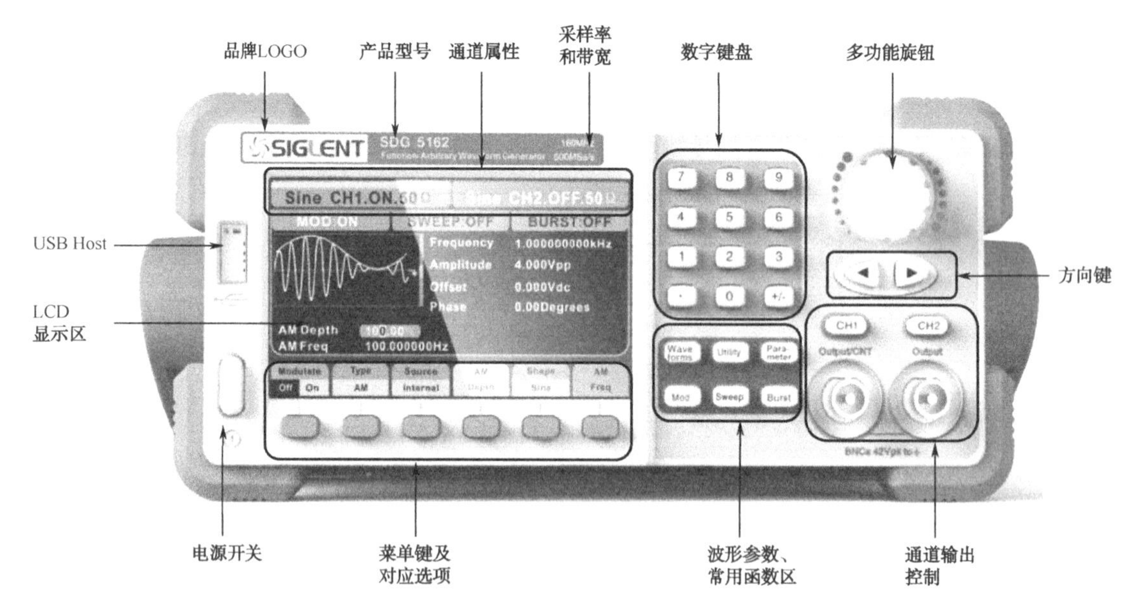

图 1-32　函数发生器前面板

2. 后面板总览

SDG5000 系列函数/任意波形发生器的后面板为用户提供了丰富的接口，包括 10MHz 参考输入和同步输出接口、USB Device、电源插口和专用的接地端子，如图 1-33 所示。

3. 用户界面

SDG5000 系列函数/任意波形发生器的常规显示界面如图 1-34 所示，主要包括通道显示区、波形显示区、参数显示区和操作菜单区。通过操作菜单区，可以选择需要更改的参数，如频率/周期、幅值/高电平、偏移/低电平、相位等，来输出所需要的波形。

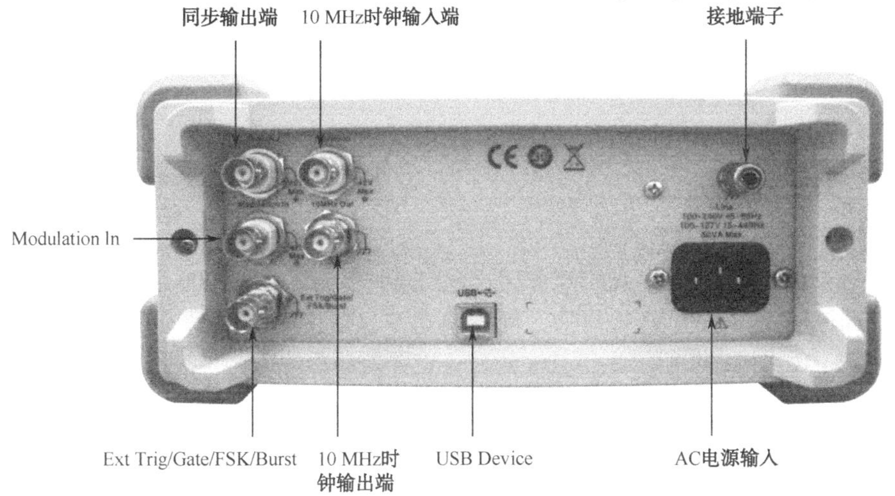

图 1-33　函数发生器后面板

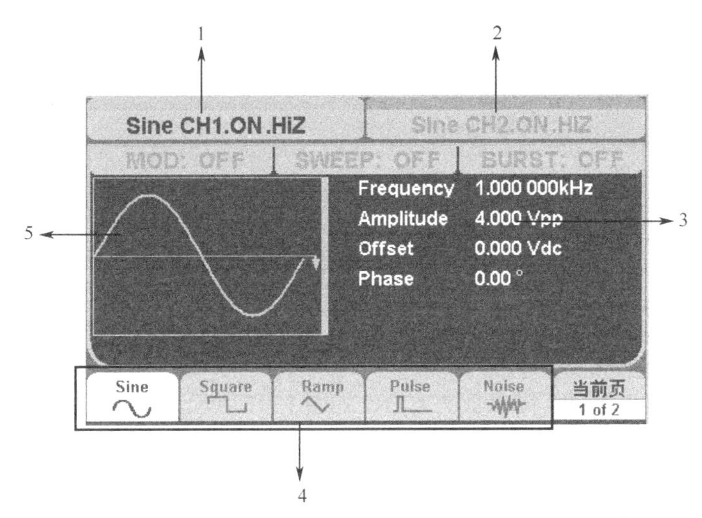

1—通道 1 显示区；2—通道 2 显示区；3—波形参数；4—菜单软键；5—波形显示区

图 1-34　用户界面

如图 1-34 所示，在参数显示区中包括 Sine（正弦）、Square（方波）、Ramp（三角波）、Pulse（脉冲）、Noise（噪声）和 DC（直流）等参数，用户可以通过相对应的软件选择对应的波形。

4. SDG5000 系统功能设置

SDG5000 系列函数/任意波形发生器功能设置主要包括波形选择设置、调制/扫频/脉冲串设置、通道输出控制、输入控制及存储/辅助系统功能设置/帮助设置。

SDG5000 系统波形选择设置如图 1-35 所示，在操作界面下面有一列波形选择按键，从左到右分别为正弦波、方波、锯齿波/三角波、脉冲串、高斯白噪声和 DC。

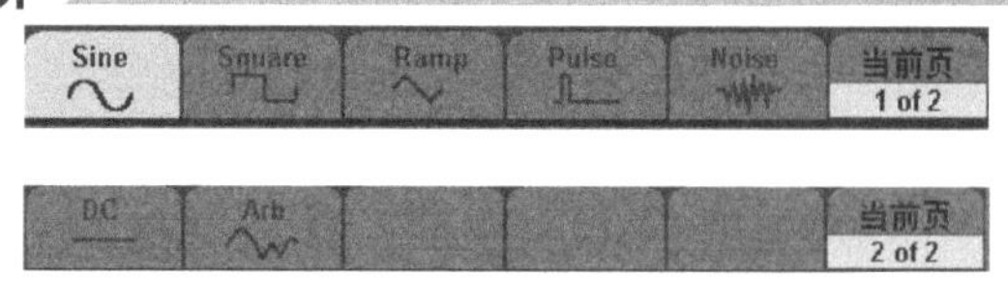

图 1-35　常用的七种波形软键

下面对波形设置逐一进行介绍。

选择 Waveforms →Sine，波形状态区出现 Sine 字样。SDG5000 系列可输出 1μHz 到 160MHz 的正弦波形。设置频率/周期、幅值/高电平、偏移量/低电平、相位，可以得到不同参数的正弦波。如图 1-36 所示为正弦波的默认设置参数与波形。

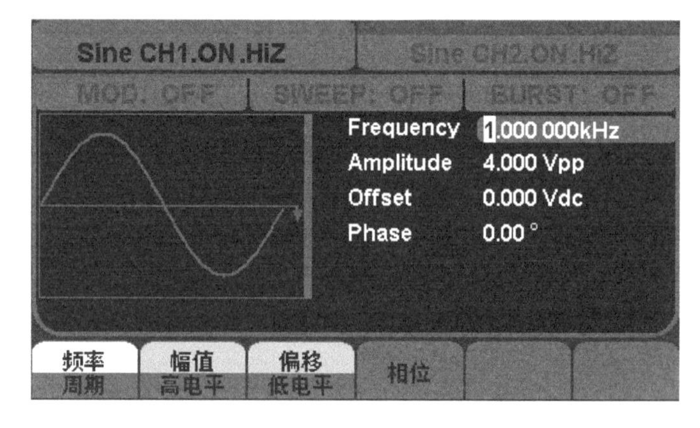

图 1-36　正弦波默认设置参数与波形

选择 Waveforms →Square，状态区左侧出现 Square 字样。SDG5000 系列可输出 1 μHz 到 50 MHz 并具有可变占空比的方波波形。设置频率/周期、幅值/高电平、偏移量、低电平、相位、占空比，可以得到不同参数的方波。如图 1-37 所示为方波的默认设置参数与波形。

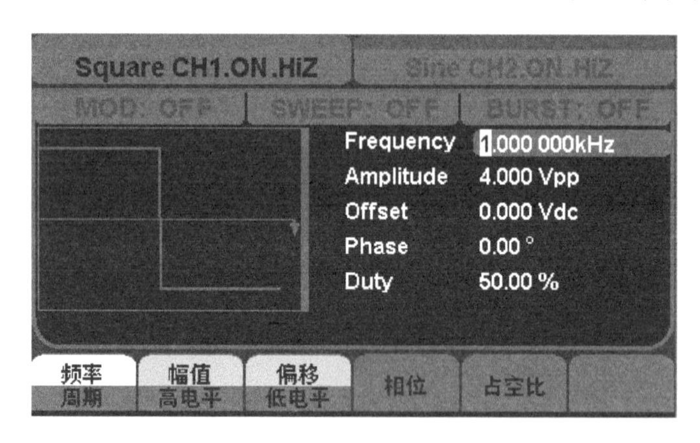

图 1-37　方波默认设置参数与波形

选择 Waveforms →Ramp，状态区左侧出现 Ramp 字样。SDG5000 系列可输出 1 μHz 到 4 MHz 的锯齿波/三角波形。设置频率/周期、幅值/高电平、偏移量/低电平、相位、对称性，可以得到不同参数的锯齿波/三角波。如图 1-38 所示为锯齿波/三角波的默认设置参数与波形。

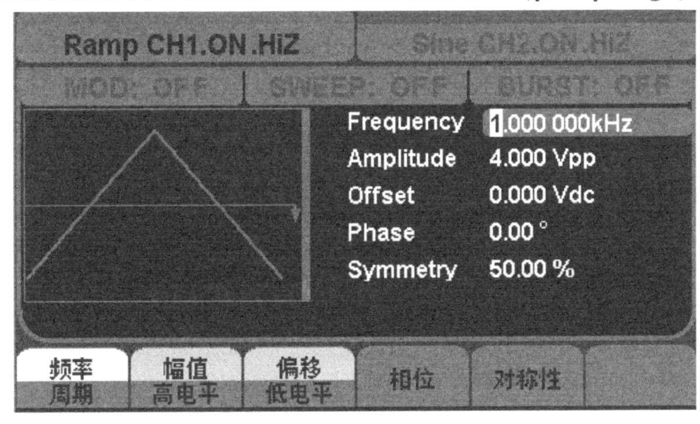

图 1-38　三角波默认参数设置与波形

选择 Waveforms →Pulse，状态区左侧出现 Pulse 字样。SDG5000 系列可输出 1μHz 到 40MHz 的脉冲波形。设置频率/周期、幅值/高电平、偏移量/低电平、脉宽/占空比、上升沿/下降沿、延迟，可以得到不同参数的脉冲波。如图 1-39 所示为脉冲波的默认设置参数与波形。

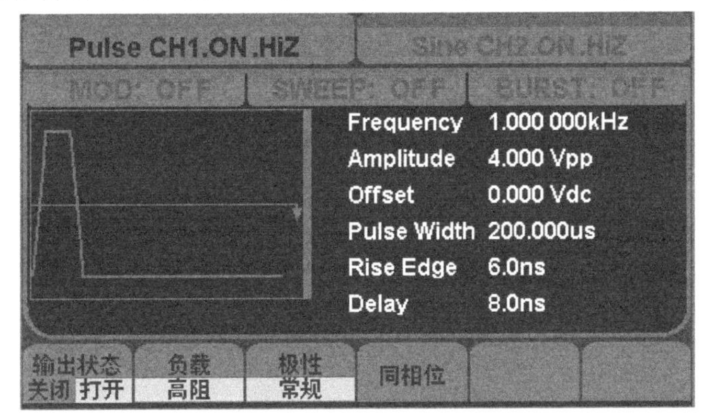

图 1-39　脉冲波默认参数设置与波形

选择 Waveforms →Noise，状态区左侧出现 Noise 字样。SDG5000 系列可输出带宽为 100 MHz 的噪声。设置标准差、均值，可以得到不同参数的噪声波。如图 1-40 所示为噪声波的默认设置参数与波形。

图 1-40　噪声波默认参数设置与波形

选择 Waveforms →Arb，波形状态区出现 Arb 字样。SDG5000 系列可输出 1 μHz 到 40 MHz、波形长度为 512 Kpts/16 Kpts 的任意波形。设置频率/周期、幅值/高电平、偏移量/低电平、相位，可以得到不同参数的任意波。如图 1-41 所示为任意波的默认设置参数与波形。

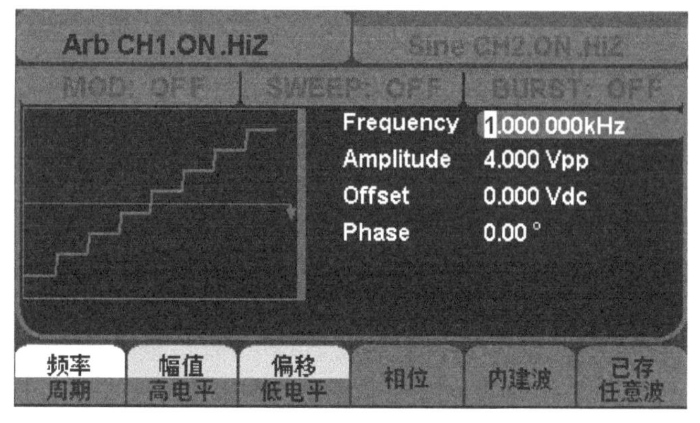

图 1-41 任意波默认参数设置与波形

选择 Waveforms →DC，状态区左侧出现 DC 字样。SDG5000 系列可输出在高阻下 ±10 V、50 Ω 下±5 V 的直流信号。如图 1-42 所示，为直流输出的默认设置与波形。

在 SDG5000 系列信号源发生器的前面板有三个按键，分别为调制、扫频、脉冲串设置功能按键。

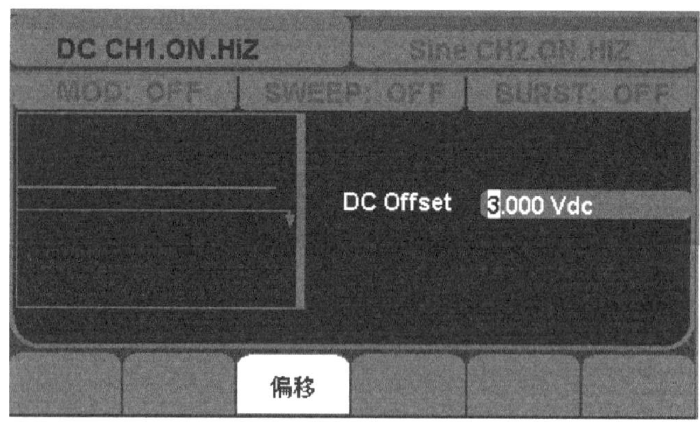

图 1-42 状态区

使用 Mod 按键，可通过改变调制类型、内调制/外调制、频率、波形和其他参数，改变调制输出波形。

SDG5000 系列可使用 AM、DSB-AM、FM、PM、FSK、ASK 和 PWM 调制类型，可调制正弦波、方波、锯齿波/三角波、脉冲波和任意波。

SDG5000 系列信号源发生器的调制界面如图 1-43 所示。

使用 Sweep 按键，可对正弦波、方波、锯齿波/三角波和任意波形进行扫描。

在扫描模式中，SDG5000 系列可在指定的扫描时间内扫描设置的频率范围。扫描时间可设定为 1 ms～500 s，触发方式可设置为手动、外部或内部。

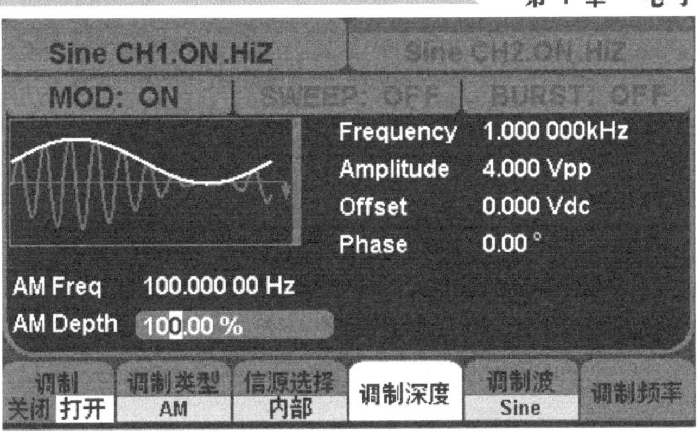

图 1-43　号源发生器的调制界面

SDG5000 系列函数/任意波形发生器的扫频界面如图 1-44 所示。

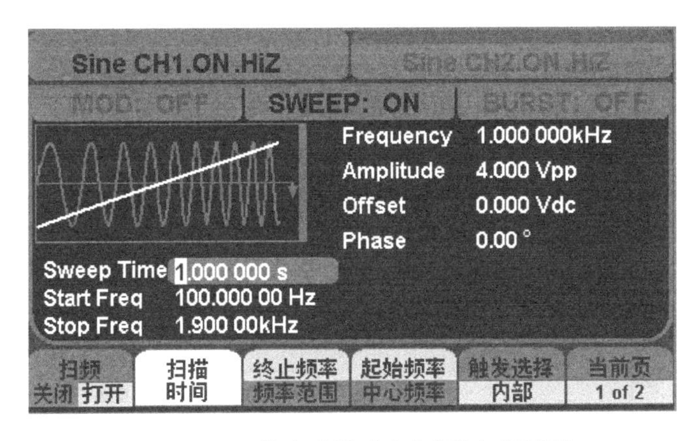

图 1-44　函数/任意波形发生器的扫频界面

使用 Burst 按键，可以产生正弦波、方波、锯齿波/三角波、脉冲波和任意波形的脉冲串输出。可设定起止相位：0°～360°；内部周期：1 μs～500 s。SDG5000 系列函数/任意波形发生器的脉冲串界面如图 1-45 所示。

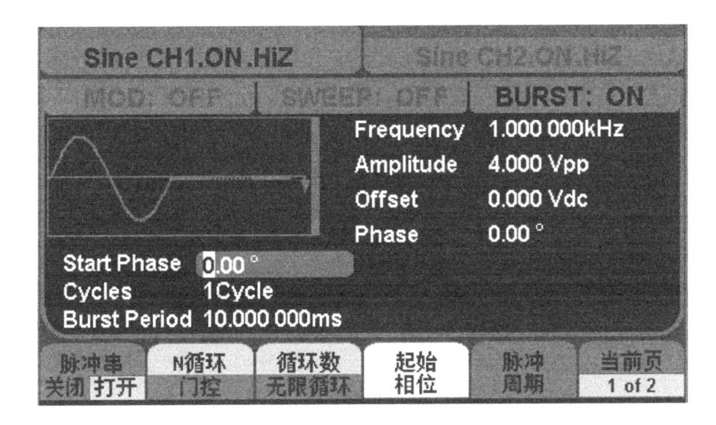

图 1-45　函数/任意波形发生器的脉冲串界面

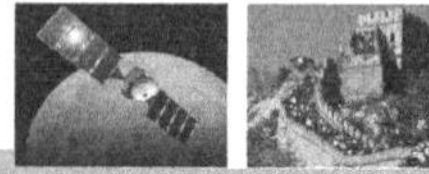

在 SDG5000 系列数字方向键的下面有两个输出控制按键，使用 CH1 或 CH2 按键，可以设置输出状态、负载、极性、同相位，如图 1-46 所示。当输出状态选择打开时，有信号输出，同时该灯被点亮。功能菜单相关设定的说明见表 1-10。

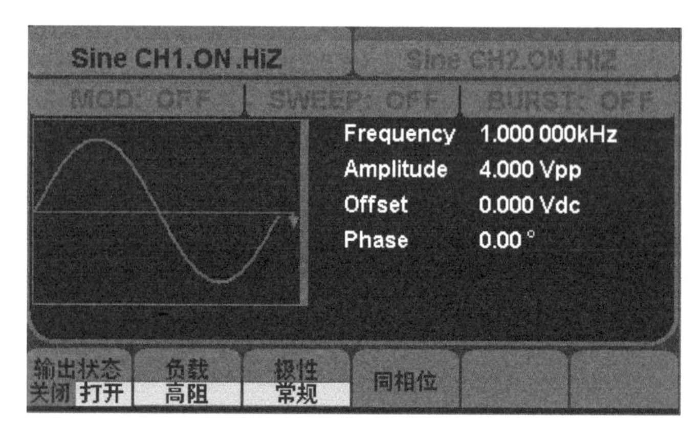

图 1-46 输出状态

表 1-10 功能菜单相关设定及说明

功能菜单	设定	说明
输出状态	关闭	关闭输出
	打开	打开输出
负载	50 Ω	设置 Output 输出的负载为 50 Ω
	高阻	设置 Output 输出的负载为高阻
极性	常规	设置波形常规输出
	反向	设置波形反向输出
同相位		使通道 1 和通道 2 相位相同

SDG5000 系列数字输入控制如图 1-47 所示，在 SDG5000 系列的操作面板上有 3 组按键，分别为数字键盘、旋钮和方向键。下面对其数字输入功能的使用进行简单的说明。

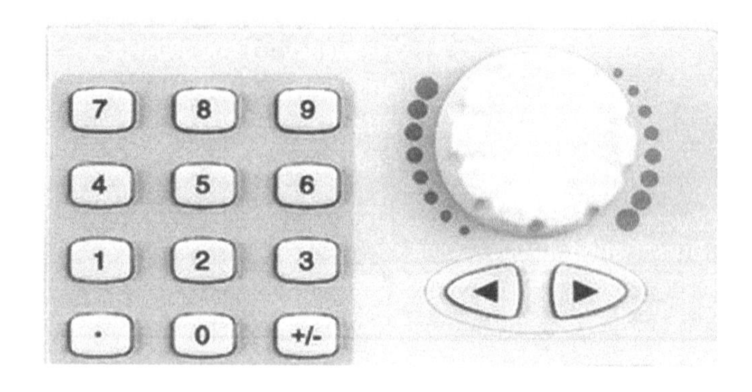

图 1-47 数字输入控制

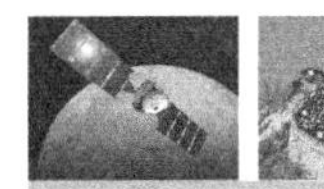

数字键盘：用于编辑波形时参数值的设置，直接键入数值可改变参数值。

旋钮：用于改变波形参数中某一数值的大小，旋钮顺时针旋转一格，递增 1；旋钮逆时针旋转一格，递减 1（用于波形参数项选择加功能）。

方向键：主要用于波形参数数值位的选择及数字的删除。

SDG5000 系列波形/辅助系统/参数设置如图 1-48 所示，SDG5000 系列面板下方有三个按键，分别为波形/辅助系统功能设置/参数按键。下面对其波形/辅助系统功能设置/参数的使用进行简单的说明。

图 1-48　波形/辅助系统/参数设置

[Waveforms]：用于选择基本波形。

[Utility]：用于对辅助系统功能进行设置，包括频率计、输出设置、接口设置、系统设置、仪器自检和版本信息的读取等。

[Parameter]：用于设置基本波形参数，方便用户直接进行参数设置。

实验 2.1 晶体管共射极单管放大器性能测试

2.1.1 实验目的

（1）学会放大器静态工作点的调试方法，分析静态工作点对放大器性能的影响。
（2）掌握放大器电压放大倍数、输入电阻、输出电阻及最大不失真输出电压的测试方法。
（3）熟悉常用电子仪器及模拟电路实验设备的使用。

2.1.2 实验原理

图 2-1 所示为电阻分压式工作点稳定单管放大器实验电路图。它的偏置电路采用 R_{B1} 和 R_{B2} 组成的分压电路，并在发射极中接有电阻 R_E，以稳定放大器的静态工作点。当在放大器的输入端加入输入信号 u_i 后，在放大器的输出端便可得到一个与 u_i 相位相反、幅值被放大了的输出信号 u_o，从而实现了电压放大。

在图 2-1 所示电路中，当流过偏置电阻 R_{B1} 和 R_{B2} 的电流远大于晶体管 T 的基极电流 I_B 时（一般 5～10 倍），则它的静态工作点可用下式估算：

$$I_E \approx \frac{U_B - U_{BE}}{R_E} \approx I_C, \quad U_B \approx \frac{R_{B1}}{R_{B1} + R_{B2}} U_{CC}$$

$$U_{CE} = U_{CC} - I_C(R_C + R_E)$$

电压放大倍数为：

$$A_{\rm V}=-\beta\frac{R_{\rm C}\ /\!/\ R_{\rm L}}{r_{\rm be}}$$

输入电阻为：

$$R_{\rm i}=R_{\rm B1}/\!/R_{\rm B2}/\!/r_{\rm be}$$

输出电阻为：

$$R_{\rm o}\approx R_{\rm C}$$

放大器的测量和调试一般包括：放大器静态工作点的测量与调试，消除干扰与自激振荡及放大器各项动态参数的测量与调试等。

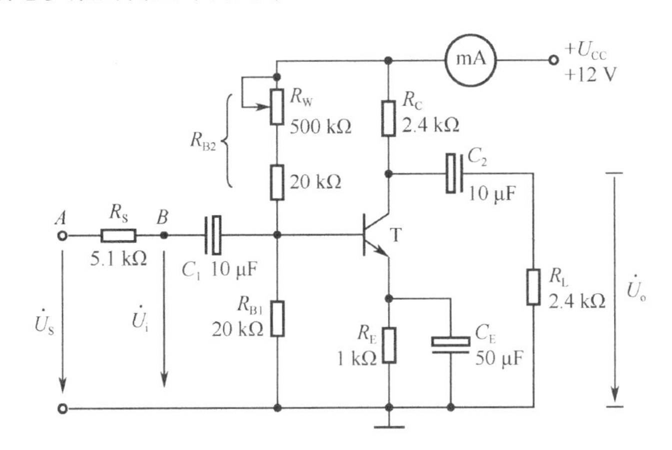

图 2-1　共射极单管放大器实验电路

1. 放大器静态工作点的测量与调试

1）静态工作点的测量

测量放大器的静态工作点，应在输入信号 $u_{\rm i}$=0 的情况下进行，即将放大器输入端与地端短接，然后选用量程合适的直流毫安表和直流电压表，分别测量晶体管的集电极电流 $I_{\rm C}$ 及各电极对地的电位 $U_{\rm B}$、$U_{\rm C}$ 和 $U_{\rm E}$。一般实验中，为了避免断开集电极，所以采用测量电压 $U_{\rm E}$ 或 $U_{\rm C}$，然后算出 $I_{\rm C}$ 的方法。例如，只要测出 $U_{\rm E}$，即可用 $I_{\rm C}\approx I_{\rm E}=\dfrac{U_{\rm E}}{R_{\rm E}}$ 算出 $I_{\rm C}$（也可根据 $I_{\rm C}=\dfrac{U_{\rm CC}-U_{\rm C}}{R_{\rm C}}$，由 $U_{\rm C}$ 确定 $I_{\rm C}$），同时也能算出 $U_{\rm BE}=U_{\rm B}-U_{\rm E}$，$U_{\rm CE}=U_{\rm C}-U_{\rm E}$。

为了减小误差、提高测量精度，应选用内阻较高的直流电压表。

2）静态工作点的调试

放大器静态工作点的调试是指对管子集电极电流 $I_{\rm C}$（或 $U_{\rm CE}$）的调整与测试。

静态工作点是否合适，对放大器的性能和输出波形都有很大影响。如工作点偏高，放大器在加入交流信号以后易产生饱和失真，此时 $u_{\rm o}$ 的负半周将被削底，如图 2-2（a）所示；如工作点偏低，则易产生截止失真，即 $u_{\rm o}$ 的正半周被缩顶（一般截止失真不如饱和失真明显），如图 2-2（b）所示。这些情况都不符合不失真放大的要求。所以在选定工作点以后

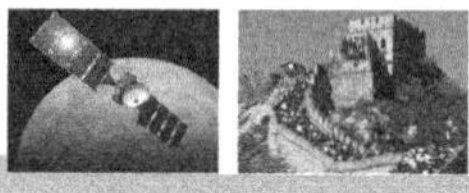

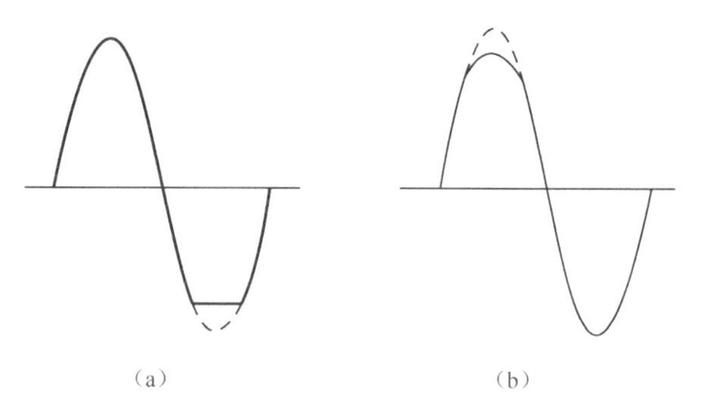

图 2-2　静态工作点对 u_o 波形失真的影响

还必须进行动态调试，即在放大器的输入端加入一定的输入电压 u_i，检查输出电压 u_o 的大小和波形是否满足要求。如不满足，则应调节静态工作点的位置。

改变电路参数 U_{CC}、R_C、R_B（R_{B1}、R_{B2}）都会引起静态工作点的变化，如图 2-3 所示。但通常多采用调节偏置电阻 R_{B2} 的方法来改变静态工作点，如减小 R_{B2}，则可使静态工作点提高。

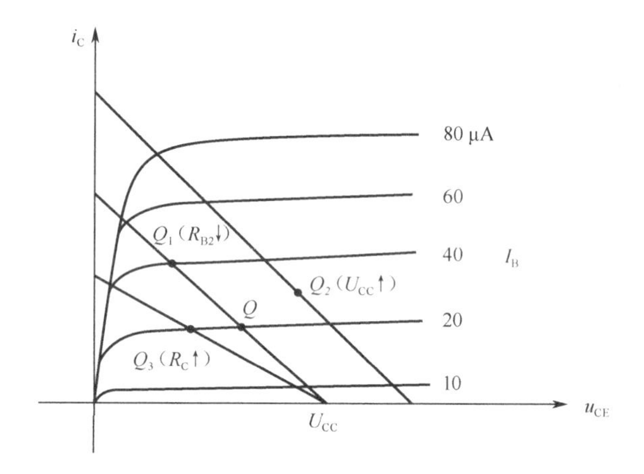

图 2-3　电路参数对静态工作点的影响

最后还要说明的是，上面所说的工作点“偏高”或“偏低”不是绝对的，而是相对信号的幅度而言，如果输入信号幅度很小，即使工作点较高或较低也不一定会出现失真。所以确切地说，产生波形失真是信号幅度与静态工作点设置配合不当所致。如需满足较大信号幅度的要求，静态工作点最好尽量靠近交流负载线的中点。

2. 放大器动态指标测试

放大器动态指标包括电压放大倍数、输入电阻、输出电阻、最大不失真输出电压（动态范围）和通频带等。

1）电压放大倍数 A_V 的测量

调整放大器到合适的静态工作点，然后加入输入电压 u_i，在输出电压 u_o 不失真的情况下，用交流毫伏表测出 u_i 和 u_o 的有效值 U_i 和 U_o，则

$$A_V = \frac{U_o}{U_i}$$

2）输入电阻 R_i 的测量

为了测量放大器的输入电阻，按图 2-4 所示电路在被测放大器的输入端与信号源之间串入一已知电阻 R，在放大器正常工作的情况下，用交流毫伏表测出 U_S 和 U_i，则根据输入电阻的定义可得：

$$R_i = \frac{U_i}{I_i} = \frac{U_i}{\frac{U_R}{R}} = \frac{U_i}{U_S - U_i} R$$

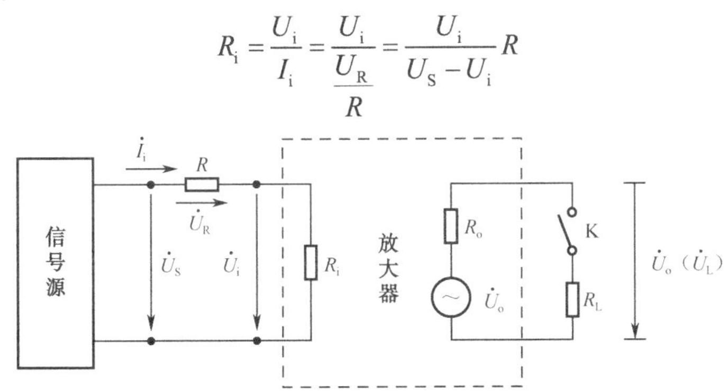

图 2-4　输入、输出电阻测量电路

测量时应注意下列几点：

（1）由于电阻 R 两端没有电路公共接地点，所以测量 R 两端电压 U_R 时必须分别测出 U_S 和 U_i，然后按 $U_R=U_S-U_i$ 求出 U_R 值。

（2）电阻 R 的值不宜取得过大或过小，以免产生较大的测量误差，通常取 R 与 R_i 为同一数量级为好，本实验可取 R=1～2 kΩ。

3）输出电阻 R_o 的测量

按图 2-4 所示电路，在放大器正常工作条件下，测出输出端不接负载 R_L 的输出电压 U_o 和接入负载后的输出电压 U_L，根据：

$$U_L = \frac{R_L}{R_o + R_L} U_o$$

即可求出：

$$R_o = \left(\frac{U_o}{U_L} - 1\right) R_L$$

在测试中应注意，必须保持 R_L 接入前后输入信号的大小不变。

4）最大不失真输出电压 U_{OPP} 的测量（最大动态范围）

如上所述，为了得到最大动态范围，应将静态工作点调在交流负载线的中点。为此在放大器正常工作情况下，逐步增大输入信号的幅度，并同时调节 R_W（改变静态工作点），用示波器观察 u_o，当输出波形同时出现削底和缩顶现象（如图 2-5 所示）时，说明静态工作点已调在交流负载线的中点。然后反复调整输入信号，使波形输出幅度最大，且无明显失真时，用交流毫伏表测出 U_o（有效值），则动态范围等于 $2\sqrt{2}U_o$，或用示波器直接读出

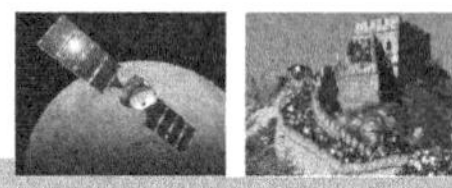

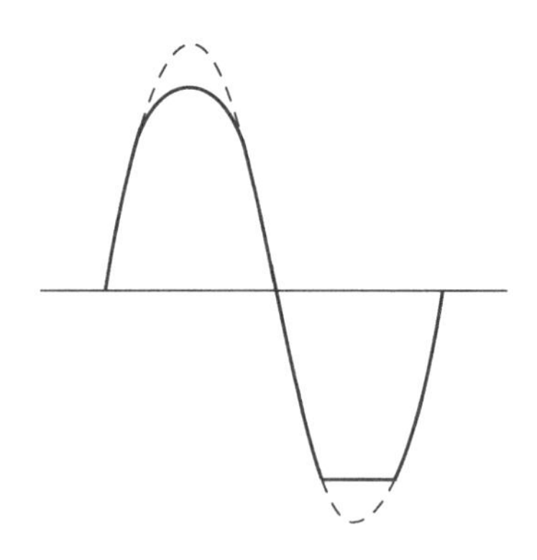

图 2-5　静态工作点正常，输入信号太大引起的失真

U_{OPP} 来。

5）放大器幅频特性的测量

放大器的幅频特性是指放大器的电压放大倍数 A_u 与输入信号频率 f 之间的关系曲线。单管阻容耦合放大电路的幅频特性曲线如图 2-6 所示，A_{um} 为中频电压放大倍数，通常规定电压放大倍数随频率变化下降到中频放大倍数的 $1/\sqrt{2}$ 倍，即 $0.707A_{um}$ 所对应的频率分别称为下限频率 f_L 和上限频率 f_H，则通频带 $f_{BW}=f_H-f_L$。

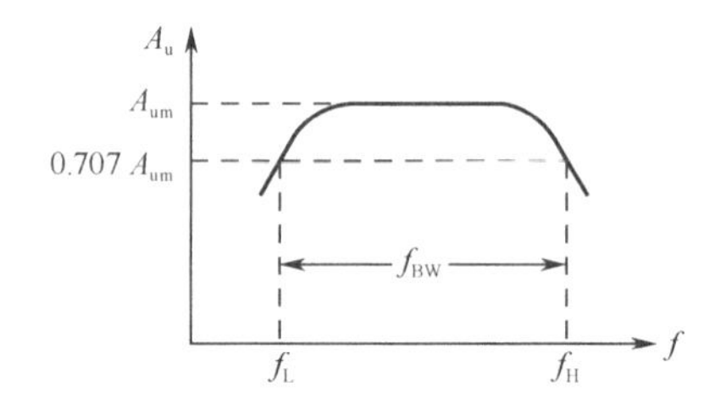

图 2-6　幅频特性曲线

放大器的幅率特性就是测量不同频率信号时的电压放大倍数 A_u。为此，可采用前述测 A_u 的方法，每改变一个信号频率，测量其相应的电压放大倍数，测量时应注意取点要恰当，在低频段与高频段应多测几点，在中频段可以少测几点。此外，在改变频率时，要保持输入信号的幅度不变，且输出波形不得失真。

6）干扰和自激振荡的消除

参考附录 A。

2.1.3　实验设备与器件

（1）+12V 直流电源；
（2）函数信号发生器；
（3）双踪示波器；
（4）交流毫伏表；

（5）直流电压表；

（6）直流毫安表；

（7）频率计；

（8）万用电表；

（9）晶体三极管 3DG6×1（β=50～100）或 9011×1，如图 2-7 所示；

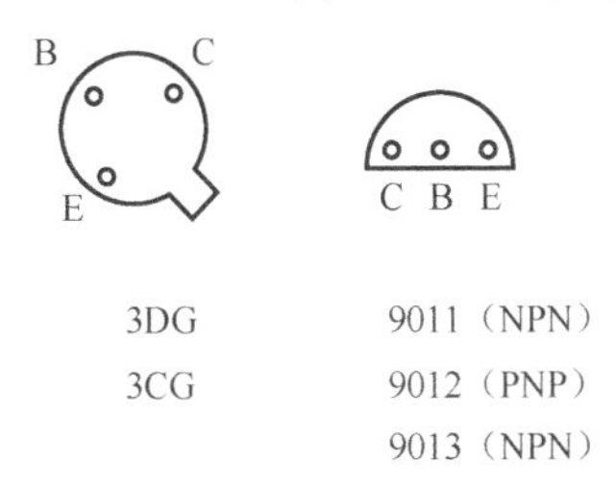

图 2-7　晶体三极管引脚排列

（10）电阻器、电容器若干。

2.1.4　实验内容

实验电路如图 2-1 所示。

1. 调试静态工作点

接通直流电源前，先将 R_W 调至最大，函数信号发生器输出旋钮旋至零。接通+12 V 电源，调节 R_W，使 I_C=2.0 mA（即 U_E=2.0 V），用直流电压表测量 U_B、U_E、U_C 及用万用电表测量 R_{B2} 值，记入表 2-1。

表 2-1　测量结果 1-1（I_C=2 mA）

测 量 值				计 算 值		
U_B（V）	U_E（V）	U_C（V）	R_{B2}（kΩ）	U_{BE}（V）	U_{CE}（V）	I_C（mA）

2. 测量电压放大倍数

在放大器输入端加入频率为 1 kHz 的正弦信号 u_S，调节函数信号发生器的输出旋钮，使放大器输入电压 U_i≈10 mV，同时用示波器观察放大器输出电压 u_o 波形，在波形不失真的条件下用交流毫伏表测量下述三种情况下的 U_o 值，并用双踪示波器观察 u_o 和 u_i 的相位关系，记入表 2-2。

表 2-2　测量结果 1-2（I_c=2.0 mA，U_i=10mV）

R_C（kΩ）	R_L（kΩ）	U_o（V）	A_V	观察记录一组 u_o 和 u_i 波形
2.4	∞			u_i — t；u_o — t
1.2	∞			
2.4	2.4			

3. 观察静态工作点对电压放大倍数的影响

置 R_C=2.4 kΩ，R_L=∞，U_i 适量，调节 R_W，用示波器监视输出电压波形，在 u_o 不失真的条件下，测量数组 I_C 和 U_o 值，记入表 2-3。

表 2-3 测量结果 1-3（R_C=2.4 kΩ，R_L=∞，U_i= mV）

I_C（mA）			2.0		
U_o（V）					
A_V					

测量 I_C 时，要先将信号源输出旋钮旋至零（即使 U_i=0）。

4. 观察静态工作点对输出波形失真的影响

置 R_C=2.4 kΩ，R_L=2.4 kΩ，u_i=0，调节 R_W 使 I_C=2.0 mA，测出 U_{CE} 值，再逐步加大输入信号，使输出电压 u_o 足够大但不失真。然后保持输入信号不变，分别增大和减小 R_W，使波形出现失真，绘出 u_o 的波形，并测出失真情况下的 I_C 和 U_{CE} 值，记入表 2-4 中。每次测 I_C 和 U_{CE} 值时都要将信号源的输出旋钮旋至零。

表 2-4 测量结果 1-4（R_C=2.4 kΩ，R_L=∞，U_i= mV）

I_C（mA）	U_{CE}（V）	u_o 波形	失 真 情 况	管子工作状态
		u_o — t		
2.0		u_o — t		
		u_o — t		

5. 测量最大不失真输出电压

置 R_C=2.4 kΩ，R_L=2.4 kΩ，按照实验原理中所述方法，同时调节输入信号的幅度和电位器 R_W，用示波器和交流毫伏表测量 U_{OPP} 及 U_o 值，记入表 2-5。

表 2-5 测量结果 1-5（R_C=2.4 kΩ，R_L=2.4 kΩ）

I_C（mA）	U_{im}（mV）	U_{om}（V）	U_{OPP}（V）

6. 测量输入电阻和输出电阻

置 R_C=2.4 kΩ，R_L=2.4 kΩ，I_C=2.0 mA。输入 f=1 kHz 的正弦信号，在输出电压 u_o 不失真的情况下，用交流毫伏表测出 U_S、U_i 和 U_L，记入表 2-6。

保持 U_S 不变，断开 R_L，测量输出电压 U_o，记入表 2-6。

表 2-6　测量结果 1-6（I_C=2 mA，R_C=2.4 kΩ，R_L=2.4 kΩ）

U_S（mv）	U_i（mv）	R_i（kΩ）		U_L（V）	U_o（V）	R_o（kΩ）	
		测量值	计算值			测量值	计算值

7. 测量幅频特性曲线

取 I_C=2.0 mA，R_C=2.4 kΩ，R_L=2.4 kΩ。保持输入信号 u_i 的幅度不变，改变信号源频率 f，逐点测出相应的输出电压 U_o，记入表 2-7。

表 2-7　测量结果 1-7（U_i=　　mV）

	f_l　　f_o　　f_n
f（kHz）	
U_o（V）	
$A_V=U_o/U_i$	

为了信号源频率 f 取值合适，可先粗测一下，找出中频范围，然后再仔细读数。

说明：本实验内容较多，其中 6、7 可作为选做内容。

2.1.5　实验报告

（1）列表整理测量结果，并把实测的静态工作点、电压放大倍数、输入电阻、输出电阻之值与理论计算值比较（取一组数据进行比较），分析产生误差原因。

（2）总结 R_C、R_L 及静态工作点对放大器电压放大倍数、输入电阻、输出电阻的影响。

（3）讨论静态工作点变化对放大器输出波形的影响。

（4）分析讨论在调试过程中出现的问题。

实验 2.2　射极输出器（共集电极电路）性能测试

2.2.1　实验目的

（1）掌握射极输出器的特性及测试方法。

（2）进一步学习放大器各项参数测试方法。

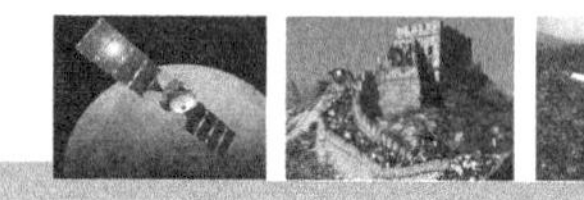

2.2.2 实验原理

射极输出器也称为射极跟随器，它的原理图如图 2-8 所示。它是一个电压串联负反馈放大电路，具有输入电阻高、输出电阻低、电压放大倍数接近于 1，输出电压能够在较大范围内跟随输入电压作线性变化，以及输入、输出信号同相等特点。

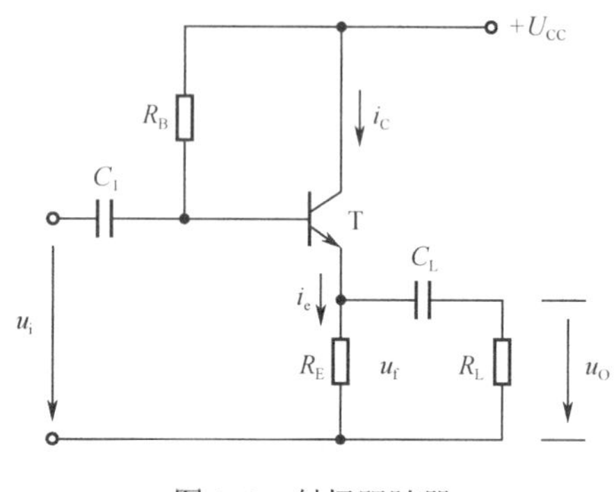

图 2-8 射极跟随器

射极跟随器的输出取自发射极，故称其为射极输出器。

1. 输入电阻 R_i

如图 2-8 所示电路中有：

$$R_i=r_{be}+(1+\beta)R_E$$

如考虑偏置电阻 R_B 和负载 R_L 的影响，则：

$$R_i=R_B//[r_{be}+(1+\beta)(R_E//R_L)]$$

由上式可知射极跟随器的输入电阻 R_i 比共射极单管放大器的输入电阻 $R_i=R_B//r_{be}$ 要高得多，但由于偏置电阻 R_B 的分流作用，输入电阻难以进一步提高。

输入电阻的测试方法同单管放大器，实验线路如图 2-9 所示。

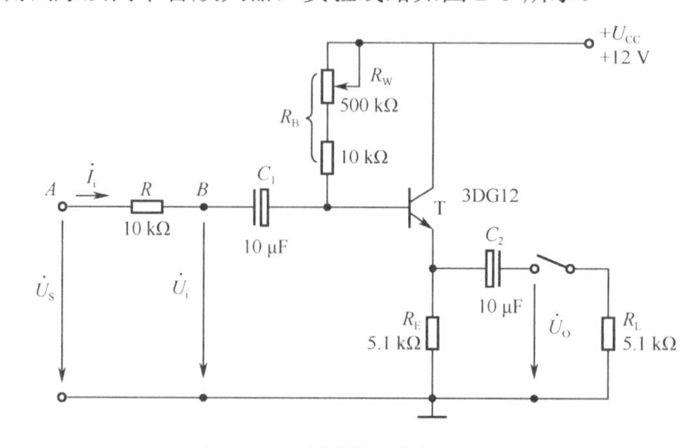

图 2-9 射极跟随器实验电路

$$R_i=\frac{U_i}{I_i}=\frac{U_i}{U_S-U_i}R$$

即只要测得 A、B 两点的对地电位，即可计算出 R_i。

2. 输出电阻 R_o

如图 2-8 所示电路中：

$$R_o = \frac{r_{be}}{\beta} /\!/ R_E \approx \frac{r_{be}}{\beta}$$

如考虑信号源内阻 R_S，则：

$$R_o = \frac{r_{be} + (R_S /\!/ R_B)}{\beta} /\!/ R_E \approx \frac{r_{be} + (R_S /\!/ R_B)}{\beta}$$

由上式可知射极跟随器的输出电阻 R_o 比共射极单管放大器的输出电阻 $R_o \approx R_C$ 低得多。三极管的β越高，输出电阻越小。

输出电阻 R_o 的测试方法亦同单管放大器，即先测出空载输出电压 U_o，再测接入负载 R_L 后的输出电压 U_L，根据：

$$U_L = \frac{R_L}{R_o + R_L} U_o$$

即可求出 R_o：

$$R_o = \left(\frac{U_o}{U_L} - 1\right) R_L$$

3. 电压放大倍数

如图 2-8 所示电路中：

$$A_V = \frac{(1+\beta)(R_E /\!/ R_L)}{r_{be} + (1+\beta)(R_E /\!/ R_L)} \leqslant 1$$

上式说明射极跟随器的电压放大倍数小于等于 1，且为正值，这是深度电压负反馈的结果。但它的射极电流仍比基流大（$1+\beta$）倍，所以它具有一定的电流和功率放大作用。

4. 电压跟随范围

电压跟随范围是指射极跟随器输出电压 u_o 跟随输入电压 u_i 作线性变化的区域。当 u_i 超过一定范围时，u_o 便不能跟随 u_i 作线性变化，即 u_o 波形产生了失真。为了使输出电压 u_o 正、负半周对称，并充分利用电压跟随范围，静态工作点应选在交流负载线中点，测量时可直接用示波器读取 u_o 的峰峰值，即电压跟随范围；或用交流毫伏表读取 u_o 的有效值，则电压跟随范围：

$$U_{oP\text{-}P} = 2\sqrt{2}\, U_o$$

2.2.3　实验设备与器件

（1）+12V 直流电源；

（2）函数信号发生器；

（3）双踪示波器；

（4）交流毫伏表；
（5）直流电压表；
（6）3DG12×1（β=50～100）或 9013；
（7）电阻器、电容器若干。

2.2.4 实验内容

按图 2-9 所示组接电路。

1. 静态工作点的调整

接通+12 V 直流电源，在 B 点加入 f =1 kHz 的正弦信号 u_i，输出端用示波器监视输出波形，反复调整 R_W 及信号源的输出幅度，使示波器的屏幕上得到一个最大不失真输出波形，然后置 u_i=0，用直流电压表测量晶体管各电极对地电位，将测得数据记入表 2-8。

表 2-8 测量结果

U_E（V）	U_B（V）	U_C（V）	I_E（mA）

在整个测试过程中应保持 R_W 的值不变（即保持静工作点 I_E 不变）。

2. 测量电压放大倍数 A_v

接入负载 R_L=1 kΩ，在 B 点加 f =1 kHz 的正弦信号 u_i，调节输入信号幅度，用示波器观察输出波形 u_o，在输出最大不失真情况下，用交流毫伏表测 U_i、U_L 值，记入表 2-9。

表 2-9 测量结果

U_i（V）	U_L（V）	A_V

3. 测量输出电阻 R_o

接上负载 R_L=1 kΩ，在 B 点加 f =1 kHz 的正弦信号 u_i，用示波器监视输出波形，测量空载时的输出电压 U_o 和有负载时的输出电压 U_L，记入表 2-10。

表 2-10 记录结果

U_o（V）	U_L（V）	R_o（kΩ）

4. 测量输入电阻 R_i

在 A 点加 f=1 kHz 的正弦信号 u_S，用示波器监视输出波形，用交流毫伏表分别测出 A、B 点对地的电位 U_S、U_i，记入表 2-11。

表 2-11　记录结果

U_S（V）	U_i（V）	R_i（kΩ）

5. 测试跟随特性

接入负载 R_L=1 kΩ，在 *B* 点加入 *f* =1 kHz 正弦信号 u_i，逐渐增大信号 u_i 幅度，用示波器监视输出波形直至输出波形达最大不失真，测量对应的 U_L 值，记入表 2-12。

表 2-12　记录结果

U_i（V）	
U_L（V）	

6. 测试频率响应特性

保持输入信号 u_i 幅度不变，改变信号源频率，用示波器监视输出波形，用交流毫伏表测量不同频率下的输出电压 U_L 值，记入表 2-13。

表 2-13　记录结果

f（kHz）	
U_L（V）	

2.2.5　实验报告

（1）整理实验数据，并画出曲线 $U_L=f(U_i)$及 $U_L=f(f)$曲线。
（2）分析射极跟随器的性能和特点。

实验 2.3　场效应管放大器性能测试

2.3.1　实验目的

（1）了解结型场效应管的性能和特点。
（2）进一步熟悉放大器动态参数的测试方法。

2.3.2　实验原理

场效应管是一种电压控制型器件，按结构可分为结型和绝缘栅型两种。由于场效应管栅源之间处于绝缘或反向偏置，所以输入电阻很高（一般可达上百兆欧），又由于场效应管是一种多数载流子控制器件，所以热稳定性好、抗辐射能力强、噪声系数小，加之制造工

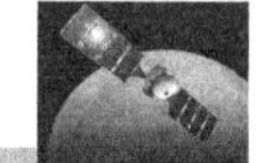

艺较简单，便于大规模集成，因此得到越来越广泛的应用。

1. 结型场效应管的特性和参数

场效应管的特性主要有输出特性和转移特性。图 2-10 所示为 N 沟道结型场效应管 3DJ6F 的输出特性和转移特性曲线。其直流参数主要有饱和漏极电流 I_{DSS}、夹断电压 U_P 等；交流参数主要有低频跨导：

$$g_m = \frac{\Delta I_D}{\Delta U_{GS}}\Big|U_{DS} = 常数$$

表 2-14 列出了 3DJ6F 的典型参数值及测试条件。

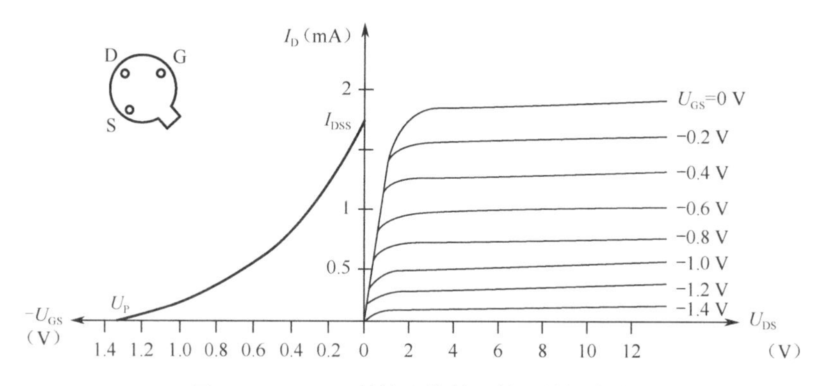

图 2-10　3DJ6F 的输出特性和转移特性曲线

表 2-14　3DJ6F 的典型参数值及测试条件

参数名称	饱和漏极电流 I_{DSS}（mA）	夹断电压 U_P（V）	跨导 g_m（μA/V）
测试条件	U_{DS}=10 V U_{GS}=0 V	U_{DS}=10 V I_{DS}=50 μA	U_{DS}=10 V I_{DS}=3 mA f=1 kHz
参数值	1～3.5	<|-9|	>100

2. 场效应管放大器性能分析

图 2-11 所示为结型场效应管组成的共源级放大电路。其静态工作点：

$$U_{GS} = U_G - U_S = \frac{R_{g1}}{R_{g1}+R_{g2}}U_{DD} - I_D R_S$$

$$I_D = I_{DSS}\left(1-\frac{U_{GS}}{U_P}\right)^2$$

中频电压放大倍数：$A_V=-g_m R'_L=-g_m R_D//R_L$

输入电阻：$R_i=R_G+R_{g1}//R_{g2}$

输出电阻：$R_o \approx R_D$

式中，跨导 g_m 可由特性曲线用作图法求得，或用公式：

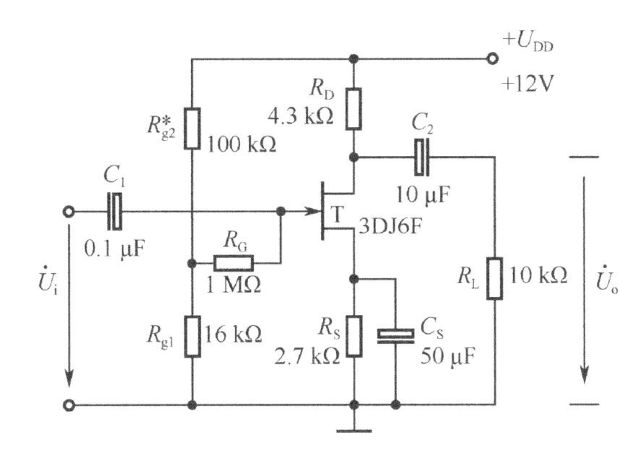

图 2-11　结型场效应管共源级放大器

$$g_m = -\frac{2I_{DSS}}{U_P}\left(1 - \frac{U_{GS}}{U_P}\right)$$

计算。但要注意，计算时 U_{GS} 要用静态工作点处的数值。

3. 输入电阻的测量方法

场效应管放大器的静态工作点、电压放大倍数和输出电阻的测量方法，与实验二中晶体管放大器的测量方法相同。其输入电阻的测量，从原理上讲，也可采用实验二中所述方法，但由于场效应管的 R_i 比较大，如直接测输入电压 U_S 和 U_i，则限于测量仪器的输入电阻有限，必然会带来较大的误差。因此为了减小误差，常利用被测放大器的隔离作用，通过测量输出电压 U_o 来计算输入电阻。测量电路如图 2-12 所示。

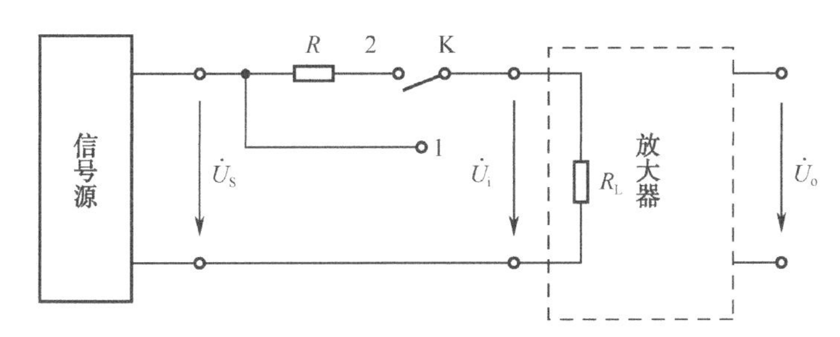

图 2-12　输入电阻测量电路

在放大器的输入端串入电阻 R，把开关 K 掷向位置 1（即使 R=0），测量放大器的输出电压 $U_{o1}=A_VU_S$；保持 U_S 不变，再把 K 掷向 2（即接入 R），测量放大器的输出电压 U_{o2}。由于两次测量中 A_V 和 U_S 保持不变，故：

$$U_{o2} = A_V U_i = \frac{R_i}{R + R_i} U_S A_V$$

由此可以求出：

$$R_i = \frac{U_{o2}}{U_{o1} - U_{o2}} R$$

式中，R 和 R_i 不要相差太大，本实验可取 R=100～200 kΩ。

2.3.3 实验设备与器件

（1）+12V 直流电源；

（2）函数信号发生器；

（3）双踪示波器；

（4）交流毫伏表；

（5）直流电压表；

（6）结型场效应管 3DJ6F×1；

（7）电阻器、电容器若干。

2.3.4 实验内容

1. 静态工作点的测量和调整

（1）按图 2-11 连接电路，令 u_i=0，接通+12 V 电源，用直流电压表测量 U_G、U_S 和 U_D。检查静态工作点是否在特性曲线放大区的中间部分。如合适则把结果记入表 2-15。

（2）若不合适，则适当调整 R_{g2} 和 R_S，调好后，再测量 U_G、U_S 和 U_D，把结果记入表 2-15。

表 2-15 测量结果 3-1

测量值						计算值		
U_G（V）	U_S（V）	U_D（V）	U_{DS}（V）	U_{GS}（V）	I_D（mA）	U_{DS}（V）	U_{GS}（V）	I_D（mA）

2. 电压放大倍数 A_V、输入电阻 R_i 和输出电阻 R_o 的测量

1）A_V 和 R_o 的测量

在放大器的输入端加入 f=1 kHz 的正弦信号 U_i（50～100 mV），并用示波器监视输出电压 u_o 的波形。在输出电压 u_o 没有失真的条件下，用交流毫伏表分别测量 R_L=∞和 R_L=10 kΩ 时的输出电压 U_o（注意：保持 U_i 幅值不变），记入表 2-16。

表 2-16 测量结果 3-2

测量值					计算值		u_i 和 u_o 波形
	U_i（V）	U_o（V）	A_V	R_o（kΩ）	A_V	R_o（kΩ）	
R_L=∞							u_o — t
R_L=10 kΩ							u_o — t

用示波器同时观察 u_i 和 u_o 的波形，描绘出来并分析它们的相位关系。

2）R_i 的测量

按图 2-12 所示连接实验电路，选择合适大小的输入电压 U_S（50～100 mV），将开关 K 掷向位置 1，测出 R=0 时的输出电压 U_{o1}；然后将开关掷向位置 2（接入 R），保持 U_S 不变，再测出 U_{o2}，根据公式 $R_i = \dfrac{U_{o2}}{U_{o1}-U_{o2}}R$ 求出 R_i，记入表 2-17。

表 2-17　测量结果 3-3

测 量 值			计 算 值
U_{o1}（V）	U_{o2}（V）	R_i（kΩ）	R_i（kΩ）

2.3.5　实验报告

（1）整理实验数据，将测得的 A_V、R_i、R_o 和理论计算值进行比较。
（2）把场效应管放大器与晶体管放大器进行比较，总结场效应管放大器的特点。
（3）分析测试中的问题，总结实验收获。

实验 2.4　负反馈放大器性能测试

2.4.1　实验目的

对放大电路中引入负反馈的方法和负反馈对放大器各项性能指标的影响加深理解。

2.4.2　实验原理

负反馈在电子电路中有着非常广泛的应用，虽然它使放大器的放大倍数降低，但能在多方面改善放大器的动态指标，如稳定放大倍数，改变输入、输出电阻，减小非线性失真和展宽通频带等。因此，几乎所有的实用放大器都带有负反馈。

负反馈放大器有四种组态，即电压串联、电压并联、电流串联、电流并联。本实验以电压串联负反馈为例，分析负反馈对放大器各项性能指标的影响。

（1）图 2-13 所示为带有负反馈的两级阻容耦合放大电路，在电路中通过 R_f 把输出电压 u_o 引回到输入端，加在晶体管 T_1 的发射极上，在发射极电阻 R_{F1} 上形成反馈电压 u_f。根据反馈的判断法可知，它属于电压串联负反馈。

主要性能指标如下。

① 闭环电压放大倍数：

$$A_{Vf} = \frac{A_V}{1 + A_V F_V}$$

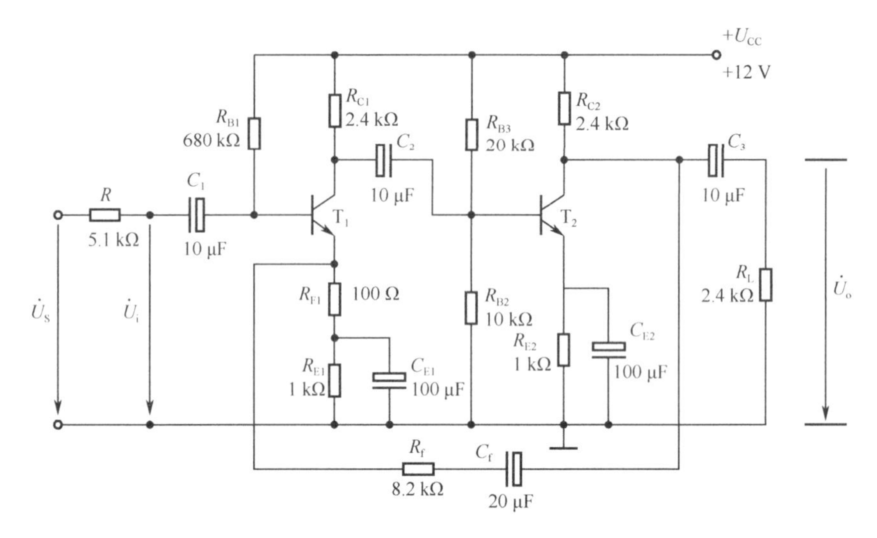

图 2-13　带有电压串联负反馈的两级阻容耦合放大器

式中，$A_V=U_o/U_i$，是基本放大器（无反馈）的电压放大倍数，即开环电压放大倍数。$1+A_VF_V$ 为反馈深度，它的大小决定了负反馈对放大器性能改善的程度。

② 反馈系数：

$$F_V=\frac{R_{F1}}{R_f+R_{F1}}$$

③ 输入电阻：

$$R_{if}=(1+A_VF_V)R_i$$

式中，R_i 为基本放大器的输入电阻。

④ 输出电阻：

$$R_{of}=\frac{R_o}{1+A_{VO}F_V}$$

式中，R_o 为基本放大器的输出电阻；A_{VO} 为基本放大器 $R_L=\infty$ 时的电压放大倍数。

（2）本实验还需要测量基本放大器的动态参数。怎样实现无反馈而得到基本放大器呢？不能简单地断开反馈支路，而是要去掉反馈作用，但又要把反馈网络的影响（负载效应）考虑到基本放大器中去。为此：

① 在画基本放大器的输入回路时，因为是电压负反馈，所以可将负反馈放大器的输出端交流短路，即令 $u_o=0$，此时 R_f 相当于并联在 R_{F1} 上。

② 在画基本放大器的输出回路时，由于输入端是串联负反馈，所以需将反馈放大器的输入端（T_1 管的射极）开路，此时（R_f+R_{F1}）相当于并接在输出端。可近似认为 R_f 并接在输出端。

根据上述规律，就可得到所要求的如图 2-14 所示的基本放大器。

2.4.3　实验设备与器件

（1）+12 V 直流电源；

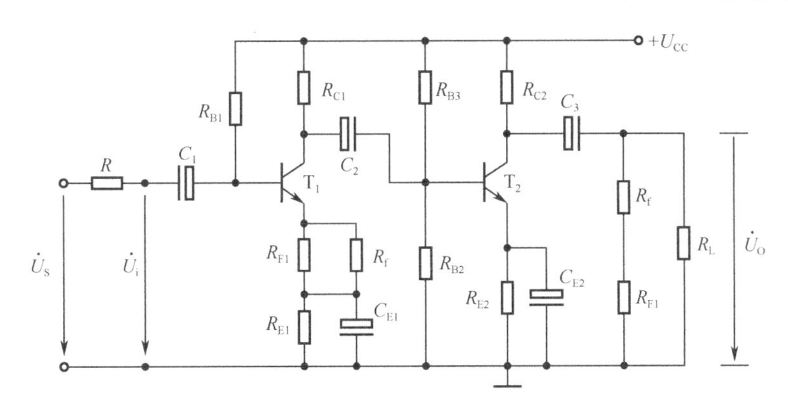

图 2-14　基本放大器

（2）函数信号发生器；
（3）双踪示波器；
（4）频率计；
（5）交流毫伏表；
（6）直流电压表；
（7）晶体三极管 3DG6×2（β=50～100）或 9011×2；
（8）电阻器、电容器若干。

2.4.4　实验内容

1. 测量静态工作点

按图 2-13 连接实验电路，取 U_{CC}=+12 V，U_i=0，用直流电压表分别测量第一级、第二级的静态工作点，记入表 2-18。

表 2-18　测量结果 4-1

	U_B（V）	U_E（V）	U_C（V）	I_C（mA）
第一级				
第二级				

2. 测试基本放大器的各项性能指标

将实验电路按图 2-14 改接，即把 R_f 断开后分别并联在 R_{F1} 和 R_L 上，其他连线不动。

（1）测量中频电压放大倍数 A_V、输入电阻 R_i 和输出电阻 R_o。

① 以 f=1 kHz，U_S 约 5 mV 的正弦信号输入放大器，用示波器监视输出波形 u_o，在 u_o 不失真的情况下，用交流毫伏表测量 U_S、U_i、U_L，记入表 2-19。

② 保持 U_S 不变，断开负载电阻 R_L（注意：R_f 不要断开），测量空载时的输出电压 U_o，记入表 2-19。

（2）测量通频带。接上 R_L，保持（1）中的 U_S 不变，然后增加和减小输入信号的频率，找出上、下限频率 f_h 和 f_l，记入表 2-20。

表 2-19　测量结果 4-2

基本放大器	U_S（mv）	U_i（mv）	U_L（V）	U_o（V）	A_V	R_i（kΩ）	R_o（kΩ）
负反馈放大器	U_S（mv）	U_i（mv）	U_L（V）	U_o（V）	A_{Vf}	R_{if}（kΩ）	R_{of}（kΩ）

3. 测试负反馈放大器的各项性能指标

将实验电路恢复为图 2-13 所示的负反馈放大电路，适当加大 U_S（约 10 mV），在输出波形不失真的条件下，测量负反馈放大器的 A_{Vf}、R_{if}和 R_{of}，记入表 2-19；测量 f_{hf}和 f_{lf}，记入表 2-20。

表 2-20　测量结果 4-3

基本放大器	f_l（kHz）	f_h（kHz）	Δf（kHz）
负反馈放大器	f_{lf}（kHz）	f_{hf}（kHz）	Δf_f（kHz）

*4. 观察负反馈对非线性失真的改善

（1）实验电路改接成基本放大器形式，在输入端加入 f=1 kHz 的正弦信号，输出端接示波器，逐渐增大输入信号的幅度，使输出波形开始出现失真，记下此时的波形和输出电压的幅度。

（2）再将实验电路改接成负反馈放大器形式，增大输入信号幅度，使输出电压幅度的大小与（1）相同，比较有负反馈时，输出波形的变化。

2.4.5　实验报告

（1）将基本放大器和负反馈放大器动态参数的实测值和理论估算值列表进行比较。

（2）根据实验结果，总结电压串联负反馈对放大器性能的影响。

实验 2.5　差动放大器性能测试

2.5.1　实验目的

（1）加深对差动放大器性能及特点的理解。

（2）学习差动放大器主要性能指标的测试方法。

2.5.2　实验原理

图 2-15 所示是差动放大器的基本结构。它由两个元件参数相同的基本共射放大电路组

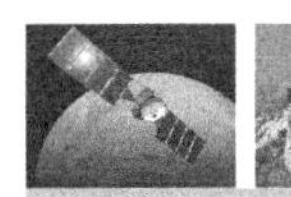

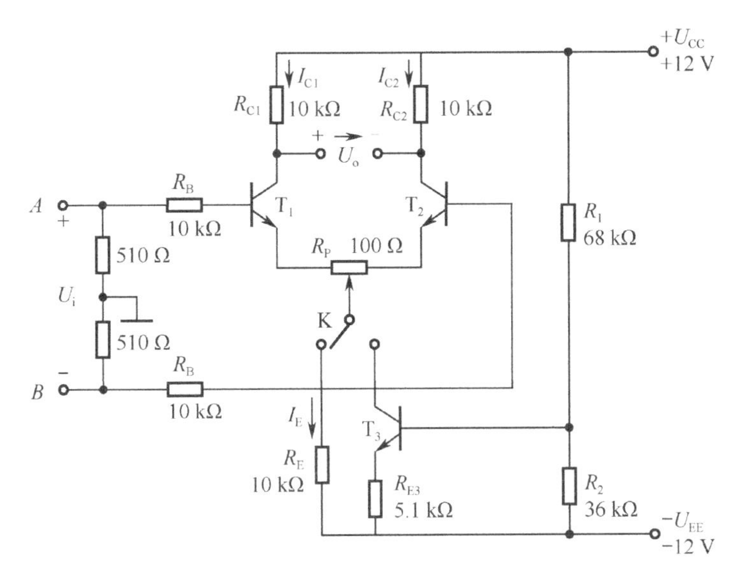

图 2-15　差动放大器实验电路

成。当开关 K 拨向左边时，构成典型的差动放大器。调零电位器 R_P 用于调节 T_1、T_2 管的静态工作点，使得输入信号 $U_i=0$ 时，双端输出电压 $U_o=0$。R_E 为两管共用的发射极电阻，对差模信号无负反馈作用，因而不影响差模电压放大倍数，但对共模信号有较强的负反馈作用，故可以有效地抑制零漂，稳定静态工作点。

当开关 K 拨向右边时，构成具有恒流源的差动放大器。它用晶体管恒流源代替发射极电阻 R_E，可以进一步提高差动放大器抑制共模信号的能力。

1. 静态工作点的估算

典型电路中：

$$I_E \approx \frac{|U_{EE}|-U_{BE}}{R_E} \quad （认为 U_{B1}=U_{B2}\approx 0）$$

$$I_{C1}=I_{C2}=\frac{1}{2}I_E$$

恒流源电路中：

$$I_{C3}\approx I_{E3}\approx \frac{\dfrac{R_2}{R_1+R_2}(U_{CC}+|U_{EE}|)-U_{BE}}{R_{E3}}$$

$$I_{C1}=I_{C2}=\frac{1}{2}I_{C3}$$

2. 差模电压放大倍数和共模电压放大倍数

当差动放大器的射极电阻 R_E 足够大，或采用恒流源电路时，差模电压放大倍数 A_d 由输出端方式决定，而与输入方式无关。

双端输出：$R_E=\infty$，R_P 在中心位置时：

$$A_{\mathrm{d}}=\frac{\Delta U_{\mathrm{o}}}{\Delta U_{\mathrm{i}}}=-\frac{\beta R_{\mathrm{C}}}{R_{\mathrm{B}}+r_{\mathrm{be}}+\frac{1}{2}(1+\beta)R_{\mathrm{P}}}$$

单端输出：

$$A_{\mathrm{d1}}=\frac{\Delta U_{\mathrm{C1}}}{\Delta U_{\mathrm{i}}}=\frac{1}{2}A_{\mathrm{d}}$$

$$A_{\mathrm{d2}}=\frac{\Delta U_{\mathrm{C2}}}{\Delta U_{\mathrm{i}}}=-\frac{1}{2}A_{\mathrm{d}}$$

当输入共模信号时，若为单端输出，则有：

$$A_{\mathrm{C1}}=A_{\mathrm{C2}}=\frac{\Delta U_{\mathrm{C1}}}{\Delta U_{\mathrm{i}}}=\frac{-\beta R_{\mathrm{C}}}{R_{\mathrm{B}}+r_{\mathrm{be}}+(1+\beta)\left(\frac{1}{2}R_{\mathrm{P}}+2R_{\mathrm{E}}\right)}\approx-\frac{R_{\mathrm{C}}}{2R_{\mathrm{E}}}$$

若为双端输出，在理想情况下：

$$A_{\mathrm{C}}=\frac{\Delta U_{\mathrm{o}}}{\Delta U_{\mathrm{i}}}=0$$

实际上由于元件不可能完全对称，所以 A_{C} 也不会绝对等于零。

3. 共模抑制比 CMRR

为了表征差动放大器对有用信号（差模信号）的放大作用和对共模信号的抑制能力，通常用一个综合指标来衡量，即共模抑制比：

$$\mathrm{CMRR}=\left|\frac{A_{\mathrm{d}}}{A_{\mathrm{C}}}\right| \text{或} \mathrm{CMRR}=20\mathrm{Log}\left|\frac{A_{\mathrm{d}}}{A_{\mathrm{C}}}\right|(\mathrm{dB})$$

差动放大器的输入信号可采用直流信号也可采用交流信号。本实验由函数信号发生器提供频率 f=1 kHz 的正弦信号作为输入信号。

2.5.3　实验设备与器件

（1）±12 V 直流电源；
（2）函数信号发生器；
（3）双踪示波器；
（4）交流毫伏表；
（5）直流电压表；
（6）晶体三极管 3DG6×3，要求 T_1、T_2 管特性参数一致（或 9011×3）；
（7）电阻器、电容器若干。

2.5.4　实验内容

1. 典型差动放大器性能测试

按图 2-15 所示连接实验电路，开关 K 拨向左边构成典型差动放大器。

1）测量静态工作点

（1）调节放大器零点。信号源不接入。将放大器输入端 A、B 与地短接，接通±12 V 直流电源，用直流电压表测量输出电压 U_o，调节调零电位器 R_P，使 U_o=0。调节时要仔细，力求准确。

（2）测量静态工作点。零点调好以后，用直流电压表测量 T_1、T_2 管各电极电位及射极电阻 R_E 两端电压 U_{RE}，记入表 2-21。

表 2-21　测量结果 5-1

测量值	U_{C1}（V）	U_{B1}（V）	U_{E1}（V）	U_{C2}（V）	U_{B2}（V）	U_{E2}（V）	U_{RE}（V）
计算值	I_C（mA）		I_B（mA）			U_{CE}（V）	

2）测量差模电压放大倍数

断开直流电源，将函数信号发生器的输出端接放大器输入 A 端，地端接放大器输入 B 端构成单端输入方式，调节输入信号为频率 f=1 kHz 的正弦信号，并使输出旋钮旋至零，用示波器监视输出端（集电极 C_1 或 C_2 与地之间）。

接通±12 V 直流电源，逐渐增大输入电压 U_i（约 100 mV），在输出波形无失真的情况下，用交流毫伏表测 U_i、U_{C1}、U_{C2}，记入表 2-22 中，并观察 u_i、u_{C1}、u_{C2} 之间的相位关系及 U_{RE} 随 U_i 改变而变化的情况。

3）测量共模电压放大倍数

将放大器 A、B 短接，信号源接 A 端与地之间，构成共模输入方式，调节输入信号 f=1 kHz，U_i=1 V，在输出电压无失真的情况下，测量 U_{C1}、U_{C2} 之值，记入表 2-22，并观察 u_i、u_{C1}、u_{C2} 之间的相位关系及 U_{RE} 随 U_i 改变而变化的情况。

表 2-22　测量结果 5-2

	典型差动放大电路		具有恒流源差动放大电路	
	单端输入	共模输入	单端输入	共模输入
U_i	100 mV	1 V	100 mV	1 V
U_{C1}（V）				
U_{C2}（V）				
$A_{d1}=\frac{U_{C1}}{U_i}$		—		—
$A_d=\frac{U_o}{U_i}$		—		—
$A_{C1}=\frac{U_{C1}}{U_i}$	—		—	
$A_C=\frac{U_o}{U_i}$	—		—	
$\text{CMRR}=\left\lvert\frac{A_{d1}}{A_{C1}}\right\rvert$				

2. 具有恒流源的差动放大电路性能测试

将图 2-15 所示电路中开关 K 拨向右边，构成具有恒流源的差动放大电路。重复前面 2)、3) 的要求，记入表 2-22。

2.5.5 实验报告

（1）整理实验数据，列表比较实验结果和理论估算值，分析误差原因。

① 静态工作点和差模电压放大倍数。

② 将典型差动放大电路单端输出时的 CMRR 实测值与理论值比较。

③ 将典型差动放大电路单端输出时 CMRR 的实测值与具有恒流源的差动放大器 CMRR 实测值比较。

（2）比较 u_i、u_{C1} 和 u_{C2} 之间的相位关系。

（3）根据实验结果，总结电阻 R_E 和恒流源的作用。

实验 2.6 集成运算放大器的基本应用（模拟运算电路）

2.6.1 实验目的

（1）研究由集成运算放大器组成的比例、加法、减法和积分等基本运算电路的功能。

（2）了解运算放大器在实际应用时应考虑的一些问题。

2.6.2 实验原理

集成运算放大器是一种具有高电压放大倍数的直接耦合多级放大电路。当外部接入不同的线性或非线性元器件组成输入和负反馈电路时，可以灵活地实现各种特定的函数关系。在线性应用方面，可组成比例、加法、减法、积分、微分、对数等模拟运算电路。

1. 理想运算放大器特性

在大多数情况下，将运放视为理想运放，就是将运放的各项技术指标理想化，满足下列条件的运算放大器称为理想运放。

开环电压增益：$A_{ud}=\infty$。

输入阻抗：$r_i=\infty$。

输出阻抗：$r_o=0$。

带宽：$f_{BW}=\infty$。

失调与漂移均为零。

理想运放在线性应用时的两个重要特性如下。

（1）输出电压 U_o 与输入电压之间满足关系式：

$$U_o=A_{ud}(U_+-U_-)$$

由于 $A_{ud}=\infty$，而 U_o 为有限值，所以，$U_+-U_-\approx 0$，即 $U_+\approx U_-$，称为“虚短”。

（2）由于 $r_i=\infty$，故流进运放两个输入端的电流可视为零，即 $I_{IB}=0$，称为“虚断”。这说明运放对其前级吸取电流极小。

上述两个特性是分析理想运放应用电路的基本原则，可简化运放电路的计算。

2. 基本运算电路

1）反相比例运算电路

电路如图 2-16 所示。对于理想运放，该电路的输出电压与输入电压之间的关系为：

$$U_o=-\frac{R_F}{R_1}U_i$$

为了减小输入级偏置电流引起的运算误差，在同相输入端应接入平衡电阻 $R_2=R_1//R_F$。

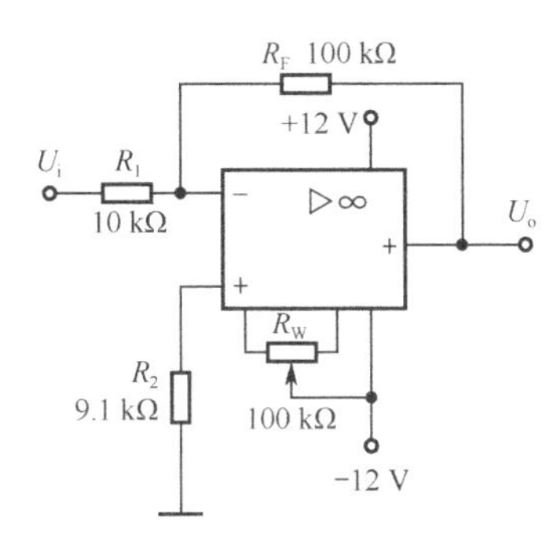

图 2-16　反相比例运算电路

2）反相加法电路

电路如图 2-17 所示，输出电压与输入电压之间的关系为：

$$U_o=-\left(\frac{R_F}{R_1}U_{i1}+\frac{R_F}{R_2}U_{i2}\right),\quad R_3=R_1//R_2//R_F$$

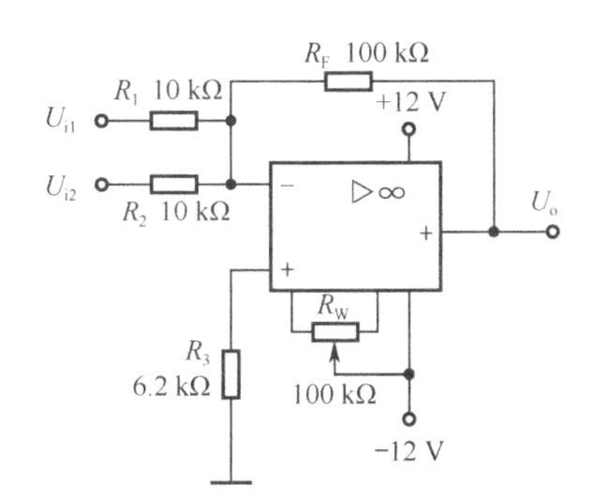

图 2-17　反相加法运算电路

3）同相比例运算电路

图 2-18（a）所示是同相比例运算电路，它的输出电压与输入电压之间的关系为：

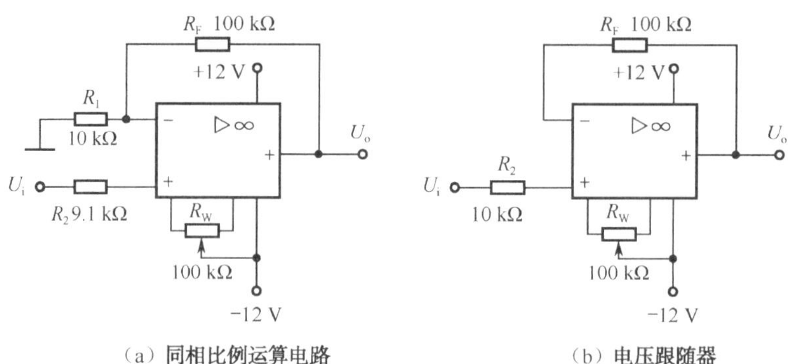

图 2-18　同相比例运算电路与电压跟随器

$$U_o = \left(1 + \frac{R_F}{R_1}\right) U_i \text{，} R_2 = R_1 // R_F$$

当 $R_1 \to \infty$ 时，$U_o = U_i$，即得到如图 2-18（b）所示的电压跟随器。图中 $R_2 = R_F$，用于减小漂移和起保护作用。一般 R_F 取 10 kΩ，R_F 太小起不到保护作用，太大则影响跟随性。

4）差动放大电路（减法器）

对于图 2-19 所示的减法运算电路，当 $R_1 = R_2$，$R_3 = R_F$ 时，有如下关系式：

$$U_o = \frac{R_F}{R_1}(U_{i2} - U_{i1})$$

5）积分运算电路

反相积分运算电路如图 2-20 所示。在理想化条件下，输出电压 u_o 等于：

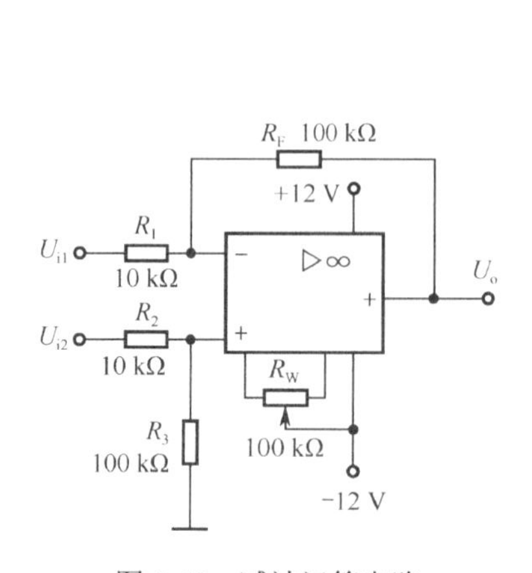

图 2-19　减法运算电路

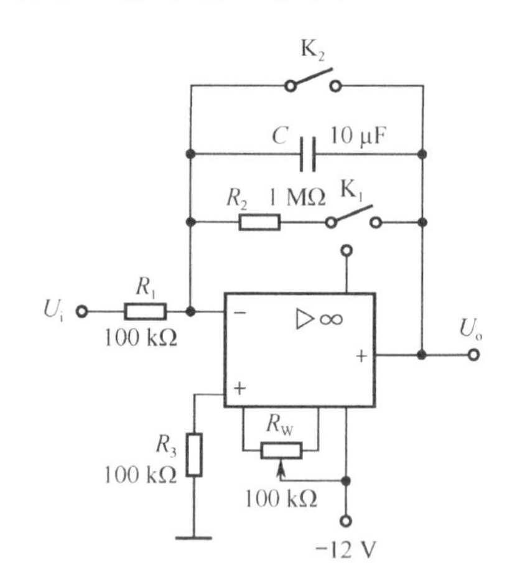

图 2-20　反相积分运算电路

$$u_o(t) = -\frac{1}{R_1 C}\int_0^t u_i \mathrm{d}t + u_C(0)$$

式中，$u_C(0)$是 $t=0$ 时刻电容 C 两端的电压值，即初始值。

如果 $u_i(t)$是幅值为 E 的阶跃电压，并设 $u_C(0)=0$，则：

$$u_o(t) = -\frac{1}{R_1C}\int_0^t E\mathrm{d}t = -\frac{E}{R_1C}t$$

即输出电压 $u_o(t)$随时间增长而线性下降。显然 RC 的数值越大，达到给定的 U_o 值所需的时间就越长。积分输出电压所能达到的最大值受集成运放最大输出范围的限制。

在进行积分运算之前，首先应对运放调零。为了便于调节，将图中 K_1 闭合，即通过电阻 R_2 的负反馈作用帮助实现调零。但在完成调零后，应将 K_1 打开，以免因 R_2 的接入造成积分误差。K_2 的设置一方面为积分电容放电提供通路，同时可实现积分电容初始电压 $u_C(0)=0$；另一方面，可控制积分起始点，即在加入信号 u_i 后，只要 K_2 一打开，电容就将被恒流充电，电路也就开始进行积分运算。

2.6.3　实验设备与器件

（1）±12 V 直流电源；
（2）函数信号发生器；
（3）交流毫伏表；
（4）直流电压表；
（5）集成运算放大器 μA741×1；
（6）电阻器、电容器若干。

2.6.4　实验内容

实验前要看清运放组件各引脚的位置；切忌正、负电源极性接反和输出端短路，否则将会损坏集成块。

1. 反相比例运算电路

（1）按图 2-16 所示连接实验电路，接通±12 V 电源，输入端对地短路，进行调零和消振。

（2）输入 f=100 Hz，U_i=0.5 V 的正弦交流信号，测量相应的 U_o，并用示波器观察 u_o 和 u_i 的相位关系，记入表 2-23。

表 2-23　测量结果 6-1（U_i=0.5 V，f=100 Hz）

U_i（V）	U_o（V）	u_i 波形	u_O 波形	A_V	
				实测值	计算值
		t	t		

2. 同相比例运算电路

（1）按图 2-18（a）所示连接实验电路。实验步骤同反相比例运算电路，将结果记入表 2-24。

（2）将图 2-18（a）中的 R_1 断开，得图 2-18（b）所示电路，重复前述操作步骤。

表 2-24　测量结果 6-2（U_i=0.5 V，f=100 Hz）

U_i（V）	U_o（V）	u_i 波形	u_o 波形	A_V	
				实测值	计算值
		t	t		

3. 反相加法运算电路

（1）按图 2-17 所示连接实验电路，调零和消振。

（2）输入信号采用直流信号，图 2-21 所示电路为简易可调直流信号源，由实验者自行完成。实验时要注意选择合适的直流信号幅度，以确保集成运放工作在线性区。用直流电压表测量输入电压 U_{i1}、U_{i2} 及输出电压 U_o，记入表 2-25。

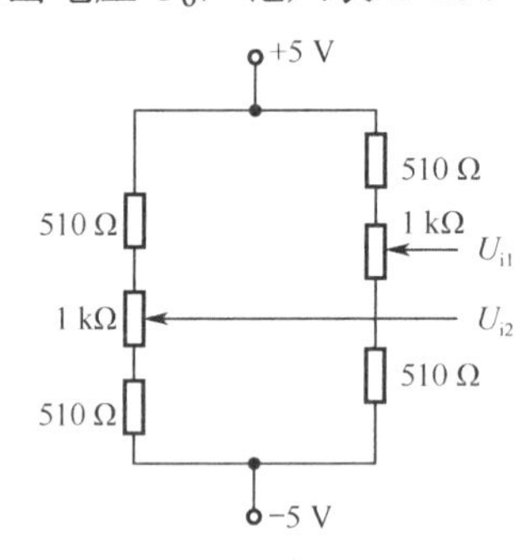

图 2-21　简易可调直流信号源

表 2-25　测量结果 6-3

U_{i1}（V）					
U_{i2}（V）					
U_o（V）					

4. 减法运算电路

（1）按图 2-19 所示连接实验电路，调零和消振。

（2）采用直流输入信号，实验步骤同反相加法运算电路，测量结果记入表 2-26。

表 2-26　测量结果 6-4

U_{i1}（V）					
U_{i2}（V）					
U_o（V）					

5. 积分运算电路

实验电路如图 2-20 所示。

（1）打开 K_2，闭合 K_1，对运放输出进行调零。

（2）调零完成后，再打开 K_1，闭合 K_2，使 $u_C(0)=0$。

（3）预先调好直流输入电压 $U_i=0.5$ V，接入实验电路，再打开 K_2，然后用直流电压表测量输出电压 U_o，每隔 5 s 读一次 U_o，记入表 2-27，直到 U_o 不继续明显增大为止。

表 2-27　测量结果 6-5

t（s）	0	5	10	15	20	25	30	……
U_o（V）								

2.6.5　实验报告

（1）整理实验数据，画出波形图（注意波形间的相位关系）。

（2）将理论计算结果和实测数据相比较，分析产生误差的原因。

（3）分析讨论实验中出现的现象和问题。

实验 2.7　集成运算放大器的基本应用（有源滤波器）

2.7.1　实验目的

（1）熟悉用运放、电阻和电容组成有源低通滤波、高通滤波和带通、带阻滤波器。

（2）学会测量有源滤波器的幅频特性。

2.7.2　实验原理

由 RC 元件与运算放大器组成的滤波器称为 RC 有源滤波器，其功能是让一定频率范围内的信号通过，抑制或急剧衰减此频率范围以外的信号，可用在信息处理、数据传输、抑制干扰等方面。但因受运算放大器频带限制，这类滤波器主要用于低频范围。根据对频率范围的选择不同，可分为低通（LPF）、高通（HPF）、带通（BPF）与带阻（BEF）四种滤波器，它们的幅频特性如图 2-22 所示。

具有理想幅频特性的滤波器是很难实现的，只能用实际的幅频特性去逼近理想的。一般来说，滤波器的幅频特性越好，其相频特性越差，反之亦然。滤波器的阶数越高，幅频特性衰减的速率越快，但 RC 网络的节数越多，元件参数计算越烦琐，电路调试越困难。任何高阶滤波器都可以用较低的二阶 RC 有源滤波器级联实现。

1. 低通滤波器（LPF）

低通滤波器是用来通过低频信号，衰减或抑制高频信号的。

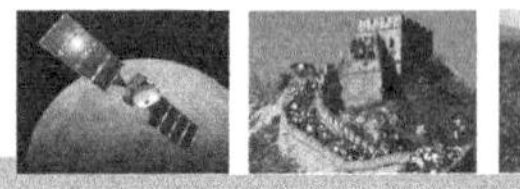

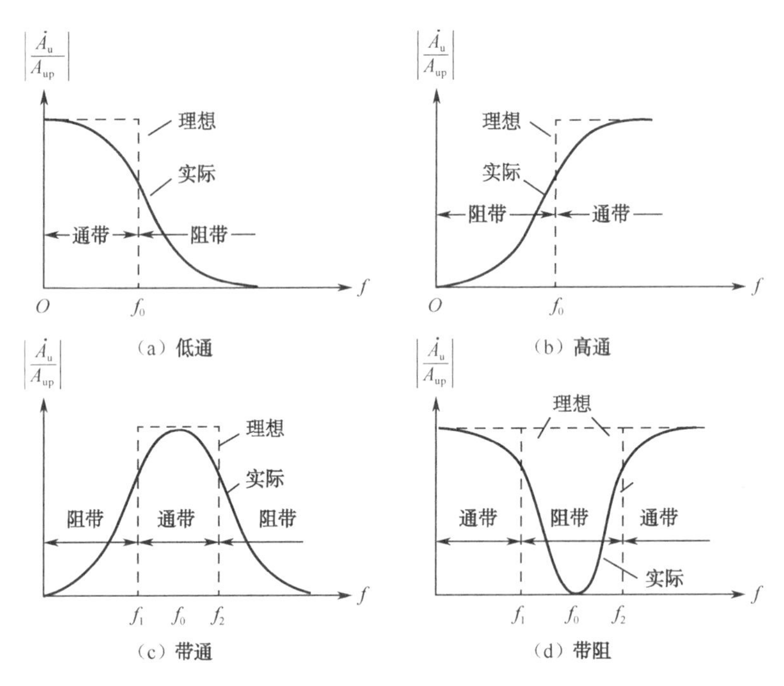

图 2-22 四种滤波电路的幅频特性示意图

如图 2-23（a）所示为典型的二阶有源低通滤波器。它由两级 RC 滤波环节与同相比例运算电路组成，其中第一级电容 C 接至输出端，引入适量的正反馈，以改善幅频特性。

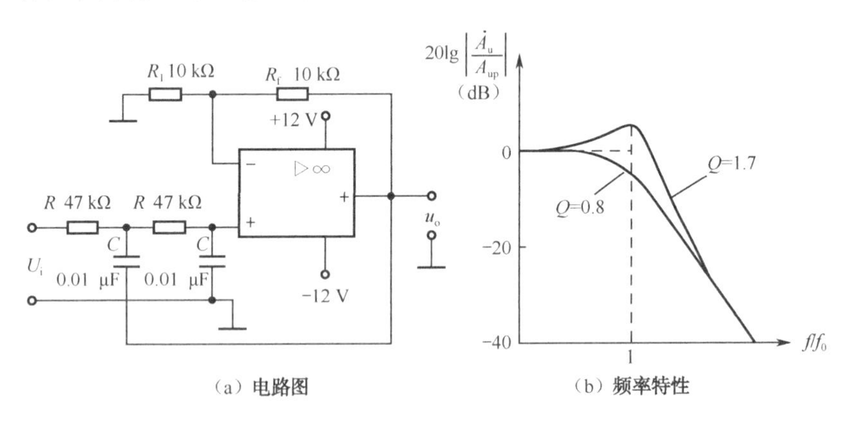

图 2-23 二阶低通滤波器

图 2-23（b）所示为二阶低通滤波器幅频特性曲线。

电路性能参数如下：

$A_{up}=1+\frac{R_f}{R_1}$，二阶低通滤波器的通带增益。

$f_0=\frac{1}{2\pi RC}$，截止频率，它是二阶低通滤波器通带与阻带的界限频率。

$Q=\frac{1}{3-A_{up}}$，品质因数，它的大小影响低通滤波器在截止频率处幅频特性的形状。

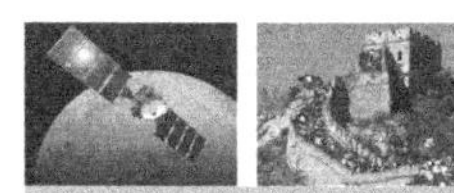

2. 高通滤波器（HPF）

与低通滤波器相反，高通滤波器是用来通过高频信号，衰减或抑制低频信号的。

只要将图 2-23 所示低通滤波电路中起滤波作用的电阻、电容互换，即可变成二阶有源高通滤波器，如图 2-24（a）所示。高通滤波器性能与低通滤波器相反，其频率响应和低通滤波器是“镜像”关系，仿照 LPF 分析方法，不难求得 HPF 的幅频特性。

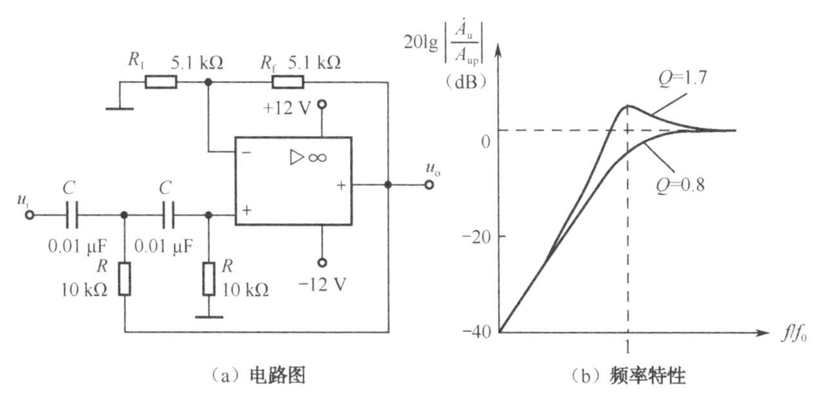

（a）电路图　　（b）频率特性

图 2-24　二阶高通滤波器

电路性能参数 A_{up}、f_0、Q 各量的含义同二阶低通滤波器。

图 2-24（b）所示为二阶高通滤波器的幅频特性曲线，可见，它与二阶低通滤波器的幅频特性曲线有“镜像”关系。

3. 带通滤波器（BPF）

这种滤波器的作用是只允许在某一个通频带范围内的信号通过，而对比通频带下限频率低和比上限频率高的信号均加以衰减或抑制。

典型的带通滤波器可以在二阶低通滤波器中将其中一级改成高通而成，如图 2-25（a）所示。

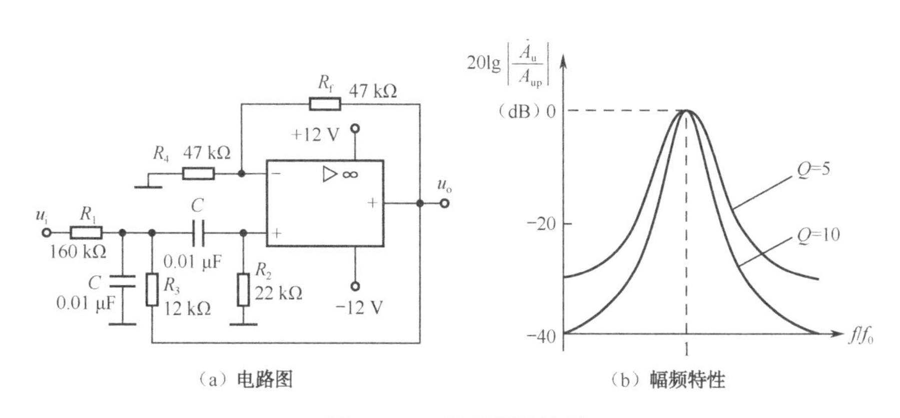

（a）电路图　　（b）幅频特性

图 2-25　二阶带通滤波器

电路性能参数如下。

通带增益：$A_{up}=\dfrac{R_4+R_f}{R_4R_1CB}$。

中心频率：$f_O=\dfrac{1}{2\pi}\sqrt{\dfrac{1}{R_2C^2}\left(\dfrac{1}{R_1}+\dfrac{1}{R_3}\right)}$。

通带宽度：$B=\dfrac{1}{C}\left(\dfrac{1}{R_1}+\dfrac{2}{R_2}-\dfrac{R_f}{R_3R_4}\right)$。

选择性：$Q=\dfrac{\omega_O}{B}$。

此电路的优点是改变 R_f 和 R_4 的比例就可改变频宽而不影响中心频率。

4. 带阻滤波器（BEF）

如图 2-26（a）所示，这种电路的性能和带通滤波器相反，即在规定的频带内，信号不能通过（或受到很大衰减或抑制），而在其余频率范围，信号则能顺利通过。

在双 T 网络后加一级同相比例运算电路就构成了基本的二阶有源 BEF。

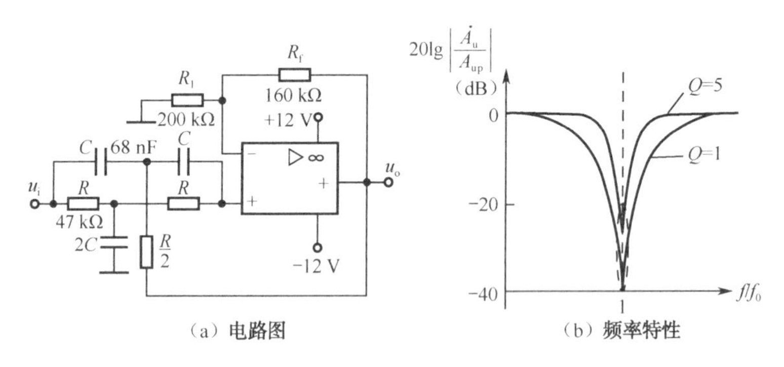

（a）电路图　　（b）频率特性

图 2-26　二阶带阻滤波器

电路性能参数如下。

通带增益：$A_{up}=1+\dfrac{R_f}{R_1}$。

中心频率：$f_O=\dfrac{1}{2\pi RC}$。

带阻宽度：$B=2(2-A_{up})f_0$。

选择性：$Q=\dfrac{1}{2(2-A_{up})}$。

2.7.3　实验设备与器件

（1）±12 V 直流电源；
（2）函数信号发生器；
（3）双踪示波器；
（4）交流毫伏表；

（5）频率计；

（6）μA741×1；

（7）电阻器、电容器若干。

2.7.4　实验内容

1. 二阶低通滤波器

实验电路如图 2-23（a）所示。

（1）粗测：接通±12 V 电源。u_i 接函数信号发生器，令其输出 U_i=1 V 的正弦波信号，在滤波器截止频率附近改变输入信号频率，用示波器或交流毫伏表观察输出电压幅度的变化是否具备低通特性，如不具备，应排除电路故障。

（2）在输出波形不失真的条件下，选取适当幅度的正弦输入信号，在维持输入信号幅度不变的情况下，逐点改变输入信号频率。测量输出电压，记入表 2-28 中，描绘频率特性曲线。

表 2-28　测量结果 7-1

f（Hz）	
U_o（V）	

2. 二阶高通滤波器

实验电路如图 2-24（a）所示。

（1）粗测：输入 U_i=1 V 正弦波信号，在滤波器截止频率附近改变输入信号频率，观察电路是否具备高通特性。

（2）测绘高通滤波器的幅频特性曲线，记入表 2-29。

表 2-29　测量结果 7-2

f（Hz）	
U_o（V）	

3. 带通滤波器

实验电路如图 2-25（a）所示，测量其频率特性，记入表 2-30。

（1）实测电路的中心频率 f_0。

（2）以实测中心频率为中心，测绘电路的幅频特性。

表 2-30　测量结果 7-3

f（Hz）	
U_o（V）	

4. 带阻滤波器

实验电路如图 2-26（a）所示。

（1）实测电路的中心频率 f_0。

（2）测绘电路的幅频特性，记入表 2-31。

表 2-31　测量结果 7-4

f（Hz）	
U_o（V）	

2.7.5　实验报告

（1）整理实验数据，画出各电路实测的幅频特性。

（2）根据实验曲线，计算截止频率、中心频率，带宽及品质因数。

（3）总结有源滤波电路的特性。

实验 2.8　集成运算放大器的基本应用（电压比较器）

2.8.1　实验目的

（1）掌握电压比较器的电路构成及特点。

（2）学会测试比较器的方法。

2.8.2　实验原理

电压比较器是集成运放非线性应用电路，它将一个模拟量电压信号和一个参考电压相比较，在二者幅度相等的附近，输出电压将产生跃变，相应输出高电平或低电平。比较器可以组成非正弦波形变换电路及应用于模拟与数字信号转换等领域。

图 2-27 所示为一最简单的电压比较器，U_R 为参考电压，加在运放的同相输入端，输入

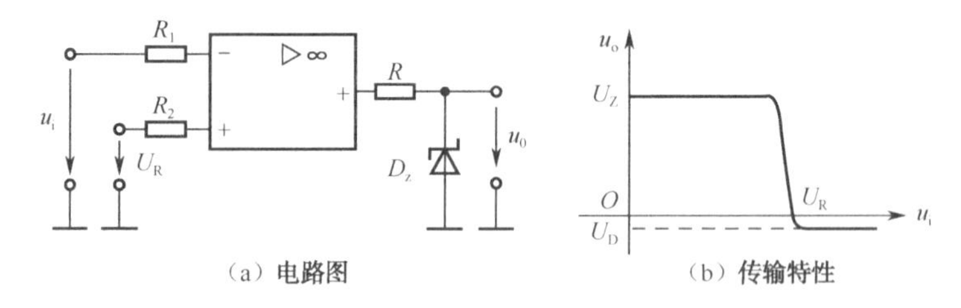

图 2-27　电压比较器

电压 u_i 加在反相输入端。

当 $u_i<U_R$ 时，运放输出高电平，稳压管 D_z 反向稳压工作。输出端电位被其钳位在稳压管的稳定电压 U_Z，即 $u_o=U_Z$。

当 $u_i>U_R$ 时，运放输出低电平，D_Z 正向导通，输出电压等于稳压管的正向压降 U_D，即 $u_o=-U_D$。

因此，以 U_R 为界，当输入电压 u_i 变化时，输出端反映出两种状态：高电位和低电位。

表示输出电压与输入电压之间关系的特性曲线，称为传输特性。图 2-27（b）所示为图 2-27（a）所示为比较器的传输特性。

常用的电压比较器有过零比较器、具有滞回特性的过零比较器、双限比较器（又称窗口比较器）等。

1. 过零比较器

如图 2-28（a）所示为加限幅电路的过零比较器，D_Z 为限幅稳压管。信号从运放的反相输入端输入，参考电压为零，从同相端输入。当 $U_i>0$ 时，输出 $U_o=-(U_Z+U_D)$，当 $U_i<0$ 时，$U_o=+(U_Z+U_D)$。其电压传输特性如图 2-28（b）所示。

过零比较器结构简单，灵敏度高，但抗干扰能力差。

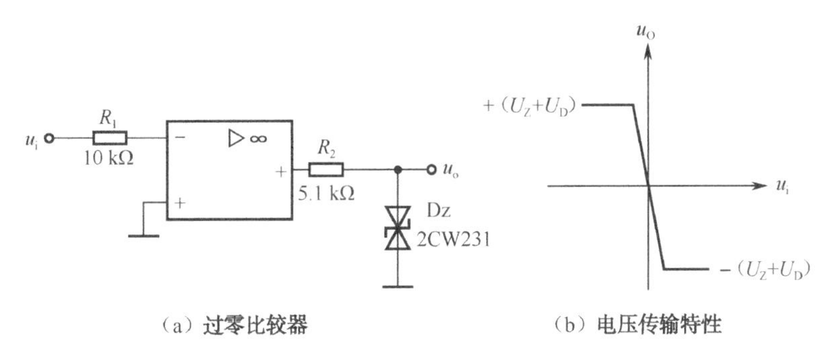

（a）过零比较器　　（b）电压传输特性

图 2-28　过零比较器

2. 滞回比较器

如图 2-29 所示为具有滞回特性的过零比较器。

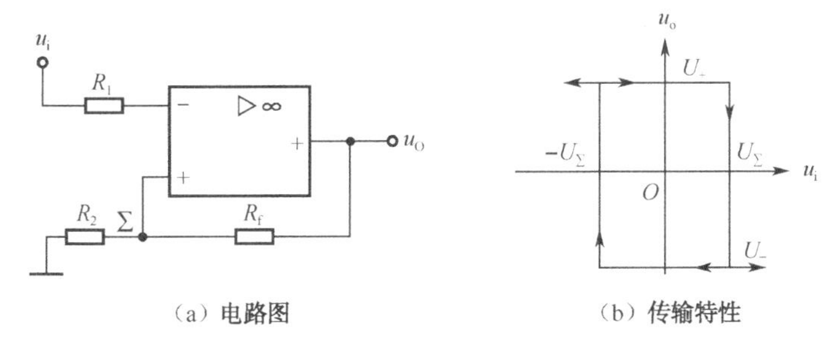

（a）电路图　　（b）传输特性

图 2-29　滞回比较器

过零比较器在实际工作时，如果 u_i 恰好在过零值附近，则由于存在零点漂移，u_o 将不断由一个极限值转换到另一个极限值，这在控制系统中，对执行机构将是很不利的。为此，就需要输出特性具有滞回现象。如图 2-29（a）所示，从输出端引一个电阻分压正反馈支路到同相输入端，若 u_o 改变状态，∑点也随之改变电位，使过零点离开原来位置。当 u_o

为正（记作 U_+），$U_\Sigma=\dfrac{R_2}{R_f+R_2}U_+$，则当 $u_i>U_\Sigma$后，u_o 即由正变负（记作 U_-），此时 U_Σ变为$-U_\Sigma$。故只有当 u_i 下降到$-U_\Sigma$以下，才能使 u_o 再度回升到 U_+，于是出现图 2-29（b）所示的滞回特性。

$-U_\Sigma$与 U_Σ的差别称为回差。改变 R_2 的数值可以改变回差的大小。

3. 窗口（双限）比较器

简单的比较器仅能鉴别输入电压 u_i 比参考电压 U_R 高或低的情况。窗口比较电路是由两个简单比较器组成的，如图 2-30 所示，它能指示出 u_i 值是否处于 U_R^+ 和 U_R^- 之间。如 $U_R^-<U_i<U_R^+$，窗口比较器的输出电压 U_o 等于运放的正饱和输出电压（$+U_{omax}$），如果 $U_i<U_R^-$ 或 $U_i>U_R^+$，则输出电压 U_o 等于运放的负饱和输出电压（$-U_{omax}$）。

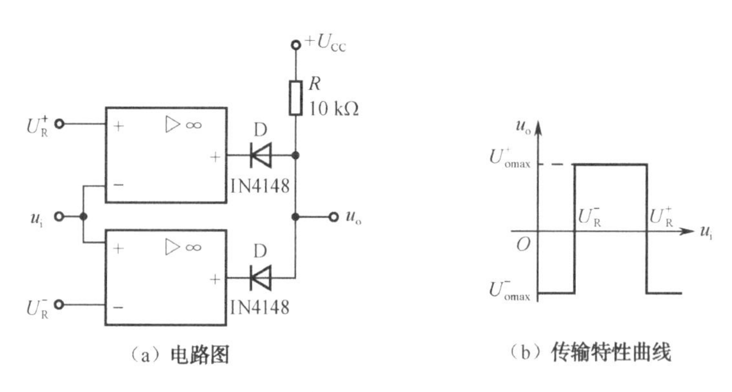

（a）电路图　　（b）传输特性曲线

图 2-30　由两个简单比较器组成的窗口比较器

2.8.3　实验设备与器件

（1）±12 V 直流电源；
（2）函数信号发生器；
（3）双踪示波器；
（4）直流电压表；
（5）交流毫伏表；
（6）运算放大器 μA741×2；
（7）稳压管 2CW231×1；
（8）二极管 4148×2；
（9）电阻器等。

2.8.4　实验内容

1. 过零比较器

实验电路如图 2-28 所示。

（1）接通±12 V 电源。
（2）测量 u_i 悬空时的 U_o 值。
（3）u_i 输入 500 Hz、幅值为 2 V 的正弦信号，观察 $u_i \to u_o$ 波形并记录。
（4）改变 u_i 幅值，测量传输特性曲线。

2. 反相滞回比较器

实验电路如图 2-31 所示。

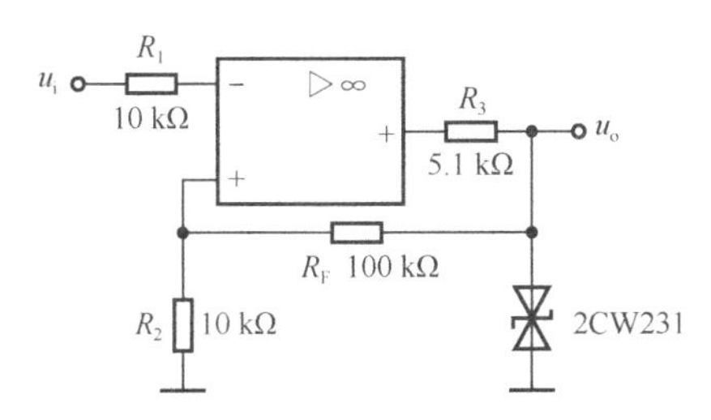

图 2-31　反相滞回比较器

（1）按图接线，u_i 接+5 V 可调直流电源，测出 u_o 由 $+U_{omcx} \to -U_{omcx}$ 时 u_i 的临界值。
（2）同上，测出 u_o 由 $-U_{omcx} \to +U_{omcx}$ 时 u_i 的临界值。
（3）u_i 接 500 Hz、峰值为 2 V 的正弦信号，观察并记录 $u_i \to u_o$ 波形。
（4）将分压支路 100 kΩ电阻改为 200 kΩ，重复上述实验，测定传输特性。

3. 同相滞回比较器

实验线路如图 2-32 所示。
（1）参照反相滞回比较器，自拟实验步骤及方法。
（2）将结果与反相滞回比较器进行比较。

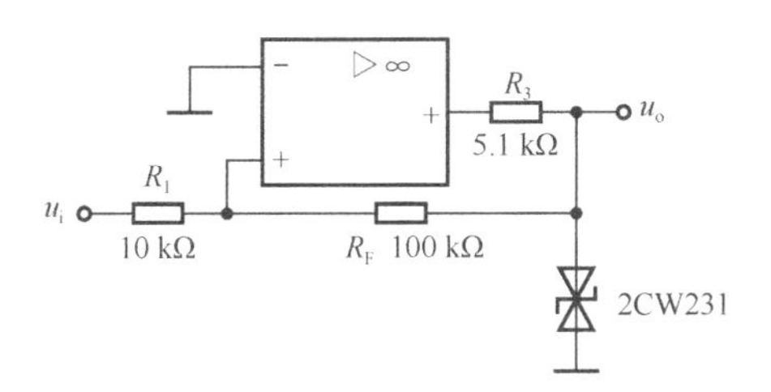

图 2-32　同相滞回比较器

4. 窗口比较器

参照图 2-30 自拟实验步骤和方法测定其传输特性。

2.8.5　实验报告

（1）整理实验数据，绘制各类比较器的传输特性曲线。
（2）总结几种比较器的特点，阐明它们的应用。

实验 2.9 集成运算放大器的基本应用（波形发生器）

2.9.1 实验目的

（1）学习用集成运放构成正弦波、方波和三角波发生器。
（2）学习波形发生器的调整和主要性能指标的测试方法。

2.9.2 实验原理

由集成运放构成的正弦波、方波和三角波发生器有多种形式，本实验选用最常用的、线路比较简单的几种电路加以分析。

1. RC 桥式正弦波振荡器（文氏电桥振荡器）

图 2-33 所示为 RC 桥式正弦波振荡器。其中 RC 串、并联电路构成正反馈支路，同时兼作选频网络，R_1、R_2、R_W 及二极管等元件构成负反馈和稳幅环节。调节电位器 R_W，可以改变负反馈深度，以满足振荡的振幅条件和改善波形。利用两个反向并联二极管 D_1、D_2 正向电阻的非线性特性来实现稳幅。D_1、D_2 采用硅管（温度稳定性好），且要求特性匹配，才能保证输出波形正、负半周对称。R_3 的接入是为了削弱二极管非线性的影响，以改善波形失真。

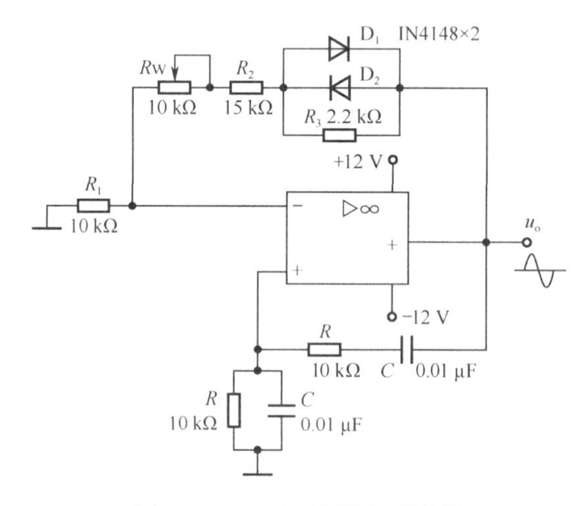

图 2-33 RC 桥式正弦波振荡器

电路的振荡频率：

$$f_O = \frac{1}{2\pi RC}$$

起振的幅值条件：

$$\frac{R_f}{R_1} \geqslant 2$$

式中，$R_f=R_W+R_2+(R_3//r_D)$；r_D为二极管正向导通电阻。

调整反馈电阻 R_f（调 R_W），使电路起振，且波形失真最小。如不能起振，则说明负反馈太强，应适当加大 R_f。如波形失真严重，则应适当减小 R_f。

改变选频网络的参数 C 或 R，即可调节振荡频率。一般采用改变电容 C 作频率量程切换，而调节 R 作量程内的频率细调。

2. 方波发生器

由集成运放构成的方波发生器和三角波发生器，一般均包括比较器和 RC 积分器两大部分。图 2-34 所示为由滞回比较器及简单 RC 积分电路组成的方波——三角波发生器。它的特点是线路简单，但三角波的线性度较差，主要用于产生方波，或对三角波要求不高的场合。

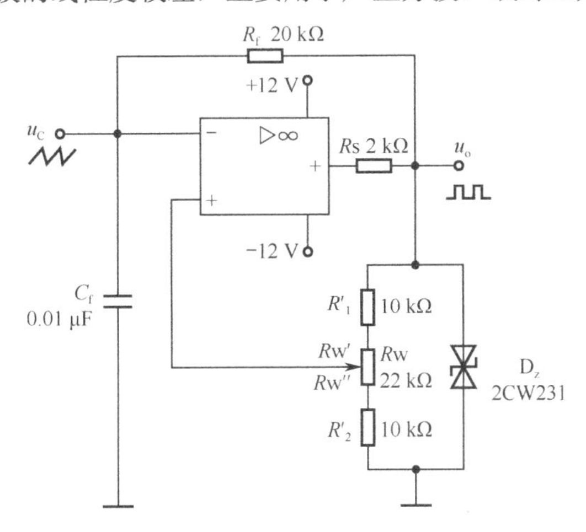

图 2-34　方波发生器

电路振荡频率：

$$f_0=\frac{1}{2R_fC_f\ln\left(1+\frac{2R_2}{R_1}\right)}$$

式中，$R_1=R_1'+R_W'$；$R_2=R_2'+R_W''$。

方波输出幅值：$U_{om}=\pm U_Z$。

三角波输出幅值：$U_{cm}=\frac{R_2}{R_1+R_2}U_Z$。

调节电位器 R_W（即改变 R_2/R_1），可以改变振荡频率，但三角波的幅值也随之变化。如要互不影响，则可通过改变 R_f（或 C_f）来实现振荡频率的调节。

3. 三角波和方波发生器

如把滞回比较器和积分器首尾相接形成正反馈闭环系统，如图 2-35 所示，则比较器 A_1 输出的方波经积分器 A_2 积分可得到三角波，三角波又触发比较器自动翻转形成方波，这样即可构成三角波、方波发生器。图 2-36 所示为方波、三角波发生器输出波形图。由于采用运放组成的积分电路，所以可实现恒流充电，使三角波线性大大改善。

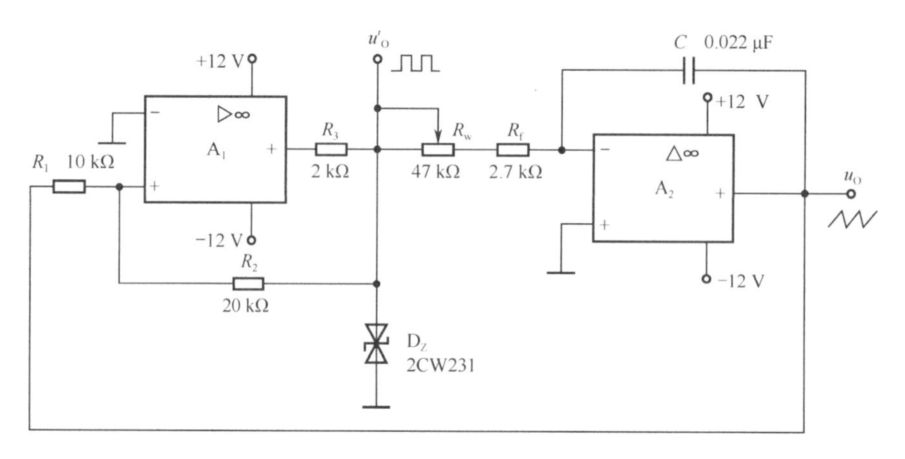

图 2-35 三角波、方波发生器

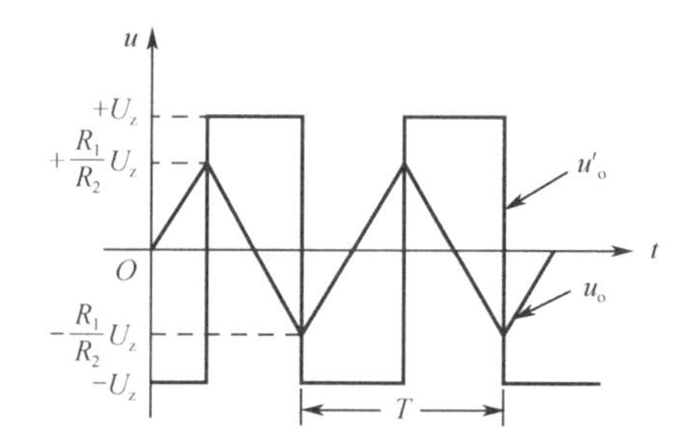

图 2-36 方波、三角波发生器输出波形图

电路振荡频率：$f_O = \dfrac{R_2}{4R_1(R_f + R_W)C_f}$。

方波幅值：$U'_{om}=\pm U_Z$。

三角波幅值：$U_{om} = \dfrac{R_1}{R_2}U_Z$。

调节 R_W 可以改变振荡频率，改变比值 $\dfrac{R_1}{R_2}$ 可调节三角波的幅值。

2.9.3 实验设备与器件

（1）±12 V 直流电源；

（2）双踪示波器；

（3）交流毫伏表；

（4）频率计；

（5）集成运算放大器 μA741×2；

（6）二极管 1N4148×2；

（7）稳压管 2CW231×1；

（8）电阻器、电容器若干。

2.9.4　实验内容

1. RC 桥式正弦波振荡器

按图 2-33 连接实验电路。

（1）接通±12 V 电源，调节电位器 R_W，使输出波形从无到有，从正弦波到出现失真。描绘 u_o 的波形，记下临界起振、正弦波输出及失真情况下的 R_W 值，分析负反馈强弱对起振条件及输出波形的影响。

（2）调节电位器 R_W，使输出电压 u_o 幅值最大且不失真，用交流毫伏表分别测量输出电压 U_o、反馈电压 U_+ 和 U_-，分析研究振荡的幅值条件。

（3）用示波器或频率计测量振荡频率 f_0，然后在选频网络的两个电阻 R 上并联同一阻值电阻，观察记录振荡频率的变化情况，并与理论值进行比较。

（4）断开二极管 D_1、D_2，重复步骤（2）的内容，将测试结果与步骤（2）进行比较，分析 D_1、D_2 的稳幅作用。

*（5）RC 串并联网络幅频特性观察。将 RC 串并联网络与运放断开，由函数信号发生器注入 3 V 左右正弦信号，并用双踪示波器同时观察 RC 串并联网络输入、输出波形。保持输入幅值（3 V）不变，从低到高改变频率，当信号源达某一频率时，RC 串并联网络输出将达最大值（约 1 V），且输入、输出同相位。此时的信号源频率为：

$$f = f_0 = \frac{1}{2\pi RC}$$

2. 方波发生器

按图 2-34 所示连接实验电路。

（1）将电位器 R_W 调至中心位置，用双踪示波器观察并描绘方波 u_o 及三角波 u_C 的波形（注意对应关系），测量其幅值及频率，记录之。

（2）改变 R_W 动点的位置，观察 u_o、u_C 幅值及频率变化情况。把动点调至最上端和最下端，测出频率范围，记录之。

（3）将 R_W 恢复至中心位置，将一只稳压管短接，观察 u_o 波形，分析 D_Z 的限幅作用。

3. 三角波和方波发生器

按图 2-35 所示连接实验电路。

（1）将电位器 R_W 调至合适位置，用双踪示波器观察并描绘三角波输出 u_o 及方波输出 u_o'，测其幅值、频率及 R_W 值，记录之。

（2）改变 R_W 的位置，观察对 u_o、u_o' 幅值及频率的影响。

（3）改变 R_1（或 R_2），观察对 u_o、u_o' 幅值及频率的影响。

2.9.5　实验报告

1. 正弦波发生器

（1）列表整理实验数据，画出波形，将实测频率与理论值进行比较。

（2）根据实验分析 RC 振荡器的振幅条件。
（3）讨论二极管 D_1、D_2 的稳幅作用。

2. 方波发生器

（1）列表整理实验数据，在同一坐标纸上，按比例画出方波和三角波的波形图（标出时间和电压幅值）。
（2）分析 R_W 变化时，对 u_o 波形的幅值及频率的影响。
（3）讨论 D_Z 的限幅作用。

3. 三角波和方波发生器

（1）整理实验数据，把实测频率与理论值进行比较。
（2）在同一坐标纸上，按比例画出三角波及方波的波形，并标明时间和电压幅值。
（3）分析电路参数变化（R_1、R_2 和 R_W）对输出波形频率及幅值的影响。

实验 2.10　RC 正弦波振荡器的测量与调试

2.10.1　实验目的

（1）进一步学习 RC 正弦波振荡器的组成及其振荡条件。
（2）学会测量、调试振荡器。

2.10.2　实验原理

从结构上看，正弦波振荡器是没有输入信号的，带选频网络的正反馈放大器。若用 R、C 元件组成选频网络，就称为 RC 振荡器，一般用来产生 1 Hz～1 MHz 的低频信号。

1. RC 移相振荡器

电路如图 2-37 所示，选择 $R>>R_i$。

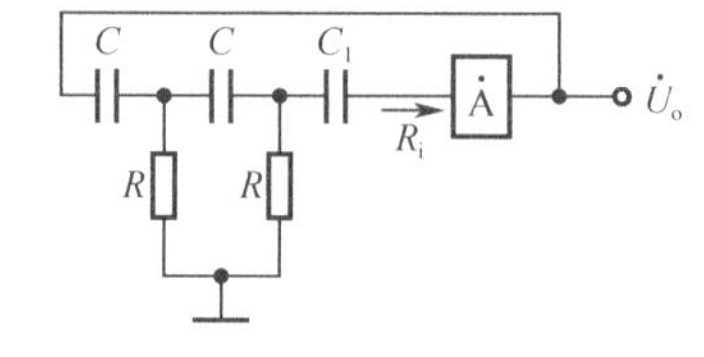

图 2-37　RC 移相振荡器原理图

振荡频率：$f_O = \dfrac{1}{2\pi\sqrt{6}RC}$。

起振条件：放大器 A 的电压放大倍数$|\dot{A}|>29$。

电路特点：简便，但选频作用差，振幅不稳，频率调节不便，一般用于频率固定且稳

定性要求不高的场合。

频率范围：几赫～数十千赫。

2. RC 串并联网络（文氏桥）振荡器

电路如图 2-38 所示。

振荡频率：$f_0 = \dfrac{1}{2\pi RC}$。

起振条件：$|\dot{A}|>3$。

电路特点：可方便地连续改变振荡频率，便于加负反馈稳幅，容易得到良好的振荡波形。

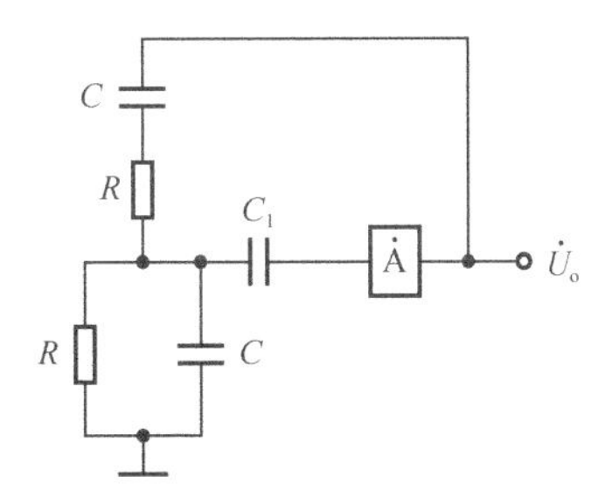

图 2-38　RC 串并联网络振荡器原理图

3. 双 T 选频网络振荡器

电路如图 2-39 所示。

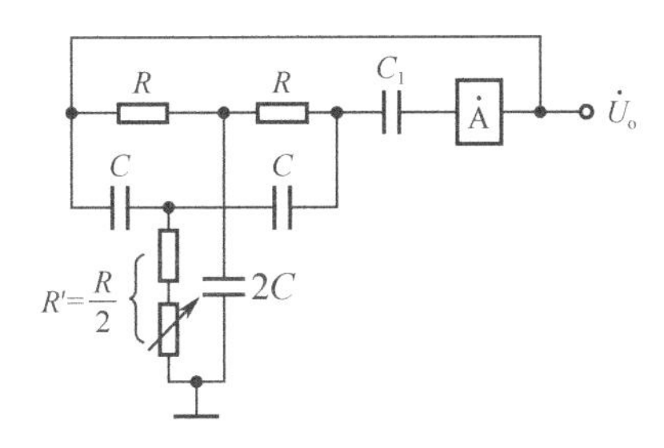

图 2-39　双 T 选频网络振荡器原理图

振荡频率：$f_0 = \dfrac{1}{5RC}$。

起振条件：$R' < \dfrac{R}{2}$，$|\dot{A}\dot{F}|>1$。

电路特点：选频特性好，调频困难，适于产生单一频率的振荡。

注：本实验采用两级共射极分立元件放大器组成 RC 正弦波振荡器。

2.10.3　实验设备与器件

（1）+12 V 直流电源；

（2）函数信号发生器；

（3）双踪示波器；

（4）频率计；

（5）直流电压表；

（6）3DG12×2 或 9013×2；

（7）电阻、电容、电位器等。

2.10.4 实验内容

1. RC 串并联选频网络振荡器

（1）按图 2-40 所示组接线路。

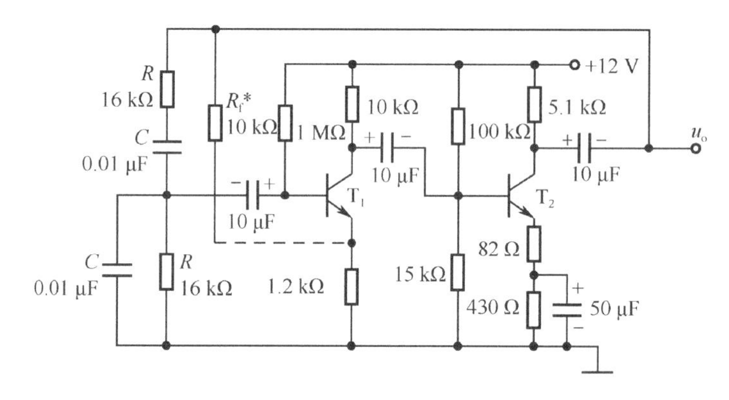

图 2-40　RC 串并联选频网络振荡器

（2）断开 RC 串并联网络，测量放大器静态工作点及电压放大倍数。

（3）接通 RC 串并联网络，并使电路起振，用示波器观测输出电压 u_o 波形，调节 R_f 以获得满意的正弦信号，记录波形及其参数。

（4）测量振荡频率，并与计算值进行比较。

（5）改变 R 或 C 值，观察振荡频率变化情况。

（6）RC 串并联网络幅频特性的观察。将 RC 串并联网络与放大器断开，用函数信号发生器的正弦信号注入 RC 串并联网络，保持输入信号的幅度不变（约 3 V），频率由低到高变化，RC 串并联网络输出幅值将随之变化，当信号源达某一频率时，RC 串并联网络的输出将达最大值（约 1 V），且输入、输出同相位，此时信号源频率为：

$$f = f_0 = \frac{1}{2\pi RC}$$

2. 双 T 选频网络振荡器

（1）按图 2-41 所示组接线路。

（2）断开双 T 网络，调试 T_1 管静态工作点，使 U_{C1} 为 6～7 V。

（3）接入双 T 网络，用示波器观察输出波形。若不起振，调节 R_{W1}，使电路起振。

（4）测量电路振荡频率，并与计算值比较。

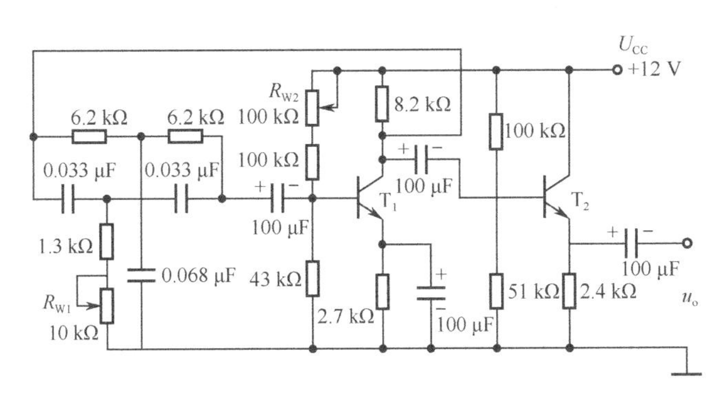

图 2-41　双 T 网络 RC 正弦波振荡器

*3. RC 移相式振荡器的组装与调试

（1）按图 2-42 所示组接线路。

（2）断开 RC 移相电路，调整放大器的静态工作点，测量放大器电压放大倍数。

（3）接通 RC 移相电路，调节 R_{B2} 使电路起振，并使输出波形幅度最大，用示波器观测输出电压 u_O 波形，同时用频率计和示波器测量振荡频率，并与理论值比较。

*参数自选，时间不够可不作。

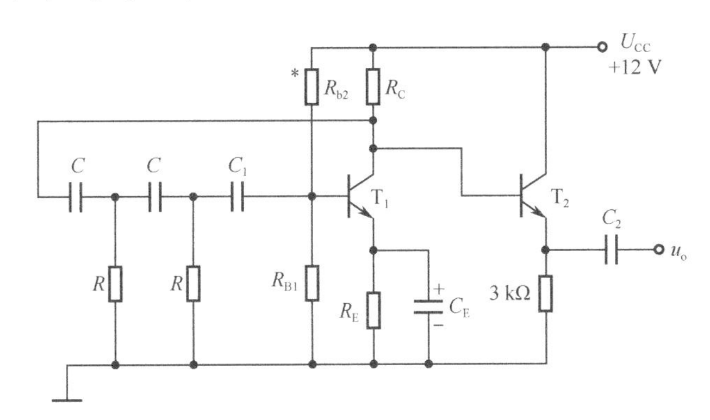

图 2-42　RC 移相式振荡器

2.10.5　实验报告

（1）由给定电路参数计算振荡频率，并与实测值比较，分析误差产生的原因。

（2）总结三类 RC 振荡器的特点。

实验 2.11　LC 正弦波振荡器的调整与测试

2.11.1　实验目的

（1）掌握变压器反馈式 LC 正弦波振荡器的调整和测试方法。

（2）研究电路参数对 LC 振荡器起振条件及输出波形的影响。

2.11.2 实验原理

LC 正弦波振荡器是用 L、C 元件组成选频网络的振荡器，一般用来产生 1MHz 以上的高频正弦信号。根据 LC 调谐回路的不同连接方式，LC 正弦波振荡器又可分为变压器反馈式（或称互感耦合式）、电感三点式和电容三点式三种。图 2-43 所示为变压器反馈式 LC 正弦波振荡器的实验电路。其中晶体三极管 T_1 组成共射放大电路，变压器 T_r 的原绕组 L_1（振荡线圈）与电容 C 组成调谐回路，它既作为放大器的负载，又起选频作用，副绕组 L_2 为反馈线圈，L_3 为输出线圈。

该电路是靠变压器原、副绕组同名端的正确连接（如图 2-43 所示），来满足自激振荡的相位条件，即满足正反馈条件。在实际调试中可以通过把振荡线圈 L_1 或反馈线圈 L_2 的首、末端对调，来改变反馈的极性。而振幅条件的满足，一是靠合理选择电路参数，使放大器建立合适的静态工作点，二是改变线圈 L_2 的匝数，或它与 L_1 之间的耦合程度，以得到足够强的反馈量。稳幅作用是利用晶体管的非线性来实现的。由于 LC 并联谐振回路具有良好的选频作用，所以输出电压波形一般失真不大。

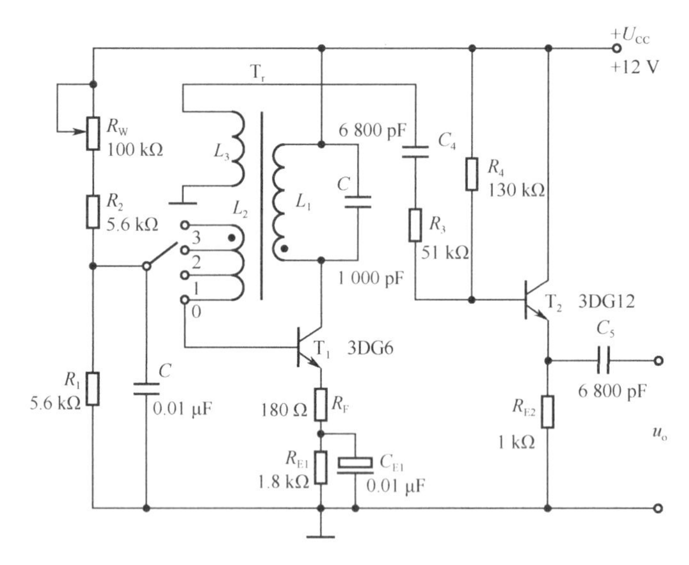

图 2-43 LC 正弦波振荡器实验电路

振荡器的振荡频率由谐振回路的电感和电容决定：

$$f_0 = \frac{1}{2\pi\sqrt{LC}}$$

式中，L 为并联谐振回路的等效电感（即考虑其他绕组的影响）。

振荡器的输出端增加一级射极跟随器，用以提高电路的带负载能力。

2.11.3 实验设备与器件

（1）+12 V 直流电源；

（2）双踪示波器；

（3）交流毫伏表；

（4）直流电压表；

（5）频率计；

（6）振荡线圈；

（7）晶体三极管 3DG6×1（9011×1）、3DG12×1（9013×1）；

（8）电阻器、电容器若干。

2.11.4　实验内容

按图 2-43 所示连接实验电路。电位器 R_W 置最大位置，振荡电路的输出端接示波器。

1. 静态工作点的调整

（1）接通 U_{CC}=+12 电源，调节电位器 R_W，使输出端得到不失真的正弦波形，如不起振，可改变 L_2 的首末端位置，使之起振。

测量两管的静态工作点及正弦波的有效值 U_o，记入表 2-32。

（2）把 R_W 调小，观察输出波形的变化。测量有关数据，记入表 2-32。

（3）调大 R_W，使振荡波形刚刚消失，测量有关数据，记入表 2-32。

表 2-32　测量结果 11-1

		U_B（V）	U_E（V）	U_C（V）	I_C（mA）	U_o（V）	u_o波形
R_W居中	T_1						u_o — t
	T_2						
R_W小	T_1						u_o — t
	T_2						
R_W大	T_1						u_o — t
	T_2						

根据以上三组数据，分析静态工作点对电路起振、输出波形幅度和失真的影响。

2. 观察反馈量大小对输出波形的影响

置反馈线圈 L_2 于位置“0”（无反馈）、“1”（反馈量不足）、“2”（反馈量合适）、“3”

（反馈量过强）时，测量相应的输出电压波形，记入表 2-33。

表 2-33　测量结果 11-2

L_2位置	0	1	2	3
u_o波形	u_o — t	u_o — t	u_o — t	u_o — t

3. 验证相位条件

改变线圈 L_2 的首、末端位置，观察停振现象。

恢复 L_2 的正反馈接法，改变 L_1 的首末端位置，观察停振现象。

4. 测量振荡频率

调节 R_W 使电路正常起振，同时用示波器和频率计测量以下两种情况下的振荡频率 f_0，记入表 2-34。

谐振回路电容：（1）C=1 000 pF；

（2）C=100 pF。

表 2-34　测量结果 11-3

C（pF）	1 000	100
f（kHz）		

5. 观察谐振回路 Q 值对电路工作的影响

谐振回路两端并入 R=5.1 kΩ的电阻，观察 R 并入前后振荡波形的变化情况。

2.11.5　实验报告

（1）整理实验数据，并分析讨论：

① LC 正弦波振荡器的相位条件和幅值条件。

② 电路参数对 LC 振荡器起振条件及输出波形的影响。

（2）讨论实验中发现的问题及解决办法。

实验 2.12　低频功率放大器（OTL 功率放大器）性能测试

2.12.1　实验目的

（1）进一步理解 OTL 功率放大器的工作原理。

（2）学会 OTL 电路的调试及主要性能指标的测试方法。

2.12.2　实验原理

图 2-44 所示为 OTL 低频功率放大器。其中由晶体三极管 T_1 组成推动级（也称前置放大级），T_2、T_3 是一对参数对称的 NPN 和 PNP 型晶体三极管，它们组成互补推挽 OTL 功放电路。由于每一个管子都接成射极输出器形式，所以具有输出电阻低、负载能力强等优点，适合作功率输出级。T_1 管工作于甲类状态，它的集电极电流 I_{C1} 由电位器 R_{W1} 进行调节。I_{C1} 的一部分流经电位器 R_{W2} 及二极管 D，给 T_2、T_3 提供偏压。调节 R_{W2}，可以使 T_2、T_3 得到合适的静态电流而工作于甲、乙类状态，以克服交越失真。静态时要求输出端中点 A 的电位 $U_A=\frac{1}{2}U_{CC}$，可以通过调节 R_{W1} 来实现，又由于 R_{W1} 的一端接在 A 点，所以在电路中引入交、直流电压并联负反馈，一方面能够稳定放大器的静态工作点，同时也改善了非线性失真。

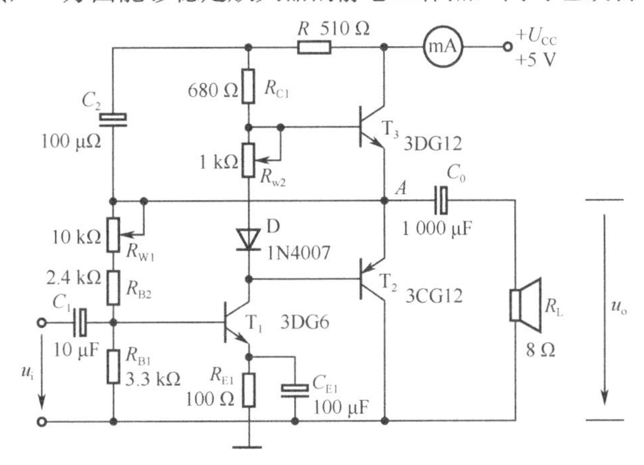

图 2-44　OTL 功率放大器实验电路

当输入正弦交流信号 u_i 时，经 T_1 放大、倒相后同时作用于 T_2、T_3 的基极，u_i 的负半周使 T_2 管导通（T_3 管截止），有电流通过负载 R_L，同时向电容 C_0 充电；在 u_i 的正半周，T_3 导通（T_2 截止），则已充好电的电容器 C_0 起着电源的作用，通过负载 R_L 放电，这样在 R_L 上就得到完整的正弦波。

C_2 和 R 构成自举电路，用于提高输出电压正半周的幅度，以得到大的动态范围。

OTL 电路的主要性能指标如下。

1. 最大不失真输出功率 P_{om}

在理想情况下，$P_{om}=\frac{1}{8}\frac{U_{CC}^2}{R_L}$，在实验中可通过测量 R_L 两端的电压有效值，来求得实际的 $P_{om}=\frac{U_o^2}{R_L}$。

2. 效率 η

$$\eta=\frac{P_{om}}{P_E}100\%$$

式中，P_E为直流电源供给的平均功率。

理想情况下，η_{max}=78.5%。在实验中，可测量电源供给的平均电流 I_{dC}，从而求得 $P_E=U_{CC}\cdot I_{dC}$。负载上的交流功率已用上述方法求出，因而也就可以计算实际效率了。

3. 频率响应

详见实验 2.2 有关部分内容。

4. 输入灵敏度

输入灵敏度是指输出最大不失真功率时，输入信号 U_i之值。

2.12.3 实验设备与器件

（1）+5 V 直流电源；
（2）函数信号发生器；
（3）双踪示波器；
（4）交流毫伏表；
（5）直流电压表；
（6）直流毫安表；
（7）频率计；
（8）晶体三极管 3DG6（9011）、3DG12（9013）、3CG12（9012），晶体二极管 IN4007；
（9）8 Ω扬声器、电阻器、电容器若干。

2.12.4 实验内容

在整个测试过程中，电路不应有自激现象。

1. 静态工作点的测试

按图 2-44 所示连接实验电路，将输入信号旋钮旋至零（u_i=0）电源进线中串入直流毫安表，电位器 R_{W2} 置最小值，R_{W1} 置中间位置。接通+5 V 电源，观察毫安表指示，同时用手触摸输出级管子，若电流过大，或管子温升显著，应立即断开电源检查原因（如 R_{W2} 开路、电路自激或输出管性能不好等）。如无异常现象，可开始调试。

（1）调节输出端中点电位 U_A。调节电位器 R_{W1}，用直流电压表测量 A 点电位，使 $U_A=\frac{1}{2}U_{CC}$。

（2）调整输出极静态电流及测试各级静态工作点。调节 R_{W2}，使 T_2、T_3 管的 $I_{C2}=I_{C3}$=5～10 mA。从减小交越失真的角度而言，应适当加大输出极静态电流，但若该电流过大，会使效率降低，所以一般以 5～10 mA 为宜。由于毫安表是串在电源进线中，所以测得的是整个放大器的电流，但一般 T_1 的集电极电流 I_{C1} 较小，从而可以把测得的总电流近似当作末级的静态电流。如要准确得到末级静态电流，可从总电流中减去 I_{C1} 之值。

调整输出级静态电流的另一方法是动态调试法。先使 R_{W2}=0，在输入端接入 f=1 kHz 的

正弦信号 u_i。逐渐加大输入信号的幅值，此时，输出波形应出现较严重的交越失真（注意：没有饱和和截止失真），然后缓慢增大 R_{W2}，当交越失真刚好消失时，停止调节 R_{W2}，恢复 u_i=0，此时直流毫安表读数即为输出级静态电流。一般数值也应在 5～10 mA，如过大，则要检查电路。

输出极电流调好以后，测量各级静态工作点，记入表 2-35。

表 2-35　测量结果 12-1（$I_{C2}=I_{C3}$ =mA，U_A=2.5 V）

	T_1	T_2	T_3
U_B（V）			
U_C（V）			
U_E（V）			

注意：（1）在调整 R_{W2} 时，一是要注意旋转方向，不要调得过大，更不能开路，以免损坏输出管；

（2）输出管静态电流调好，如无特殊情况，不得随意旋动 R_{W2} 的位置。

2. 最大输出功率 P_{om} 和效率 η 的测试

（1）测量 P_{om}。输入端接 f=1 kHz 的正弦信号 u_i，输出端用示波器观察输出电压 u_O 波形。逐渐增大 u_i，使输出电压达到最大不失真输出，用交流毫伏表测出负载 R_L 上的电压 U_{om}，则 $P_{om}=\dfrac{U_{om}^2}{R_L}$。

（2）测量η。当输出电压为最大不失真输出时，读出直流毫安表中的电流值，此电流即为直流电源供给的平均电流 I_{dc}（有一定误差），由此可近似求得 $P_E=U_{CC}I_{dc}$，再根据上面测得的 P_{om}，即可求出 $\eta=\dfrac{P_{om}}{P_E}$。

3. 输入灵敏度测试

根据输入灵敏度的定义，只要测出输出功率 $P_o=P_{om}$ 时的输入电压值 U_i 即可。

4. 频率响应的测试

测试方法同实验 2.1。测量结果记入表 2-36。

表 2-36　测量结果 12-2（U_i=　mV）

				f_L		f_0		f_H			
f (Hz)						1000					
U_o (V)											
A_V											

在测试时，为保证电路的安全，应在较低电压下进行，通常取输入信号为输入灵敏度的 50%。在整个测试过程中，应保持 U_i 为恒定值，且输出波形不得失真。

5. 研究自举电路的作用

（1）测量有自举电路，且 $P_o=P_{omax}$ 时的电压增益 $A_V=\dfrac{U_{om}}{U_i}$。

（2）将 C_2 开路，R 短路（无自举），再测量 $P_o=P_{omax}$ 的 A_V。

用示波器观察（1）、（2）两种情况下的输出电压波形，并将以上两项测量结果进行比较，分析研究自举电路的作用。

6. 噪声电压的测试

测量时将输入端短路（$u_i=0$），观察输出噪声波形，并用交流毫伏表测量输出电压，即为噪声电压 U_N，本电路若 $U_N<15$ mV，即满足要求。

7. 试听

输入信号改为录音机输出，输出端接试听音箱及示波器。开机试听，并观察语言和音乐信号的输出波形。

2.12.5 实验报告

（1）整理实验数据，计算静态工作点、最大不失真输出功率 P_{om}、效率η等，并与理论值进行比较。画频率响应曲线。

（2）分析自举电路的作用。

（3）讨论实验中发生的问题及解决办法。

实验 2.13 低频功率放大器（集成功率放大器）性能测试

2.13.1 实验目的

（1）了解功率放大集成块的应用。

（2）学习集成功率放大器基本技术指标的测试。

2.13.2 实验原理

集成功率放大器由集成功放块和一些外部阻容元件构成。它具有线路简单、性能优越、工作可靠、调试方便等优点，已经成为在音频领域中应用十分广泛的功率放大器。

电路中最主要的组件为集成功放块，它的内部电路与一般分立元件功率放大器不同，通常包括前置级、推动级和功率级等几部分。有些还具有一些特殊功能（消除噪声、短路保护等）的电路。其电压增益较高（不加负反馈时，电压增益达 70～80 dB，加典型负反馈时电压增益在 40 dB 以上）。

集成功放块的种类很多。本实验采用的集成功放块型号为 LA4112，它的内部电路如图 2-45 所示，由三级电压放大、一级功率放大以及偏置、恒流、反馈、退耦电路组成。

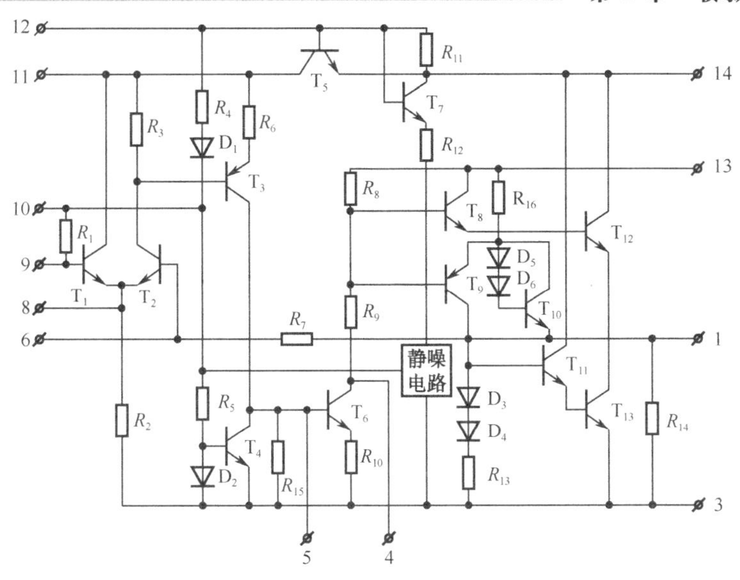

图 2-45　LA4112 内部电路图

1. 电压放大级

第一级选用由 T_1 和 T_2 管组成的差动放大器，这种直接耦合的放大器零漂较小；第二级的 T_3 管完成直接耦合电路中的电平移动，T_4 是 T_3 管的恒流源负载，以获得较大的增益；第三级由 T_6 管等组成，此级增益最高，为防止出现自激振荡，需在该管的 B、C 极之间外接消振电容。

2. 功率放大级

由 T_8～T_{13} 等组成复合互补推挽电路。为提高输出级增益和正向输出幅度，需外接"自举"电容。

3. 偏置电路

偏置电路是为建立各级合适的静态工作点而设立的。

除上述主要部分外，为了使电路工作正常，还需要和外部元件一起构成反馈电路来稳定和控制增益。同时，还设有退耦电路来消除各级间的不良影响。

LA4112 集成功放块是一种塑料封装十四引脚的双列直插器件。它的外形如图 2-46 所

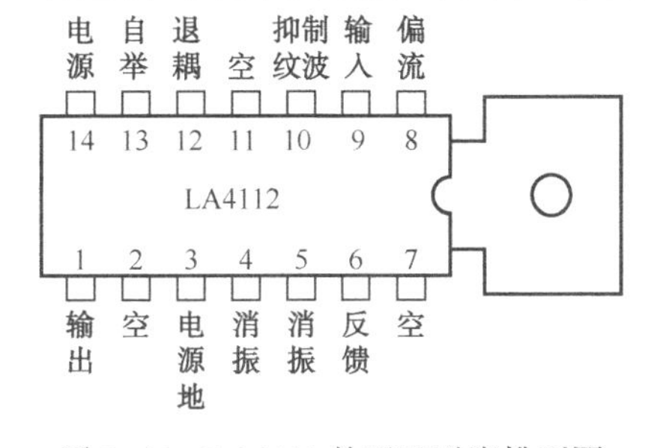

图 2-46　LA4112 外形及引脚排列图

示。表 2-37、表 2-38 列出了它的极限参数和电参数。

表 2-37　LA4112 极限参数

参　数	符号与单位	额 定 值
最大电源电压	U_{CCmax}（V）	13（有信号时）
允许功耗	P_o（W）	1.2
		2.25（50×50 mm^2 铜箔散热片）
工作温度	T_{opr}（℃）	−20～+70

表 2-38　LA4112 电参数

参　数	符号与单位	测 试 条 件	典 型 值
工作电压	U_{CC}（V）		9
静态电流	I_{CCQ}（mA）	U_{CC}=9 V	15
开环电压增益	A_{VO}（db）		70
输出功率	P_o（W）	R_L=4 Ω，f=1 kHz	1.7
输入阻抗	R_i（kΩ）		20

与 LA4112 集成功放块技术指标相同的国内外产品还有 FD403、FY4112、D4112 等，可以互相替代使用。

集成功率放大器 LA4112 的应用电路如图 2-47 所示，该电路中各电容和电阻的作用简要说明如下。

C_1、C_9——输入、输出耦合电容，隔直作用。

C_2 和 R_f——反馈元件，决定电路的闭环增益。

C_3、C_4、C_8——滤波、退耦电容。

C_5、C_6、C_{10}——消振电容，消除寄生振荡。

C_7——自举电容，若无此电容，将出现输出波形半边被削波的现象。

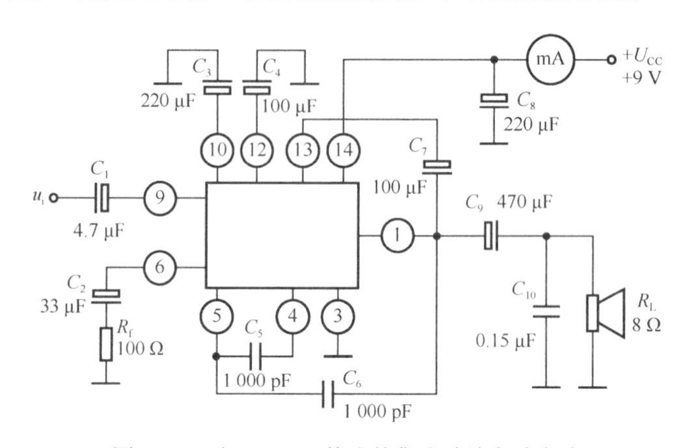

图 2-47　由 LA4112 构成的集成功放实验电路

2.13.3　实验设备与器件

（1）+9 V 直流电源；
（2）函数信号发生器；
（3）双踪示波器；
（4）交流毫伏表；
（5）直流电压表；
（6）电流毫安表；
（7）频率计；
（8）集成功放块 LA4112；
（9）8 Ω扬声器；
（10）电阻器、电容器若干。

2.13.4　实验内容

按图 2-47 所示连接实验电路，输入端接函数信号发生器，输出端接扬声器。

1. 静态测试

将输入信号旋钮旋至零，接通+9 V 直流电源，测量静态总电流及集成块各引脚对地电压，记入自拟表格中。

2. 动态测试

（1）最大输出功率。
① 接入自举电容 C_7。输入端接 1 kHz 正弦信号，输出端用示波器观察输出电压波形，逐渐加大输入信号幅度，使输出电压为最大不失真输出，用交流毫伏表测量此时的输出电压 U_{om}，则最大输出功率为：

$$P_{om}=\frac{U_{om}^2}{R_L}$$

② 断开自举电容 C_7。观察输出电压波形变化情况。
（2）输入灵敏度。要求 $U_i<100$ mV，测试方法同实验 2.2。
（3）频率响应。测试方法同实验 2.2。
（4）噪声电压。要求 $U_N<2.5$ mV，测试方法同实验 2.2。

3. 试听

（略）

2.13.5　实验报告

（1）整理实验数据，并进行分析。

（2）画频率响应曲线。

（3）讨论实验中发生的问题及解决办法。

实验 2.14　直流稳压电源（串联型晶体管稳压电源）性能测试

2.14.1　实验目的

（1）研究单相桥式整流、电容滤波电路的特性。

（2）掌握串联型晶体管稳压电源主要技术指标的测试方法。

2.14.2　实验原理

电子设备一般都需要直流电源供电。这些直流电除了少数直接利用干电池和直流发电机外，大多数是采用把交流电（市电）转变为直流电的直流稳压电源。

直流稳压电源由电源变压器、整流、滤波和稳压电路四部分组成，其原理框图如图 2-48 所示。电网供给的交流电压 u_1（220 V，50 Hz）经电源变压器降压后，得到符合电路需要的交流电压 u_2，然后由整流电路变换成方向不变、大小随时间变化的脉动电压 u_3，再用滤波器滤去其交流分量，就可得到比较平直的直流电压 u_i。但这样的直流输出电压，还会随交流电网电压的波动或负载的变动而变化。在对直流供电要求较高的场合，还需要使用稳压电路，以保证输出直流电压更加稳定。

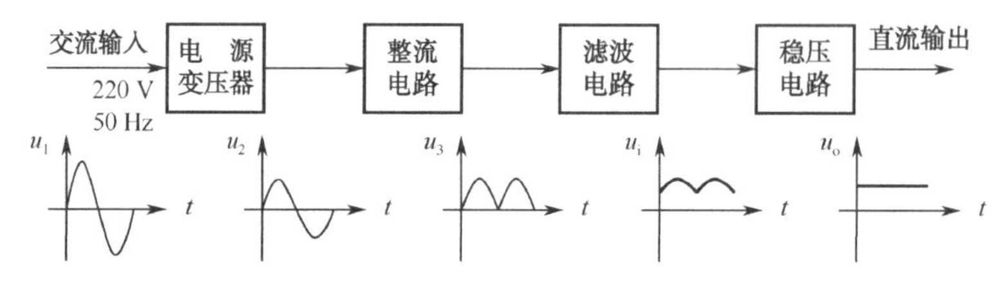

图 2-48　直流稳压电源框图

图 2-49 所示是由分立元件组成的串联型稳压电源的电路图。其整流部分为单相桥式整

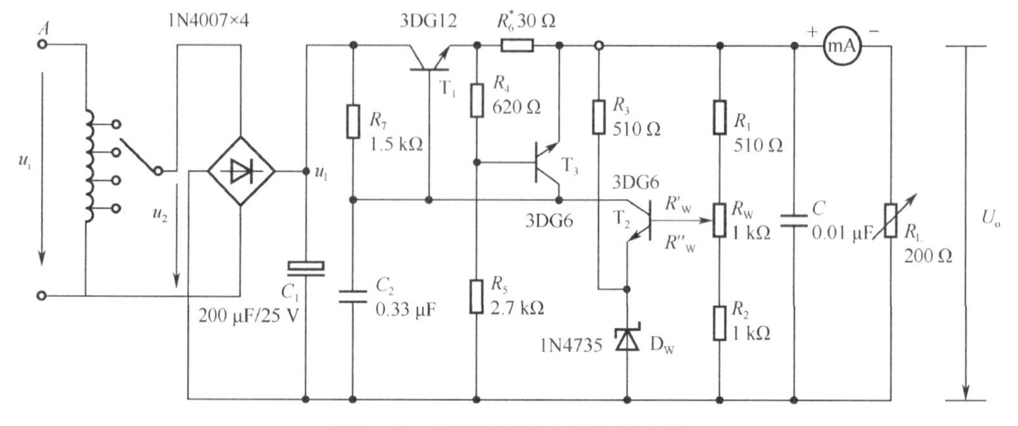

图 2-49　串联型稳压电源实验电路

流、电容滤波电路。稳压部分为串联型稳压电路，它由调整元件（晶体管 T_1）；比较放大器 T_2、R_7；取样电路 R_1、R_2、R_W，基准电压 D_W、R_3 和过流保护电路 T_3 管及电阻 R_4、R_5、R_6 等组成。整个稳压电路是一个具有电压串联负反馈的闭环系统，其稳压过程为：当电网电压波动或负载变动引起输出直流电压发生变化时，取样电路取出输出电压的一部分送入比较放大器，并与基准电压进行比较，产生的误差信号经 T_2 放大后送至调整管 T_1 的基极，使调整管改变其管压降，以补偿输出电压的变化，从而达到稳定输出电压的目的。

由于在稳压电路中，调整管与负载串联，所以流过它的电流与负载电流一样大。当输出电流过大或发生短路时，调整管会因电流过大或电压过高而损坏，所以需要对调整管加以保护。在图 2-49 所示电路中，晶体管 T_3、R_4、R_5、R_6 组成减流型保护电路。此电路设计在 $I_{op}=1.2I_o$ 时开始起保护作用，此时输出电流减小，输出电压降低。故障排除后电路应能自动恢复正常工作。在调试时，若保护提前作用，应减少 R_6 值；若保护作用迟后，则应增大 R_6 值。

稳压电源的主要性能指标如下。

1. 输出电压 U_o 和输出电压调节范围

$$U_o = \frac{R_1 + R_W + R_2}{R_2 + R''_W}(U_Z + U_{BE2})$$

调节 R_W 可以改变输出电压 U_o。

2. 最大负载电流 I_{om}

（略）

3. 输出电阻 R_o

输出电阻 R_o 定义为：当输入电压 U_I（指稳压电路输入电压）保持不变，由于负载变化而引起的输出电压变化量与输出电流变化量之比，即：

$$R_o = \frac{\Delta U_o}{\Delta I_o}\bigg|_{U_i = 常数}$$

4. 稳压系数 s（电压调整率）

稳压系数定义为：当负载保持不变，输出电压相对变化量与输入电压相对变化量之比，即：

$$S = \frac{\Delta U_o / U_o}{\Delta U_i / U_i}\bigg|_{R_L = 常数}$$

由于工程上常把电网电压波动±10%作为极限条件，所以也有将此时输出电压的相对变化$\Delta U_o/U_o$作为衡量指标，称为电压调整率。

5. 纹波电压

输出纹波电压是指在额定负载条件下，输出电压中所含交流分量的有效值（或峰值）。

2.14.3 实验设备与器件

（1）可调工频电源；

（2）双踪示波器；

（3）交流毫伏表；

（4）直流电压表；

（5）直流毫安表；

（6）滑线变阻器 200 Ω/1 A；

（7）晶体三极管 3DG6×2（9011×2），3DG12×1（9013×1），晶体二极管 1N4007×4，稳压管 1N4735×1；

（8）电阻器、电容器若干。

2.14.4 实验内容

1. 整流滤波电路测试

按图 2-50 所示连接实验电路。取可调工频电源电压为 16 V，作为整流电路输入电压 u_2。

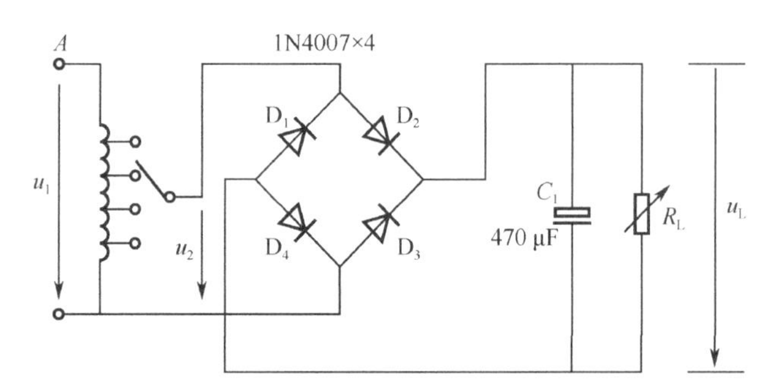

图 2-50 整流滤波电路

（1）取 R_L=240 Ω，不加滤波电容，测量直流输出电压 U_L 及纹波电压 $\tilde{U}_L$，并用示波器观察 u_2 和 u_L 波形，记入表 2-39。

（2）取 R_L=240 Ω，C=470 μF，重复步骤（1）的要求，记入表 2-39。

（3）取 R_L=120 Ω，C=470 μF，重复步骤（1）的要求，记入表 2-39。

表 2-39 测量结果 14-1（U_2=16 V）

电路形式		U_L（V）	$\tilde{U}_L$（V）	u_L 波形
R_L=240 Ω	~			u_L t

续表

电路形式		U_L（V）	$\tilde{U}_L$（V）	u_L波形
R_L=240 Ω C=470 μF	～			u_L ↑ → t
R_L=120 Ω C=470 μF	～			u_L ↑ → t

注意：① 每次改接电路时，必须切断工频电源。

② 在观察输出电压 u_L 波形的过程中，"Y 轴灵敏度"旋钮位置调好以后，不要再变动，否则将无法比较各波形的脉动情况。

2. 串联型稳压电源性能测试

切断工频电源，在图 2-50 基础上按图 2-49 所示连接实验电路。

1）初测

稳压器输出端负载开路，断开保护电路，接通 16 V 工频电源，测量整流电路输入电压 U_2，滤波电路输出电压 U_i（稳压器输入电压）及输出电压 U_o。调节电位器 R_W，观察 U_o 的大小和变化情况，如果 U_o 能跟随 R_W 线性变化，这说明稳压电路各反馈环路工作基本正常。否则，说明稳压电路有故障，因为稳压器是一个深负反馈的闭环系统，只要环路中任一个环节出现故障（某管截止或饱和），稳压器就会失去自动调节作用。此时可分别检查基准电压 U_Z、输入电压 U_i、输出电压 U_o，以及比较放大器和调整管各电极的电位（主要是 U_{BE} 和 U_{CE}），分析它们的工作状态是否都处在线性区，从而找出不能正常工作的原因。排除故障以后就可以进行下一步测试。

2）测量输出电压可调范围

接入负载 R_L（滑线变阻器），并调节 R_L，使输出电流 I_o≈100 mA。再调节电位器 R_W，测量输出电压可调范围 U_{omin}～U_{omax}。且使 R_W 动点在中间位置附近时 U_o=12 V。若不满足要求，可适当调整 R_1、R_2之值。

3）测量各级静态工作点

调节输出电压 U_o=12 V，输出电流 I_o=100 mA，测量各级静态工作点，记入表 2-40。

表 2-40　测量结果 14-2（U_2=16 V，U_o=12 V，I_o=100 mA）

	T_1	T_2	T_3
U_B（V）			
U_C（V）			
U_E（V）			

4）测量稳压系数 S

取 I_o=100 mA，按表 2-41 改变整流电路输入电压 U_2（模拟电网电压波动），分别测出相应的稳压器输入电压 U_i 及输出直流电压 U_o，记入表 2-41。

表 2-41　测量结果 14-3（I_o=100 mA）

测试值			计算值
U_2（V）	U_i（V）	U_o（V）	S
14			S_{12}= S_{23}=
16		12	
18			

5）测量输出电阻 R_o

取 U_2=16 V，改变滑线变阻器位置，使 I_o 分别为空载、50 mA 和 100 mA，测量相应的 U_o 值，记入表 2-42。

表 2-42　测量结果 14-4（U_2=16 V）

测试值		计算值
I_o（mA）	U_o（V）	R_o（Ω）
空载		R_{o12}= R_{o23}=
50	12	
100		

6）测量输出纹波电压

取 U_2=16 V，U_o=12 V，I_o=100 mA，测量输出纹波电压 U_o，记录之。

7）调整过流保护电路

（1）断开工频电源，接上保护回路，再接通工频电源，调节 R_W 及 R_L，使 U_o=12 V，I_o=100 mA，此时保护电路应不起作用。测出 T_3 管各极电位值。

（2）逐渐减小 R_L，使 I_o 增加到 120 mA，观察 U_o 是否下降，并测出保护起作用时 T_3 管各极的电位值。若保护作用过早或迟后，可改变 R_6 值进行调整。

（3）用导线瞬时短接一下输出端，测量 U_o 值，然后去掉导线，检查电路是否能自动恢复正常工作。

2.14.5　实验报告

（1）对表 2-39 所测结果进行全面分析，总结桥式整流、电容滤波电路的特点。

（2）根据表 2-41 和表 2-42 所测数据，计算稳压电路的稳压系数 S 和输出电阻 R_o，并进行分析。

（3）分析讨论实验中出现的故障及其排除方法。

第3章

数字电子技术实验

实验3.1　TTL集成逻辑门的逻辑功能与参数测试

3.1.1　实验目的

（1）掌握TTL集成与非门的逻辑功能和主要参数的测试方法。
（2）掌握TTL器件的使用规则。
（3）进一步熟悉数字电路实验装置的结构、基本功能和使用方法。

3.1.2　实验原理

本实验采用四输入双与非门 74LS20，即在一块集成块内含有两个互相独立的与非门，每个与非门有四个输入端。其逻辑框图、符号及引脚排列如图3-1所示。

1. 与非门的逻辑功能

与非门的逻辑功能是：当输入端中有一个或一个以上是低电平时，输出端为高电平；只有当输入端全部为高电平时，输出端才是低电平（即有“0”得“1”，全“1”得“0”。）

其逻辑表达式为　$Y=\overline{AB\cdots}$

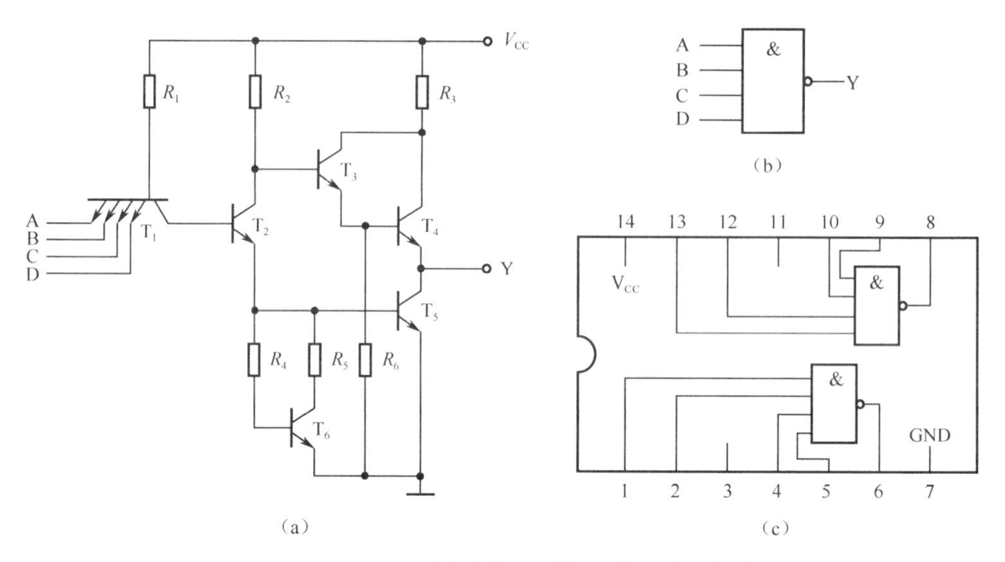

图 3-1　74LS20 逻辑框图、逻辑符号及引脚排列

2. TTL 与非门的主要参数

（1）低电平输出电源电流 I_{CCL} 和高电平输出电源电流 I_{CCH}。与非门处于不同的工作状态，电源提供的电流是不同的。I_{CCL} 是指所有输入端悬空，输出端空载时，电源提供器件的电流。I_{CCH} 是指输出端空载，每个门各有一个以上的输入端接地，其余输入端悬空，电源提供给器件的电流。通常 $I_{CCL}>I_{CCH}$，它们的大小标志着器件静态功耗的大小。 器件的最大功耗为 $P_{CCL}=V_{CC}I_{CCL}$。手册中提供的电源电流和功耗值是指整个器件总的电源电流和总的功耗。I_{CCL} 和 I_{CCH} 测试电路如图 3-2（a）、（b）所示。

注意： TTL 电路对电源电压要求较严，电源电压 V_{CC} 只允许在+5 V±10%的范围内工作，超过 5.5 V 将损坏器件；低于 4.5 V 器件的逻辑功能将不正常。

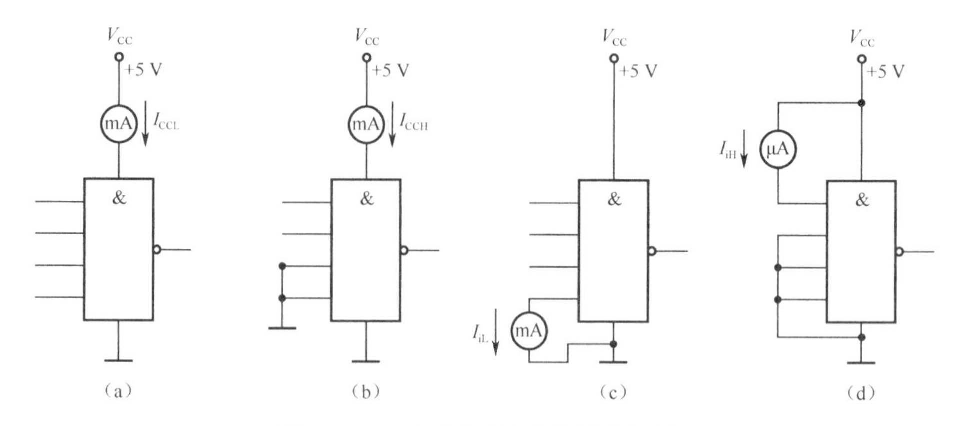

图 3-2　TTL 与非门静态参数测试电路图

（2）低电平输入电流 I_{iL} 和高电平输入电流 I_{iH}。I_{iL} 是指被测输入端接地，其余输入端悬空，输出端空载时，由被测输入端流出的电流值。在多级门电路中，I_{iL} 相当于前级门输出

低电平时，后级向前级门灌入的电流，因此它关系到前级门的灌电流负载能力，即直接影响前级门电路带负载的个数，因此希望 I_{iL} 小些。

I_{iH} 是指被测输入端接高电平，其余输入端接地，输出端空载时，流入被测输入端的电流值。在多级门电路中，它相当于前级门输出高电平时，前级门的拉电流负载，其大小关系到前级门的拉电流负载能力，所以希望 I_{iH} 小些。由于 I_{iH} 较小，难以测量，一般免于测试。

I_{iL} 与 I_{iH} 的测试电路如图 3-2（c）、（d）所示。

（3）扇出系数 N_o。扇出系数 N_o 是指门电路能驱动同类门的个数，它是衡量门电路负载能力的一个参数，TTL 与非门有两种不同性质的负载，即灌电流负载和拉电流负载，因此有两种扇出系数，即低电平扇出系数 N_{oL} 和高电平扇出系数 N_{oH}。通常 $I_{iH}<I_{iL}$，则 $N_{oH}>N_{oL}$，故常以 N_{oL} 作为门的扇出系数。

N_{oL} 的测试电路如图 3-3 所示，门的输入端全部悬空，输出端接灌电流负载 R_L，调节 R_L 使 I_{oL} 增大，V_{oL} 随之增高，当 V_{oL} 达到 V_{oLm}（手册中规定低电平规范值 0.4 V）时的 I_{oL} 就是允许灌入的最大负载电流，则：

$$N_{oL}=\frac{I_{oL}}{I_{iL}}$$

通常 $N_{oL}\geqslant 8$。

（4）电压传输特性。门的输出电压 v_o 随输入电压 v_i 而变化的曲线 $v_o=f(v_i)$ 称为门的电压传输特性，通过它可读得门电路的一些重要参数，如输出高电平 V_{oH}、输出低电平 V_{oL}、关门电平 V_{off}、开门电平 V_{on}、阈值电平 V_T 及抗干扰容限 V_{NL}、V_{NH} 等值。测试电路如图 3-4 所示，采用逐点测试法，即调节 R_W，逐点测得 V_i 及 V_o，然后绘成曲线。

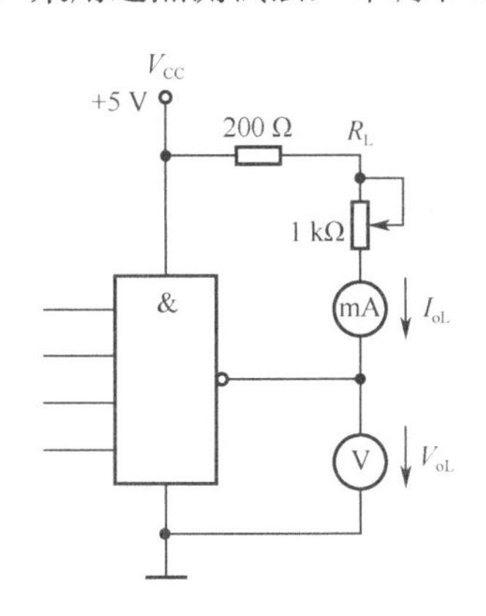

图 3-3　扇出系数试测电路

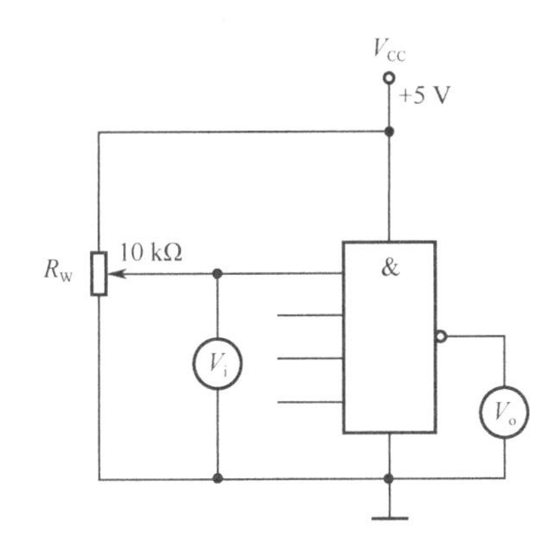

图 3-4　传输特性测试电路

（5）平均传输延迟时间 t_{pd}。t_{pd} 是衡量门电路开关速度的参数，它是指输出波形边沿的 $0.5V_m$ 至输入波形对应边沿 $0.5V_m$ 点的时间间隔，如图 3-5 所示。

图 3-5（a）中的 t_{pdL} 为导通延迟时间，t_{pdH} 为截止延迟时间，平均传输延迟时间为：

$$t_{pd}=\frac{1}{2}(t_{pdL}+t_{pdH})$$

t_{pd} 的测试电路如图 3-5（b）所示。由于 TTL 门电路的延迟时间较小，直接测量时对信号发生器和示波器的性能要求较高，故实验采用测量由奇数个与非门组成的环形振荡器的

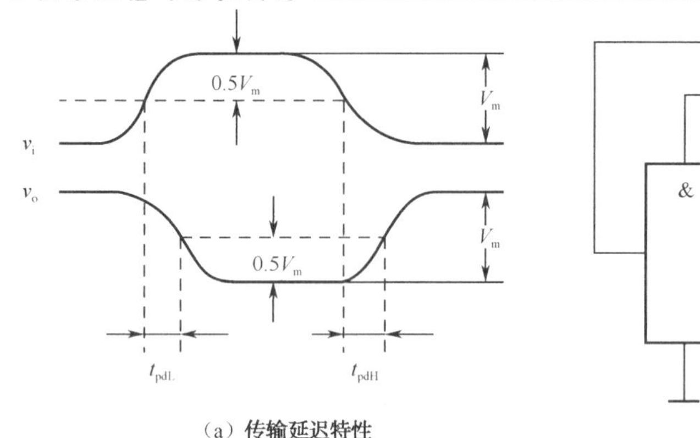

(a) 传输延迟特性

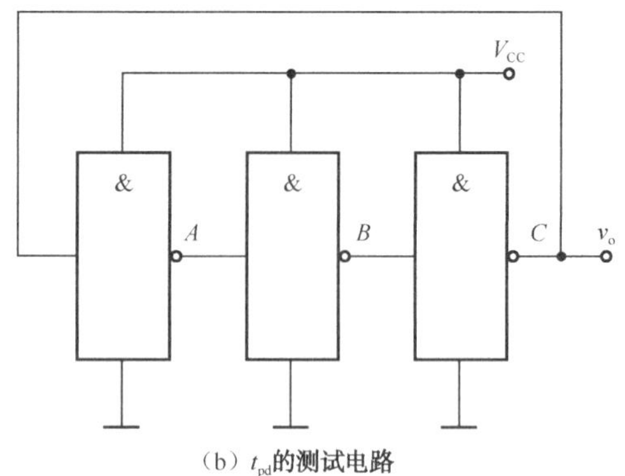

(b) t_{pd}的测试电路

图 3-5　传输延迟特性和测试电路图

振荡周期 T 来求得。其工作原理是：假设电路在接通电源后某一瞬间，电路中的 A 点为逻辑“1”，经过三级门的延迟后，使 A 点由原来的逻辑“1”变为逻辑“0”；再经过三级门的延迟后，A 点电平又重新回到逻辑“1”。电路中其他各点电平也跟随变化。说明使 A 点发生一个周期的振荡，必须经过 6 级门的延迟时间。因此平均传输延迟时间为：

$$t_{pd} = \frac{T}{6}$$

TTL 电路的 t_{pd} 一般在 10～40 ns 之间。

74LS20 主要电参数规范如表 3-1 所示。

表 3-1　74LS20 主要电参数规范

参数名称和符号			规范值	单位	测试条件
直流参数	通导电源电流	I_{CCL}	<14	mA	V_{CC}=5 V，输入端悬空，输出端空载
	截止电源电流	I_{CCH}	<7	mA	V_{CC}=5 V，输入端接地，输出端空载
	低电平输入电流	I_{iL}	≤1.4	mA	V_{CC}=5 V，被测输入端接地，其他输入端悬空，输出端空载
	高电平输入电流	I_{iH}	<50	μA	V_{CC}=5 V，被测输入端 V_{in}=2.4 V，其他输入端接地，输出端空载
			<1	mA	V_{CC}=5 V，被测输入端 V_{in}=5 V，其他输入端接地，输出端空载
	输出高电平	V_{oH}	≥3.4	V	V_{CC}=5 V，被测输入端 V_{in}=0. 8V，其他输入端悬空，I_{oH}=400 μA
	输出低电平	V_{oL}	<0.3	V	V_{CC}=5 V，输入端 V_{in}=2.0 V，I_{OL}=12.8 mA
	扇出系数	N_o	4～8	V	同 V_{oH} 和 V_{oL}
交流参数	平均传输延迟时间	t_{pd}	≤20	ns	V_{CC}=5 V，被测输入端输入信号：V_{in}=3.0 V，f=2 MHz

3.1.3　实验设备与器件

（1）+5V 直流电源；

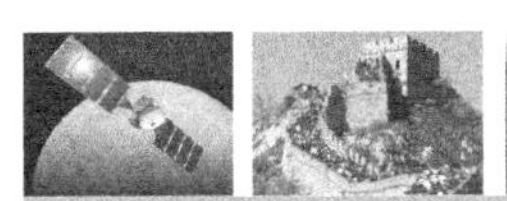

（2）逻辑电平开关；
（3）逻辑电平显示器；
（4）直流数字电压表；
（5）直流毫安表；
（6）直流微安表；
（7）74LS20×2，1 kΩ、10 kΩ电位器，200 Ω 电阻器（0.5W）。

3.1.4　实验内容

在合适的位置选取一个 14P 插座，按定位标记插好 74LS20 集成块。

1. 验证 TTL 集成与非门 74LS20 的逻辑功能

按图 3-6 所示接线，门的四个输入端接逻辑开关输出插口，以提供“0”与“1”电平信号，开关向上，输出逻辑“1”，向下为逻辑“0”。门的输出端接由 LED 发光二极管组成的逻辑电平显示器（又称 0-1 指示器）的显示插口，LED 亮为逻辑“1”， 不亮为逻辑“0”。

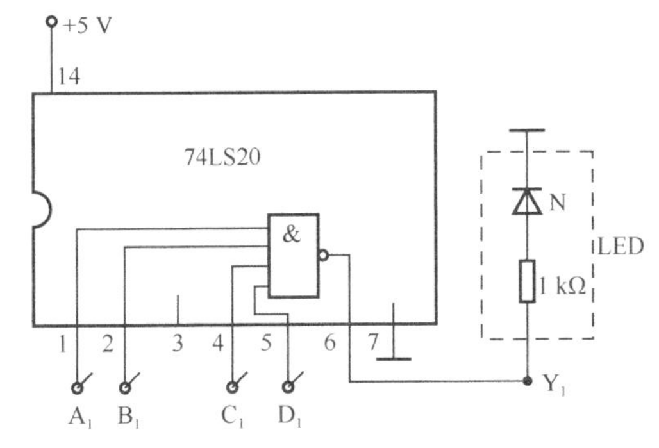

图 3-6　与非逻辑功能测试电路

按表 3-2 的真值表逐个测试集成块中两个与非门的逻辑功能。74LS20 有 4 个输入端，有 16 个最小项，在实际测试时，只要对输入 1111、0111、1011、1101、1110 五项进行检测就可判断其逻辑功能是否正常。

表 3-2　真值表

输　入				输　出	
A_n	B_n	C_n	D_n	Y_1	Y_2
1	1	1	1		
0	1	1	1		
1	0	1	1		
1	1	0	1		
1	1	1	0		

2. 74LS20 主要参数的测试

（1）分别按图 3-2、图 3-3、图 3-5（b）所示接线并进行测试，将测试结果记入表 3-3 中。

表 3-3 测量结果 1-1

I_{CCL}（mA）	I_{CCH}（mA）	I_{iL}（mA）	I_{oL}（mA）	$N_o=\frac{I_{oL}}{I_{iL}}$	$t_{pd}=T/6$（ns）

（2）接图 3-4 所示接线，调节电位器 R_W，使 V_i 从 0 V 向高电平变化，逐点测量 V_i 和 V_o 的对应值，记入表 3-4 中。

表 3-4 测量结果 1-2

V_i(V)	0	0.2	0.4	0.6	0.8	1.0	1.5	2.0	2.5	3.0	3.5	4.0	…
V_o(V)													

3.1.5 实验报告

（1）记录、整理实验结果，并对结果进行分析。
（2）画出实测的电压传输特性曲线，并从中读出各有关参数值。

实验 3.2 组合逻辑电路的设计与测试

3.2.1 实验目的

掌握组合逻辑电路的设计与测试方法。

3.2.2 实验原理

（1）使用中、小规模集成电路来设计组合电路是最常见的逻辑电路。设计组合电路的一般步骤如图 3-7 所示。

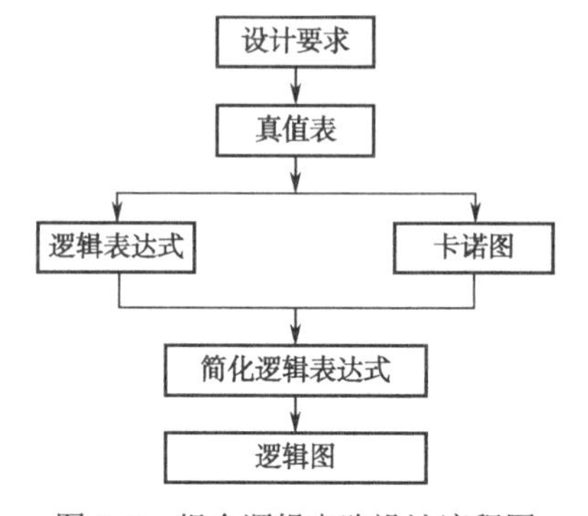

图 3-7 组合逻辑电路设计流程图

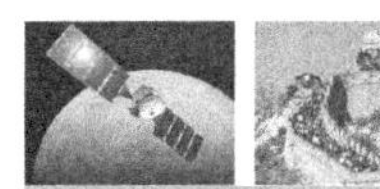

根据设计任务的要求建立输入、输出变量，并列出真值表。然后用逻辑代数或卡诺图化简法求出简化的逻辑表达式。并按实际选用逻辑门的类型修改逻辑表达式。根据简化后的逻辑表达式，画出逻辑图，用标准器件构成逻辑电路。最后，用实验来验证设计的正确性。

（2）组合逻辑电路设计举例。

用与非门设计一个表决电路。当四个输入端中有三个或四个为“1”时，输出端才为“1”。

设计步骤：根据题意列出真值表如表 3-5 所示，再填入卡诺图表 3-6 中。

表 3-5　真值表

D	0	0	0	0	0	0	0	0	1	1	1	1	1	1	1	1
A	0	0	0	0	1	1	1	1	0	0	0	0	1	1	1	1
B	0	0	1	1	0	0	1	1	0	0	1	1	0	0	1	1
C	0	1	0	1	0	1	0	1	0	1	0	1	0	1	0	1
Z	0	0	0	0	0	0	0	1	0	0	0	1	0	1	1	1

表 3-6　卡诺图表

BC \ DA	00	01	11	10
00				
01			1	
11		1	1	1
10			1	

由卡诺图得出逻辑表达式，并演化成“与非”的形式：

$$Z=ABC+BCD+ACD+ABD$$
$$=\overline{\overline{ABC}\cdot\overline{BCD}\cdot\overline{ACD}\cdot\overline{ABC}}$$

根据逻辑表达式画出用“与非门”构成的逻辑电路如图 3-8 所示。

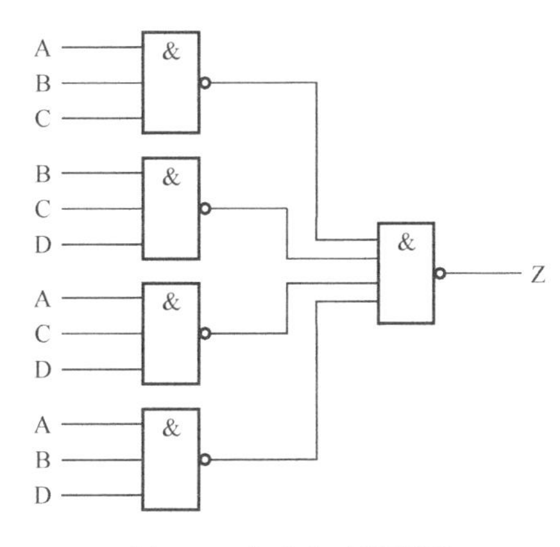

图 3-8　表决电路逻辑图

用实验验证逻辑功能。

在实验装置适当位置选定三个14P插座，按照集成块定位标记插好集成块CC4012。

按图3-8所示接线，输入端A、B、C、D接至逻辑开关输出插口，输出端Z接逻辑电平显示输入插口，按真值表（自拟）要求，逐次改变输入变量，测量相应的输出值，验证逻辑功能，与表3-5进行比较，验证所设计的逻辑电路是否符合要求。

3.2.3 实验设备与器件

（1）+5 V直流电源；

（2）逻辑电平开关；

（3）逻辑电平显示器；

（4）直流数字电压表；

（5）CC4011×2（74LS00），CC4012×3（74LS20），CC4030（74LS86），CC4081（74LS08），74LS54×2（CC4085），CC4001（74LS02）。

3.2.4 实验内容

（1）设计用与非门及用异或门、与门组成的半加器电路。要求按本文所述的设计步骤进行，直到测试电路逻辑功能符合设计要求为止。

（2）设计一个一位全加器，要求由异或门、与门、或门组成。

（3）设计一位全加器，要求用与或非门实现。

（4）设计一个对两个两位无符号的二进制数进行比较的电路。根据第一个数是否大于、等于、小于第二个数，使相应的三个输出端中的一个输出为“1”，要求用与门、与非门及或非门实现。

3.2.5 实验报告

（1）列出实验任务的设计过程，画出设计的电路图。

（2）对所设计的电路进行实验测试，记录测试结果。

（3）谈谈组合电路设计体会。

实验3.3 译码器及其应用

3.3.1 实验目的

（1）掌握中规模集成译码器的逻辑功能和使用方法。

（2）熟悉数码管的使用。

3.3.2 实验原理

译码器是一个多输入、多输出的组合逻辑电路。它的作用是对给定的代码进行“翻

译”，变成相应的状态，使输出通道中相应的一路有信号输出。译码器在数字系统中有广泛的用途，不仅用于代码的转换、终端的数字显示，还用于数据分配，存储器寻址和组合控制信号等。不同的功能可选用不同种类的译码器。

译码器可分为通用译码器和显示译码器两大类。前者又分为变量译码器和代码变换译码器。

1. 变量译码器（又称二进制译码器）

用于表示输入变量的状态，如 2 线—4 线、3 线—8 线和 4 线—16 线译码器。若有 n 个输入变量，则有 2^n 个不同的组合状态，就有 2^n 个输出端供其使用。而每一个输出所代表的函数对应于 n 个输入变量的最小项。

以 3 线—8 线译码器 74LS138 为例进行分析，图 3-9（a）、（b）所示分别为其逻辑图及引脚排列。

其中，A_2、A_1、A_0 为地址输入端，$\overline{Y}_0$ ～ $\overline{Y}_7$ 为译码输出端，S_1、$\overline{S}_2$、$\overline{S}_3$ 为使能端。

表 3-9 为 74LS138 功能表。

当 S_1=1，$\overline{S}_2+\overline{S}_3$=0 时，器件使能，地址码所指定的输出端有信号（为 0）输出，其他所有输出端均无信号（全为 1）输出。当 S_1=0，$\overline{S}_2+\overline{S}_3$ =X 时，或 S_1=X，$\overline{S}_2+\overline{S}_3$=1 时，译码器被禁止，所有输出同时为 1。

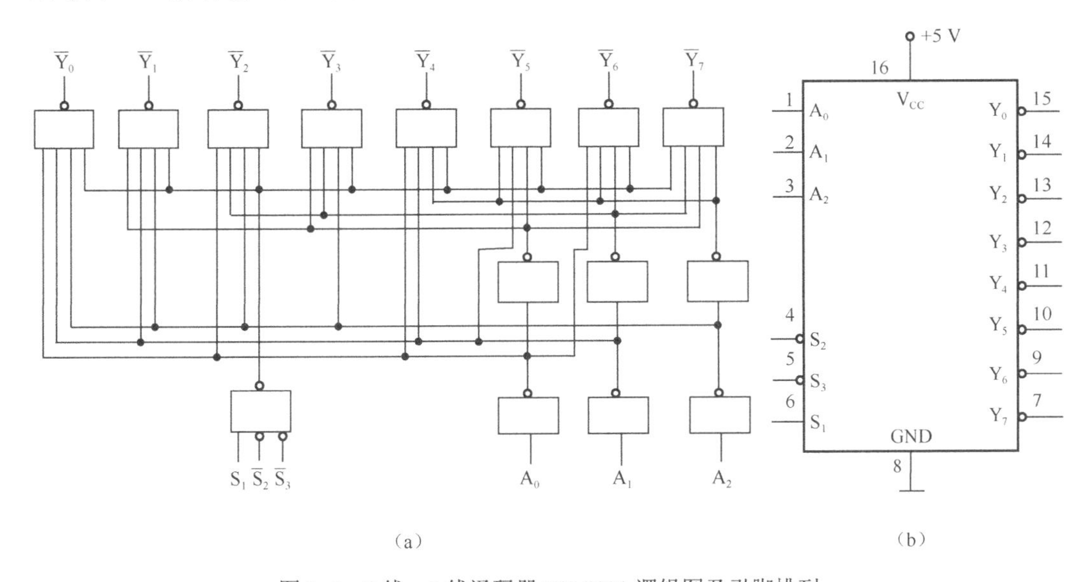

图 3-9　3 线—8 线译码器 74LS138 逻辑图及引脚排列

表 3-7　74LS138 功能表

输　入					输　出							
S_1	$\overline{S}_2+\overline{S}_3$	A_2	A_1	A_0	$\overline{Y}_0$	$\overline{Y}_1$	$\overline{Y}_2$	$\overline{Y}_3$	$\overline{Y}_4$	$\overline{Y}_5$	$\overline{Y}_6$	$\overline{Y}_7$
1	0	0	0	0	0	1	1	1	1	1	1	1
1	0	0	0	1	1	0	1	1	1	1	1	1

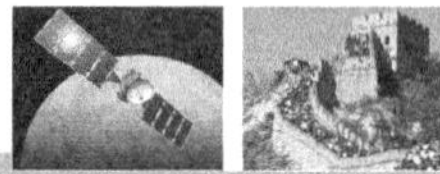

续表

输入					输出							
S_1	$\bar{S}_2+\bar{S}_3$	A_2	A_1	A_0	$\bar{Y}_0$	$\bar{Y}_1$	$\bar{Y}_2$	$\bar{Y}_3$	$\bar{Y}_4$	$\bar{Y}_5$	$\bar{Y}_6$	$\bar{Y}_7$
1	0	0	1	0	1	1	0	1	1	1	1	1
1	0	0	1	1	1	1	1	0	1	1	1	1
1	0	1	0	0	1	1	1	1	0	1	1	1
1	0	1	0	1	1	1	1	1	1	0	1	1
1	0	1	1	0	1	1	1	1	1	1	0	1
1	0	1	1	1	1	1	1	1	1	1	1	0
0	×	×	×	×	1	1	1	1	1	1	1	1
×	1	×	×	×	1	1	1	1	1	1	1	1

二进制译码器实际上也是负脉冲输出的脉冲分配器。若利用使能端中的一个输入端输入数据信息，器件就成为一个数据分配器（又称多路分配器），如图 3-10 所示。若在 S_1 输入端输入数据信息，$\bar{S}_2=\bar{S}_3=0$，地址码所对应的输出是 S_1 数据信息的反码；若从 $\bar{S}_2$ 端输入数据信息，令 $S_1=1$，$\bar{S}_3=0$，地址码所对应的输出就是 $\bar{S}_2$ 端数据信息的原码。若数据信息是时钟脉冲，则数据分配器便成为时钟脉冲分配器。

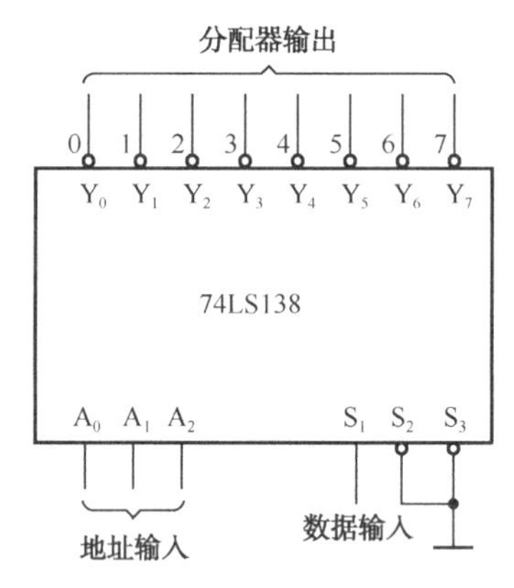

图 3-10　作数据分配器

根据输入地址的不同组合译出唯一地址，故可用作地址译码器。若接成多路分配器，可将一个信号源的数据信息传输到不同的地点。

二进制译码器还能方便地实现逻辑函数，如图 3-11 所示，实现的逻辑函数是：

$$Z=\overline{A}\,\overline{B}\,\overline{C}+\overline{A}B\overline{C}+A\overline{B}\,\overline{C}+ABC$$

利用使能端能方便地将两个 3-8 译码器组合成一个 4-16 译码器，如图 3-12 所示。

2. 数码显示译码器

1）七段发光二极管（LED）数码管

LED 数码管是目前最常用的数字显示器，图 3-13（a)、(b）所示为共阴管和共阳管的电路，图 3-13（c）所示为两种不同出线形式的引出脚功能图。

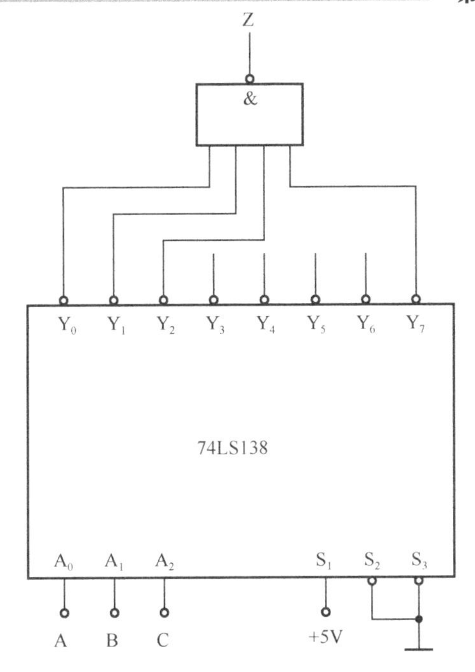

图 3-11　实现逻辑函数

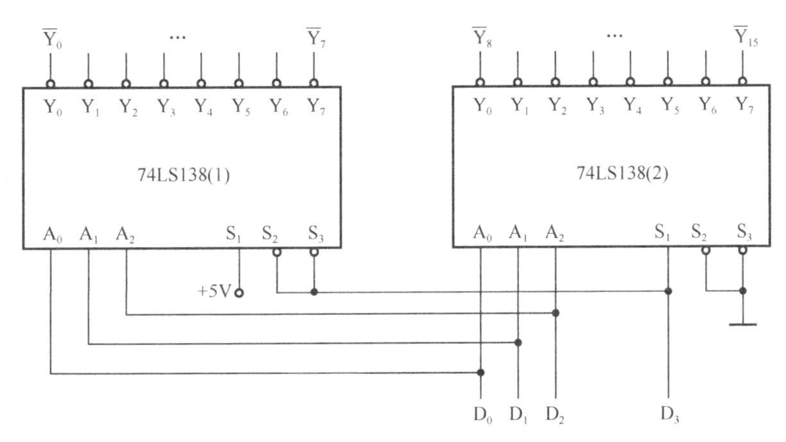

图 3-12　用两片 74LS138 组合成 4/16 译码器

一个 LED 数码管可用来显示一位 0～9 十进制数和一个小数点。小型数码管（0.5 寸和 0.36 寸）每段发光二极管的正向压降，随显示光（通常为红、绿、黄、橙色）的颜色不同略有差别，通常为 2～2.5 V，每个发光二极管的点亮电流为 5～10 mA。LED 数码管要显示 BCD 码所表示的十进制数字，就需要有一个专门的译码器，该译码器不但要完成译码功能，还要有相当的驱动能力。

2）BCD 码七段译码驱动器

此类译码器型号有 74LS47（共阳）、74LS48（共阴）、CC4511（共阴）等，本实验系采用 CC4511 BCD 码锁存/七段译码/驱动器，驱动共阴极 LED 数码管。

图 3-14 所示为 CC4511 引脚排列。

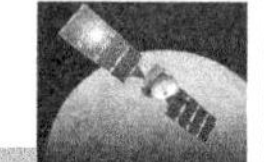

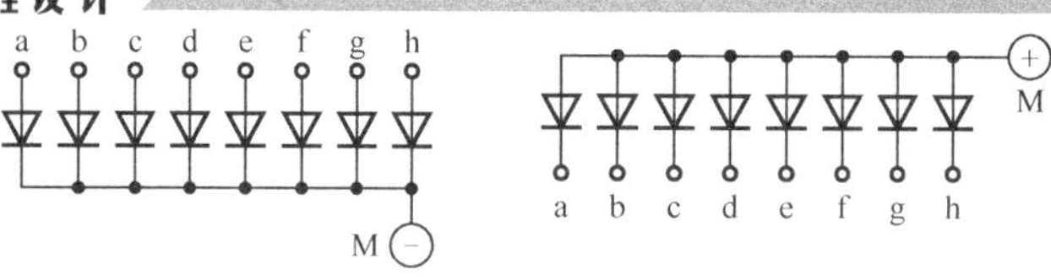

（a）共阴连接（“1”电平驱动）　（b）共阳连接（“0”电平驱动）

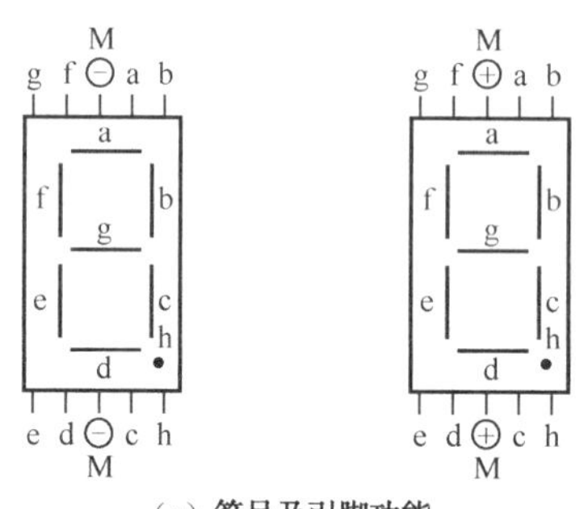

（c）符号及引脚功能

图 3-13　LED 数码管

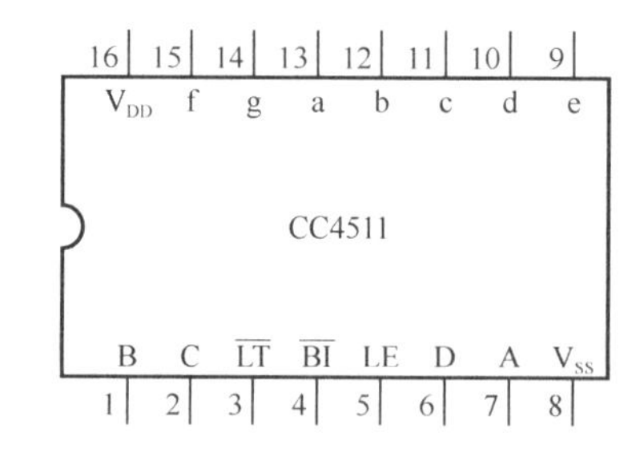

图 3-14　CC4511 引脚排列

其中，A、B、C、D 为 BCD 码输入端；

a、b、c、d、e、f、g 为译码输出端，输出“1”有效，用于驱动共阴极 LED 数码管；

$\overline{LT}$ 为测试输入端，$\overline{LT}$=0 时，译码输出全为“1”；

$\overline{BT}$ 为消隐输入端，$\overline{BT}$=0 时，译码输出全为“0”；

LE 为锁定端，LE=1 时译码器处于锁定（保持）状态，译码输出保持在 LE=0 时的数值，LE=0 为正常译码。

表 3-8 为 CC4511 功能表。CC4511 内接有上拉电阻，故只需在输出端与数码管笔段之间串入限流电阻即可工作。译码器还有拒伪码功能，当输入码超过 1001 时，输出全为“0”，数码管熄灭。

表 3-8　CC4511 功能表

输　入							输　出							
LE	$\overline{BI}$	$\overline{LT}$	D	C	B	A	a	b	c	d	e	f	g	显示字形
×	×	0	×	×	×	×	1	1	1	1	1	1	1	8
×	0	1	×	×	×	×	0	0	0	0	0	0	0	消隐

续表

输入							输出							
LE	$\overline{BI}$	$\overline{LT}$	D	C	B	A	a	b	c	d	e	f	g	显示字形
0	1	1	0	0	0	0	1	1	1	1	1	1	0	0
0	1	1	0	0	0	1	0	1	1	0	0	0	0	1
0	1	1	0	0	1	0	1	1	0	1	1	0	1	2
0	1	1	0	0	1	1	1	1	1	1	0	0	1	3
0	1	1	0	1	0	0	0	1	1	0	0	1	1	4
0	1	1	0	1	0	1	1	0	1	1	0	1	1	5
0	1	1	0	1	1	0	0	0	1	1	1	1	1	6
0	1	1	0	1	1	1	1	1	1	0	0	0	0	7
0	1	1	1	0	0	0	1	1	1	1	1	1	1	8
0	1	1	1	0	0	1	1	1	1	0	0	1	1	9
0	1	1	1	0	1	0	0	0	0	0	0	0	0	消隐
0	1	1	1	0	1	1	0	0	0	0	0	0	0	消隐
0	1	1	1	1	0	0	0	0	0	0	0	0	0	消隐
0	1	1	1	1	0	1	0	0	0	0	0	0	0	消隐
0	1	1	1	1	1	0	0	0	0	0	0	0	0	消隐
0	1	1	1	1	1	1	0	0	0	0	0	0	0	消隐
1	1	1	×	×	×	×	锁　存							锁存

在本数字电路实验装置上已完成了译码器 CC4511 和数码管 BS202 之间的连接。实验时，只要接通+5 V 电源，并将十进制数的 BCD 码接至译码器的相应输入端 A、B、C、D 即可显示 0～9 的数字。四位数码管可接受四组 BCD 码输入。CC4511 与 LED 数码管的连接如图 3-15 所示。

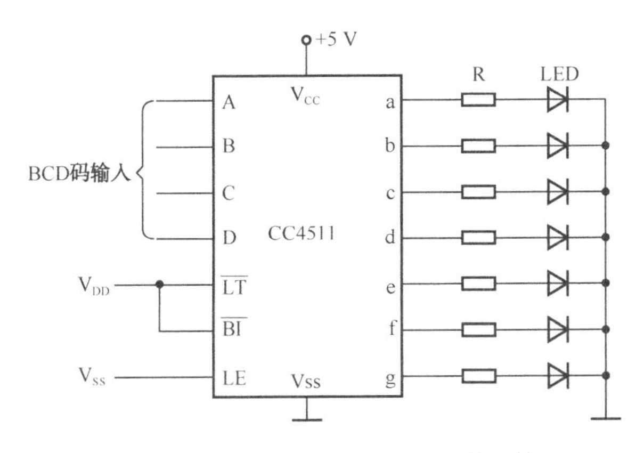

图 3-15　CC4511 驱动一位 LED 数码管

3.3.3 实验设备与器件

（1）+5 V 直流电源；
（2）双踪示波器；
（3）连续脉冲源；
（4）逻辑电平开关；
（5）逻辑电平显示器；
（6）拨码开关组；
（7）译码显示器；
（8）74LS138×2，CC4511。

3.3.4 实验内容

（1）数据拨码开关的使用。将实验装置上的四组拨码开关的输出 A_i、B_i、C_i、D_i 分别接至 4 组显示译码/驱动器 CC4511 的对应输入口，LE、$\overline{BI}$、$\overline{LT}$ 接至三个逻辑开关的输出插口，接上+5 V 显示器的电源如图 3-15 所示，然后按功能表 3-8 输入的要求揿动四个数码的增减键（“+”与“-”键）和操作与 LE、$\overline{BI}$、$\overline{LT}$ 对应的三个逻辑开关，观察拨码盘上的四位数与 LED 数码管显示的对应数字是否一致，以及译码显示是否正常。

（2）74LS138 译码器逻辑功能测试。将译码器使能端 S_1、$\overline{S}_2$、$\overline{S}_3$ 及地址端 A_2、A_1、A_0 分别接至逻辑电平开关输出口，8 个输出端 $\overline{Y}_7$～$\overline{Y}_0$ 依次连接在逻辑电平显示器的 8 个输入口上，拨动逻辑电平开关，按表 3-7 逐项测试 74LS138 的逻辑功能。

（3）用 74LS138 构成时序脉冲分配器。参照图 3-10 所示和实验原理说明，时钟脉冲 CP 频率约为 10 kHz，要求分配器输出端 $\overline{Y}_0$～$\overline{Y}_7$ 的信号与 CP 输入信号同相。

画出分配器的实验电路，用示波器观察和记录在地址端 A_2、A_1、A_0 分别取 000～111 8 种不同状态时 $\overline{Y}_0$～$\overline{Y}_7$ 端的输出波形，注意输出波形与 CP 输入波形之间的相位关系。

（4）用两片 74LS138 组合成一个 4 线-16 线译码器，如图 3-12 所示并进行实验。

3.3.5 实验报告

（1）画出实验线路，把观察到的波形画在坐标纸上，并标上对应的地址码。
（2）对实验结果进行分析、讨论。

实验 3.4 数据选择器及其应用

3.4.1 实验目的

（1）掌握中规模集成数据选择器的逻辑功能及使用方法。
（2）学习用数据选择器构成组合逻辑电路的方法。

3.4.2 实验原理

数据选择器又叫“多路开关”，它在地址码（或叫选择控制）电位的控制下，从几个数据输入中选择一个并将其送到一个公共的输出端。数据选择器的功能类似一个多掷开关，如图 3-16 所示，图中有四路数据 D_0～D_3，通过选择控制信号 A_1、A_0（地址码）可从四路数据中选中某一路数据送至输出端 Q。

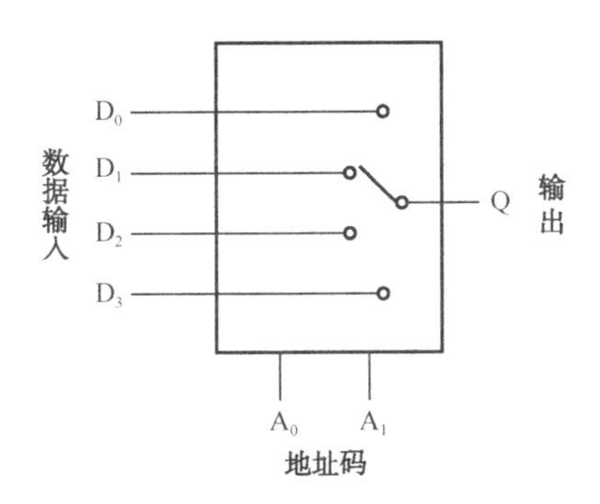

图 3-16　4 选 1 数据选择器示意图

数据选择器为目前逻辑设计中应用十分广泛的逻辑部件，有 2 选 1、4 选 1、8 选 1、16 选 1 等类别。

数据选择器的电路结构一般由与或门阵列组成，也有用传输门开关和门电路混合而成的。

1. 八选一数据选择器 74LS151

74LS151 为互补输出的 8 选 1 数据选择器，引脚排列如图 3-17 所示，功能见表 3-9。

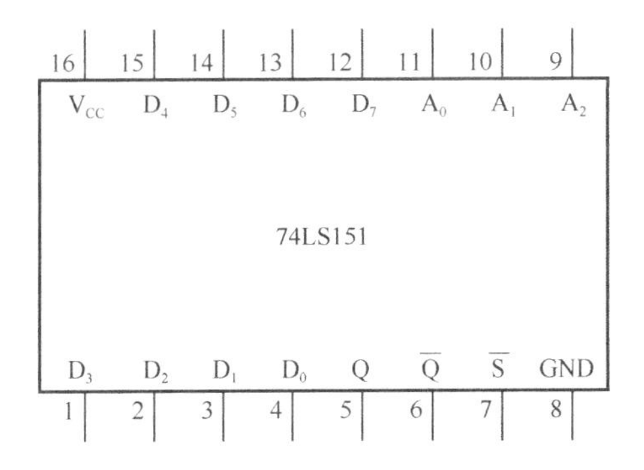

图 3-17　74LS151 引脚排列

表 3-9　74LS151 功能表

输　入				输　出	
$\bar{S}$	A_2	A_1	A_0	Q	$\bar{Q}$
1	×	×	×	0	1
0	0	0	0	D_0	$\bar{D}_0$

续表

输入				输出	
$\overline{S}$	A_2	A_1	A_0	Q	$\overline{Q}$
0	0	0	1	D_1	$\overline{D_1}$
0	0	1	0	D_2	$\overline{D_2}$
0	0	1	1	D_3	$\overline{D_3}$
0	1	0	0	D_4	$\overline{D_4}$
0	1	0	1	D_5	$\overline{D_5}$
0	1	1	0	D_6	$\overline{D_6}$
0	1	1	1	D_7	$\overline{D_7}$

选择控制端（地址端）为 A_2～A_0，按二进制译码，从 8 个输入数据 D_0～D_7 中，选择一个需要的数据送到输出端 Q，$\overline{S}$ 为使能端，低电平有效。

（1）使能端 $\overline{S}$=1 时，不论 A_2～A_0 状态如何，均无输出（Q=0，$\overline{Q}$=1），多路开关被禁止。

（2）使能端 $\overline{S}$=0 时，多路开关正常工作，根据地址码 A_2、A_1、A_0 的状态选择 D_0～D_7 中某一个通道的数据输送到输出端 Q。

例如：$A_2A_1A_0$=000，则选择 D_0 数据到输出端，即 Q=D_0；$A_2A_1A_0$=001，则选择 D_1 数据到输出端，即 Q=D_1，以此类推。

2. 双四选一数据选择器 74LS153

所谓双 4 选 1 数据选择器，就是在一块集成芯片上有两个 4 选 1 数据选择器。引脚排列如图 3-18 所示，功能见表 3-10。

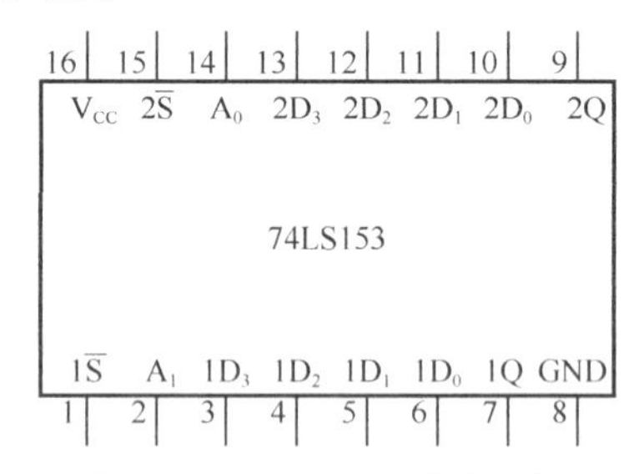

图 3-18　74LS153 引脚功能

表 3-10　74LS153 功能表

输入			输出
$\overline{S}$	A_1	A_0	Q
1	×	×	0
0	0	0	D_0
0	0	1	D_1
0	1	0	D_2
0	1	1	D_3

$1\overline{S}$、$2\overline{S}$为两个独立的使能端；A_1、A_0为公用的地址输入端；$1D_0$～$1D_3$和$2D_0$～$2D_3$分别为两个4选1数据选择器的数据输入端；Q_1、Q_2为两个输出端。

（1）当使能端$1\overline{S}$（$2\overline{S}$）=1时，多路开关被禁止，无输出，Q=0。

（2）当使能端$1\overline{S}$（$2\overline{S}$）=0时，多路开关正常工作，根据地址码A_1、A_0的状态，将相应的数据D_0～D_3送到输出端Q。

例如：A_1A_0=00，则选择D_0数据到输出端，即$Q=D_0$；　A_1A_0=01，则选择D_1数据到输出端，即$Q=D_1$，以此类推。

数据选择器的用途很多，如多通道传输，数码比较，并行码变串行码，以及实现逻辑函数等。

3. 数据选择器的应用——实现逻辑函数

例1： 用8选1数据选择器74LS151实现函数$F = A\overline{B} + \overline{A}C + B\overline{C}$。

采用8选1数据选择器74LS151可实现任意三输入变量的组合逻辑函数。

作出函数F的功能表，见表3-11，将函数F功能表与8选1数据选择器的功能表相比较，可知：（1）将输入变量C、B、A作为8选1数据选择器的地址码A_2、A_1、A_0；（2）使8选1数据选择器的各数据输入D_0～D_7分别与函数F的输出值一一相对应。

表3-11　例1函数F的功能表

输　入			输　出
C	B	A	F
0	0	0	0
0	0	1	1
0	1	0	1
0	1	1	1
1	0	0	1
1	0	1	1
1	1	0	1
1	1	1	0

即：$A_2A_1A_0$=CBA

$D_0=D_7=0$

$D_1=D_2=D_3=D_4=D_5=D_6=1$

则8选1数据选择器的输出Q便实现了函数 $F = A\overline{B} + \overline{A}C + B\overline{C}$。

接线图如图3-19所示。

显然，采用具有n个地址端的数据选择实现n变量的逻辑函数时，应将函数的输入变量加到数据选择器的地址端（A），选择器的数据输入端（D）按次序以函数F输出值来赋值。

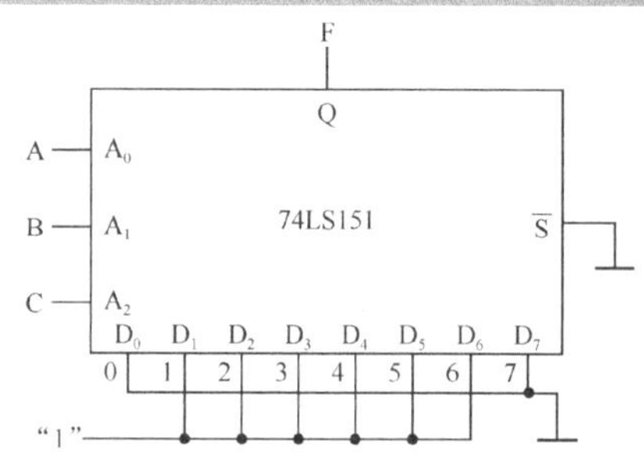

图 3-19　用 8 选 1 数据选择器实现 $F=A\overline{B}+\overline{A}C+B\overline{C}$

例 2：用 8 选 1 数据选择器 74LS151 实现函数 $F=A\overline{B}+\overline{A}B$。

（1）列出函数 F 的功能表见表 3-12 所示。

（2）将 A、B 加到地址端 A_1、A_0，而 A_2 接地，由表 3-12 可见，将 D_1、D_2 接“1”及 D_0、D_3 接地，其余数据输入端 D_4～D_7 都接地，则 8 选 1 数据选择器的输出 Q，便实现了函数 $F=A\overline{B}+B\overline{A}$。

接线图如图 3-20 所示。

表 3-12　例 2 函数 F 的功能表

B	A	F
0	0	0
0	1	1
1	0	1
1	1	0

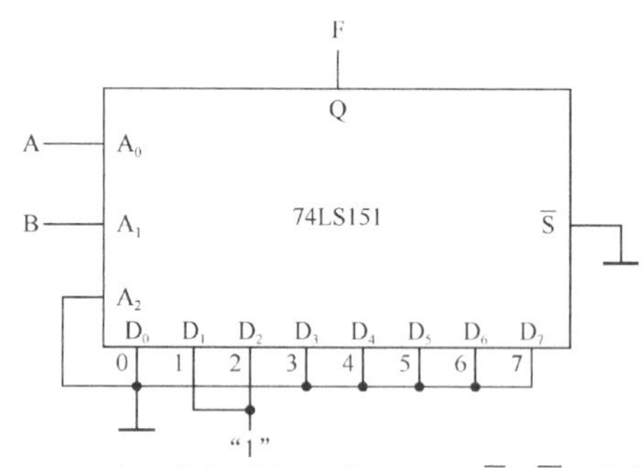

图 3-20　8 选 1 数据选择器实现 $F=A\overline{B}+\overline{A}B$ 的接线图

显然，当函数输入变量数小于数据选择器的地址端（A）时，应将不用的地址端及不用的数据输入端（D）都接地。

例 3：用 4 选 1 数据选择器 74LS153 实现函数 $F=\overline{A}BC+A\overline{B}C+AB\overline{C}+ABC$。

函数 F 的功能见表 3-13。

表 3-13　例 3 函数 F 的功能表 1

输　入			输　出
A	B	C	F
0	0	0	0
0	0	1	0
0	1	0	0
0	1	1	1
1	0	0	0
1	0	1	1
1	1	0	1
1	1	1	1

表 3-14　例 3 函数 F 的功能表 2

输　入			输　出	中　选数据端
A	B	C	F	
0	0	0	0	$D_0=0$
		1	0	
0	1	0	0	$D_1=C$
		1	1	
1	0	0	0	$D_2=C$
		1	1	
1	1	0	1	$D_3=1$
		1	1	

函数 F 有三个输入变量 A、B、C，而数据选择器有两个地址端 A_1、A_0，少于函数输入变量个数，在设计时可任选 A 接 A_1，B 接 A_0。将函数功能表改画成表 3-14 形式，当将输入变量 A、B、C 中 A、B 接选择器的地址端 A_1、A_0，由表 3-14 可得：

$D_0=0$，　$D_1=D_2=C$，　$D_3=1$

则 4 选 1 数据选择器的输出，便实现了函数 $F=\overline{A}BC+A\overline{B}C+AB\overline{C}+ABC$，接线图如图 3-21 所示。

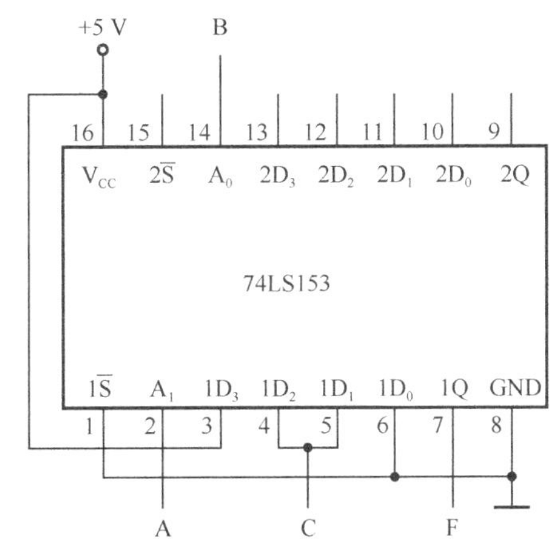

图 3-21　用 4 选 1 数据选择器实现 $F=\overline{A}BC+A\overline{B}C+AB\overline{C}+ABC$

当函数输入变量大于数据选择器地址端（A）时，可能随着选用函数输入变量作地址的方案不同，而使其设计结果不同，需对几种方案比较，以获得最佳方案。

3.4.3 实验设备与器件

（1）+5 V 直流电源；
（2）逻辑电平开关；
（3）逻辑电平显示器；
（4）74LS151（或 CC4512），74LS153（或 CC4539）。

3.4.4 实验内容

1. 测试数据选择器 74LS151 的逻辑功能

接图 3-22 所示接线，地址端 A_2、A_1、A_0、数据端 D_0～D_7、使能端 $\overline{S}$ 接逻辑开关，输出端 Q 接逻辑电平显示器，按 74LS151 功能表逐项进行测试，记录测试结果。

2. 测试 74LS153 的逻辑功能

测试方法及步骤同上，记录之。

3. 用 8 选 1 数据选择器 74LS151 实现逻辑函数：$F=\overline{A}B+A\overline{B}$

（1）写出设计过程。

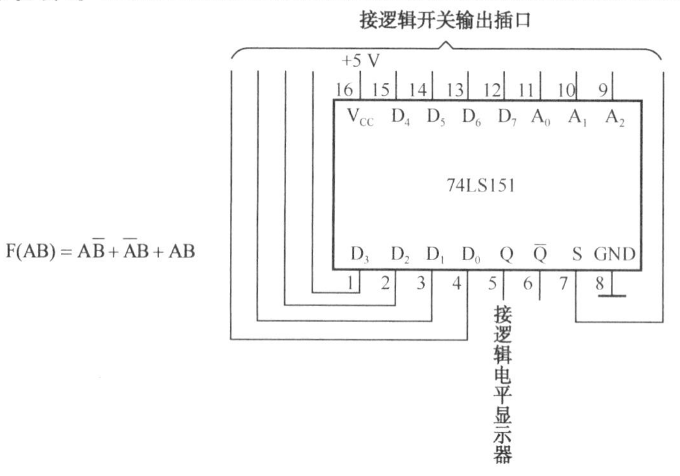

图 3-22　74LS151 逻辑功能测试

（2）画出接线图。

（3）验证逻辑功能。

4. 用 8 选 1 数据选择器 74LS151 设计三输入多数表决电路

（1）写出设计过程。

（2）画出接线图。

（3）验证逻辑功能。

3.4.5　实验报告

用数据选择器对实验内容进行设计，写出设计全过程，画出接线图，进行逻辑功能测试。总结实验收获、体会。

实验 3.5　触发器及其应用

3.5.1　实验目的

（1）掌握基本 RS、JK、D 和 T 触发器的逻辑功能。

（2）掌握集成触发器的逻辑功能及使用方法。

（3）熟悉触发器之间相互转换的方法。

3.5.2　实验原理

触发器具有两个稳定状态，用于表示逻辑状态“1”和“0”，在一定的外界信号作用下，可以从一个稳定状态翻转到另一个稳定状态，它是一个具有记忆功能的二进制信息存储器件，是构成各种时序电路的最基本逻辑单元。

1. 基本 RS 触发器

图 3-23 所示为由两个与非门交叉耦合构成的基本 RS 触发器，它是无时钟控制低电平直接触发的触发器。基本 RS 触发器具有置“0”、置“1”和“保持”三种功能。通常称$\overline{S}$为置“1”端，因为$\overline{S}$=0（$\overline{R}$=1）时触发器被置“1”；$\overline{R}$为置“0”端，因为$\overline{R}$=0（$\overline{S}$=1）时触发器被置“0”，当$\overline{S}$=$\overline{R}$=1 时状态保持；$\overline{S}$=$\overline{R}$=0 时，触发器状态不定，应避免此种情况发生，表 3-15 所示为基本 RS 触发器的功能表。

基本 RS 触发器。也可以用两个或非门组成，此时为高电平触发有效。

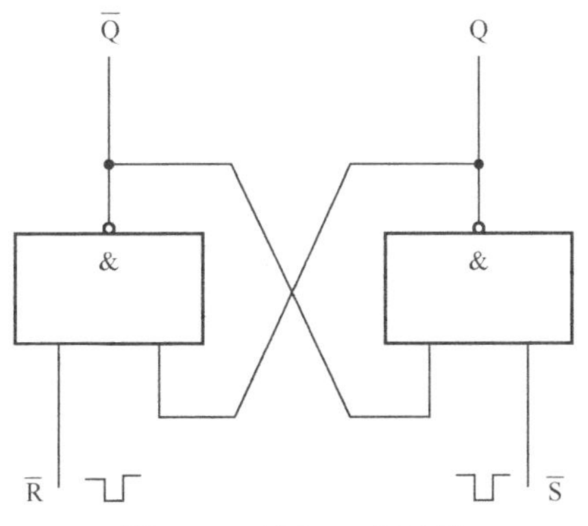

图 3-23　基本 RS 触发器

表 3-15　基本 RS 触发器功能表

输　入		输　出	
$\overline{S}$	$\overline{R}$	Q^{n+1}	$\overline{Q}^{n+1}$
0	1	1	0
1	0	0	1
1	1	Q^n	$\overline{Q}^n$
0	0	φ	φ

2. JK 触发器

在输入信号为双端的情况下，JK 触发器是功能完善、使用灵活和通用性较强的一种触发器。本实验采用 74LS112 双 JK 触发器，是下降边沿触发的边沿触发器。引脚功能及逻辑符号如图 3-24 所示。

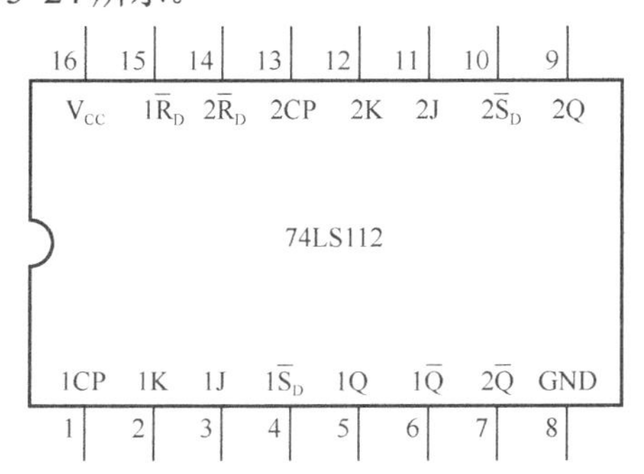

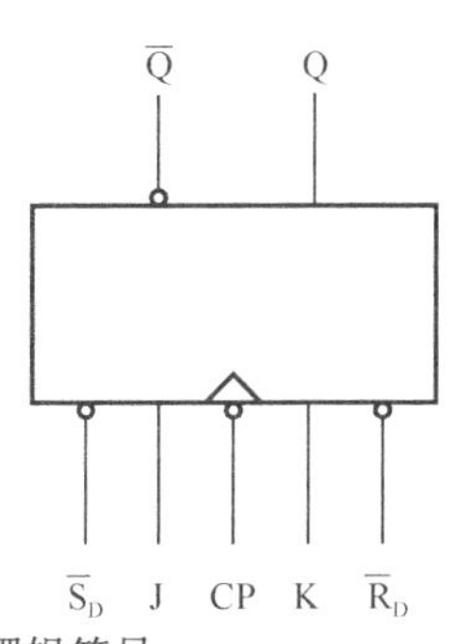

图 3-24　74LS112 双 JK 触发器引脚排列及逻辑符号

JK 触发器的状态方程为：

$$Q^{n+1}=J\overline{Q}^n+\overline{K}Q^n$$

J 和 K 是数据输入端，是触发器状态更新的依据，当 J、K 有两个或两个以上输入端时，组成“与”的关系。Q 与 $\overline{Q}$ 为两个互补输出端。通常把 Q=0，$\overline{Q}$=1 的状态定为触发器“0”状态；而把 Q=1，$\overline{Q}$=0 定为“1”状态。

下降沿触发 JK 触发器的功能见表 3-16。

表 3-16　下降沿触发 JK 触发器功能表

输入					输出	
$\overline{S}_D$	$\overline{R}_D$	CP	J	K	Q^{n+1}	$\overline{Q}^{n+1}$
0	1	×	×	×	1	0
1	0	×	×	×	0	1
0	0	×	×	×	φ	φ
1	1	↓	0	0	Q^n	$\overline{Q}^n$
1	1	↓	1	0	1	0
1	1	↓	0	1	0	1
1	1	↓	1	1	$\overline{Q}^n$	Q^n
1	1	↑	×	×	Q^n	$\overline{Q}^n$

注意：×为任意态；↓为高到低电平跳变；↑为低到高电平跳变；Q^n（$\overline{Q}^n$）为现态；Q^{n+1}（$\overline{Q}^{n+1}$）为次态；φ 为不定态。

JK 触发器常被用作缓冲存储器、移位寄存器和计数器。

3. D 触发器

在输入信号为单端的情况下，D 触发器用起来最为方便，其状态方程为 $Q^{n+1}=D^n$，其输出状态的更新发生在 CP 脉冲的上升沿，故又称为上升沿触发的边沿触发器，触发器的状态只取决于时钟到来前 D 端的状态。D 触发器的应用很广，可用作数字信号的寄存、移位寄存、分频和波形发生等，有很多种型号可供各种用途的需要而选用，如双 D 74LS74、四 D 74LS175、六 D 74LS174 等。

图 3-25 所示为双 D 74LS74 的引脚排列及逻辑符号，功能见表 3-17。

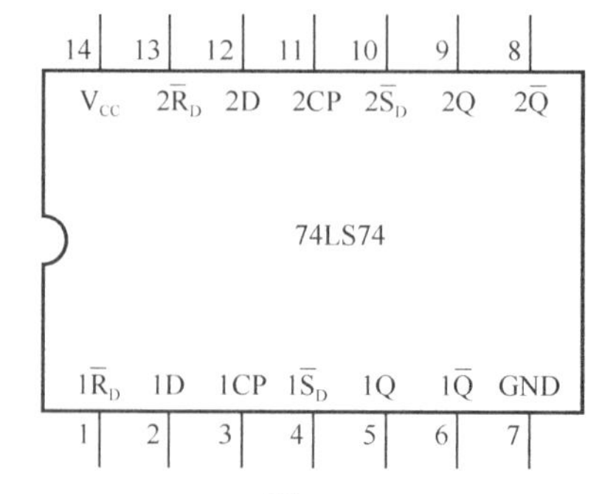

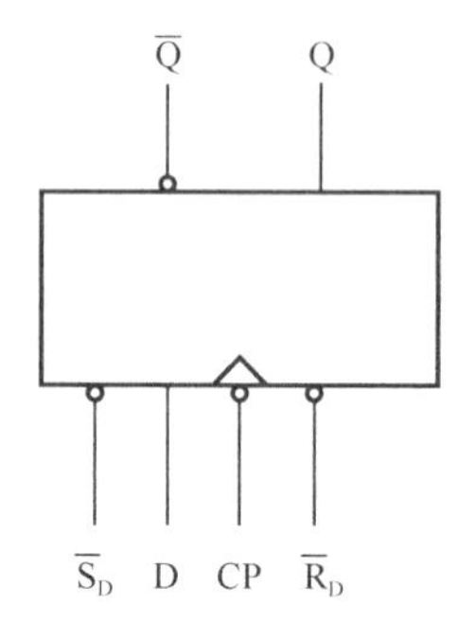

图 3-25　双 D74LS74 引脚排列及逻辑符号

表 3-17　双 D74LS74 功能表

输　入				输　出	
$\overline{S}_D$	$\overline{R}_D$	CP	D	Q^{n+1}	$\overline{Q}^{n+1}$
0	1	×	×	1	0
1	0	×	×	0	1
0	0	×	×	φ	φ
1	1	↑	1	1	0
1	1	↑	0	0	1
1	1	↓	×	Q^n	$\overline{Q}^n$

表 3-18　T 触发器功能表

输　入				输　出
$\overline{S}_D$	$\overline{R}_D$	CP	T	Q^{n+1}
0	1	×	×	1
1	0	×	×	0
1	1	↓	0	Q^n
1	1	↓	1	$\overline{Q}^n$

4. 触发器之间的相互转换

在集成触发器的产品中，每一种触发器都有自己固定的逻辑功能，但可以利用转换的方法获得具有其他功能的触发器。例如，将 JK 触发器的 J、k 两端连在一起，并认它为 T 端，就得到所需的 T 触发器，如图 3-26（a）所示，其状态方程为 $Q^{n+1}=T\overline{Q}^n+\overline{T}Q^n$。

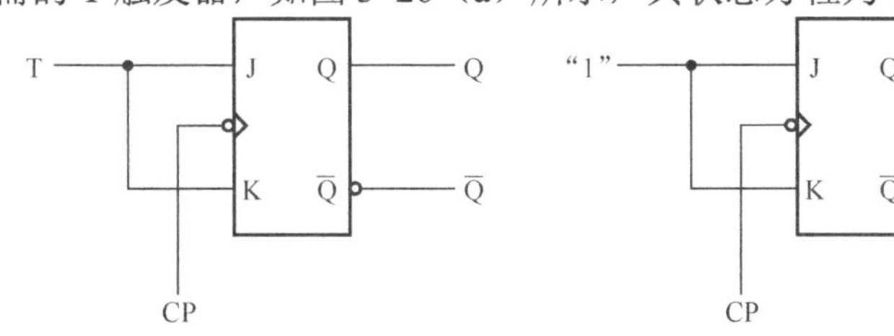

（a）T触发器　　（b）T′触发器

图 3-26　JK 触发器转换为 T、T′ 触发器

T 触发器的功能见表 3-18。

由功能表可见，当 T=0 时，时钟脉冲作用后，其状态保持不变；当 T=1 时，时钟脉冲作用后，触发器状态翻转。所以，若将 T 触发器的 T 端置"1"，如图 3-26（b）所示，即得 T′ 触发器。在 T′ 触发器的 CP 端每来一个 CP 脉冲信号，触发器的状态就翻转一次，故称为反转触发器，它广泛用于计数电路中。

同样，若将 D 触发器 $\overline{Q}$ 端与 D 端相连，便转换成 T′ 触发器。如图 3-27 所示。

JK 触发器也可转换为 D 触发器，如图 3-28 所示。

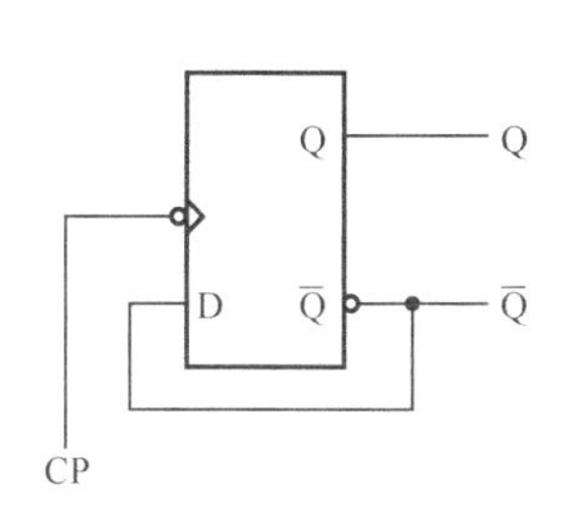

图 3-27　D 转成 T′

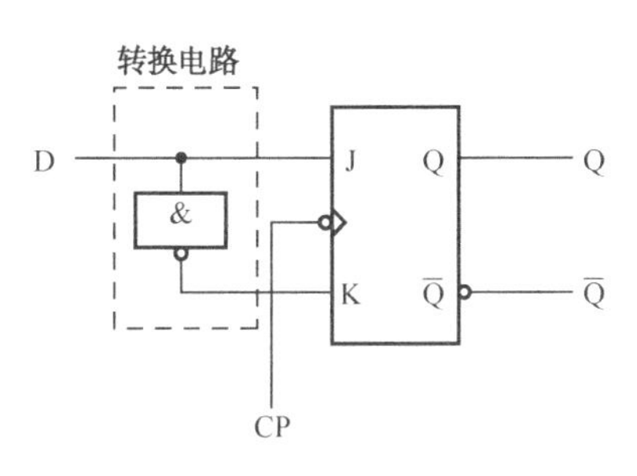

图 3-28　JK 转成 D

5. CMOS 触发器

（1）CMOS 边沿型 D 触发器。CC4013 是由 CMOS 传输门构成的边沿型 D 触发器。它是上升沿触发的双 D 触发器，表 3-19 为其功能表，图 3-29 所示为其引脚排列。

表 3-19　CC4013 功能表

输　入				输　出
S	R	CP	D	Q^{n+1}
1	0	×	×	1
0	1	×	×	0
1	1	×	×	φ
0	0	↑	1	1
0	0	↑	0	0
0	0	↓	×	Q^n

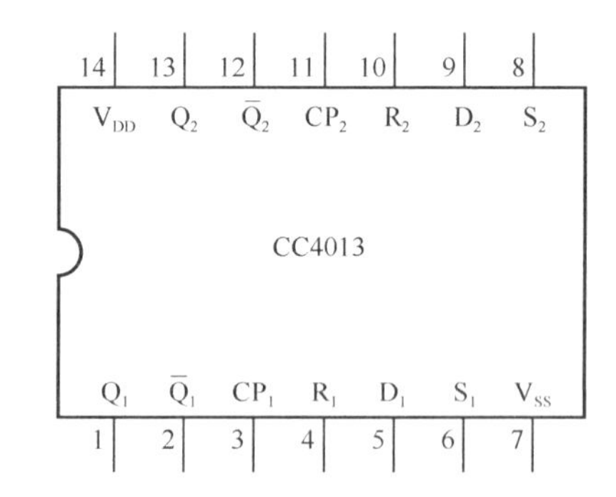

图 3-29　双上升沿 D 触发器 CC4013

（2）CMOS 边沿型 JK 触发器。CC4027 是由 CMOS 传输门构成的边沿型 JK 触发器，它是上升沿触发的双 JK 触发器，表 3-20 为其功能表，图 3-30 所示为其引脚排列。

表 3-20　CC4027 功能表

输　入					输　出
S	R	CP	J	K	Q^{n+1}
1	0	×	×	×	1
0	1	×	×	×	0
1	1	×	×	×	φ
0	0	↑	0	0	Q^n
0	0	↑	1	0	1
0	0	↑	0	1	0
0	0	↑	1	1	$\overline{Q}^n$
0	0	↓	×	×	Q^n

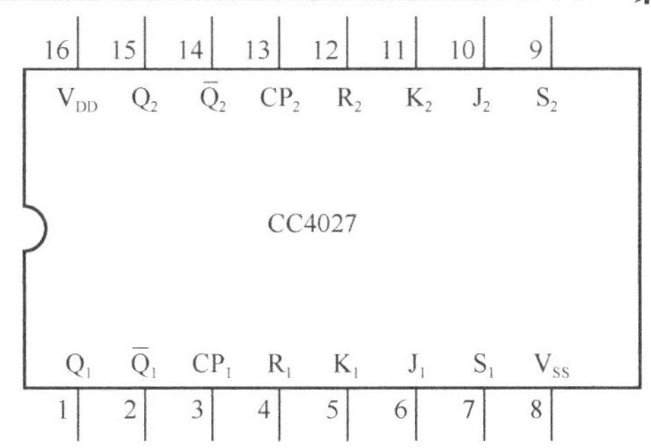

图 3-30　双上升沿 JK 触发器 CC4427

CMOS 触发器的直接置位、复位输入端 S 和 R 是高电平有效，当 S=1（或 R=1）时，触发器将不受其他输入端所处状态的影响，使触发器直接置“1”（或置“0”）。但直接置位、复位输入端 S 和 R 必须遵守 RS=0 的约束条件。CMOS 触发器在按逻辑功能工作时，S 和 R 必须均置“0”。

3.5.3　实验设备与器件

（1）+5 V 直流电源；
（2）双踪示波器；
（3）连续脉冲源；
（4）单次脉冲源；
（5）逻辑电平开关；
（6）逻辑电平显示器；
（7）74LS112（或 CC4027），74LS00（或 CC4011），74LS74（或 CC4013）。

3.5.4　实验内容

1. 测试基本 RS 触发器的逻辑功能

按图 3-23 所示，用两个与非门组成基本 RS 触发器，输入端 $\overline{R}$ 、$\overline{S}$ 接逻辑开关的输出插口，输出端 Q、$\overline{Q}$ 接逻辑电平显示输入插口，按表 3-21 要求测试，记录测量结果。

表 3-21　测试基本 RS 触发器逻辑功能

$\overline{R}$	$\overline{S}$	Q	$\overline{Q}$
1	1→0		
	0→1		
1→0	1		
0→1			
0	0		

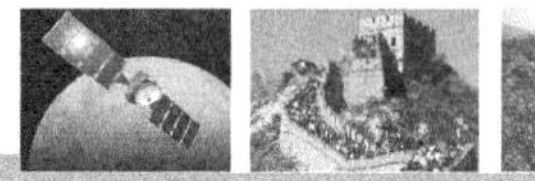

2. 测试双 JK 触发器 74LS112 逻辑功能

（1）测试$\overline{R}_D$、$\overline{S}_D$的复位、置位功能。任取一只 JK 触发器，$\overline{R}_D$、$\overline{S}_D$、J、K 端接逻辑开关输出插口，CP 端接单次脉冲源，Q、$\overline{Q}$端接至逻辑电平显示输入插口。要求改变$\overline{R}_D$，$\overline{S}_D$（J、K、CP 处于任意状态），并在$\overline{R}_D$=0（$\overline{S}_D$=1）或$\overline{S}_D$=0（$\overline{R}_D$=1）作用期间任意改变 J、K 及 CP 的状态，观察 Q、$\overline{Q}$状态。自拟表格并记录之。

（2）测试 JK 触发器的逻辑功能。按表 3-22 的要求改变 J、K、CP 端状态，观察 Q、$\overline{Q}$状态变化，观察触发器状态更新是否发生在 CP 脉冲的下降沿（即 CP 由 1→0），记录之。

（3）将 JK 触发器的 J、K 端连在一起，构成 T 触发器。

在 CP 端输入 1 Hz 连续脉冲，观察 Q 端的变化。

在 CP 端输入 1 kHz 连续脉冲，用双踪示波器观察 CP、Q、$\overline{Q}$端波形，注意相位关系，描绘之。

表 3-22　测试 JK 触发器的逻辑功能

J	K	CP	Q^{n+1}	
			Q^n=0	Q^n=1
0	0	0→1		
		1→0		
0	1	0→1		
		1→0		
1	0	0→1		
		1→0		
1	1	0→1		
		1→0		

3. 测试双 D 触发器 74LS74 的逻辑功能

（1）测试$\overline{R}_D$、$\overline{S}_D$的复位、置位功能。测试方法同测试 74LS112 的实验内容，自拟表格记录。

（2）测试 D 触发器的逻辑功能。按表 3-23 要求进行测试，并观察触发器状态更新是否发生在 CP 脉冲的上升沿（即由 0→1），记录之。

表 3-23　测试 D 触发器的逻辑功能

D	CP	Q^{n+1}	
		Q^n=0	Q^n=1
0	0→1		
	1→0		
1	0→1		
	1→0		

（3）将 D 触发器的 $\overline{Q}$ 端与 D 端相连接，构成 T′ 触发器。测试方法同测试 74LS112 的实验内容，记录之。

4. 双相时钟脉冲电路

用 JK 触发器及与非门构成的双相时钟脉冲电路如图 3-31 所示，此电路用于将时钟脉冲 CP 转换成两相时钟脉冲 CP_A 及 CP_B，其频率相同，相位不同。

分析电路工作原理，并按图 3-31 所示电路接线，用双踪示波器同时观察 CP、CP_A，CP、CP_B 及 CP_A、CP_B 波形，并描绘之。

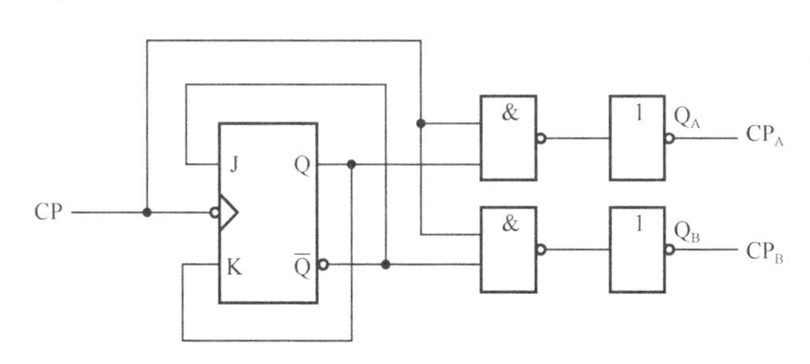

图 3-31　双相时钟脉冲电路

3.5.5　实验报告

（1）列表整理各类触发器的逻辑功能。

（2）总结观察到的波形，说明触发器的触发方式。

（3）体会触发器的应用。

（4）利用普通的机械开关组成的数据开关所产生的信号是否可作为触发器的时钟脉冲信号？为什么？是否可以用作触发器的其他输入端的信号？又是为什么？

实验 3.6　计数器及其应用

3.6.1　实验目的

（1）学习用集成触发器构成计数器的方法。

（2）掌握中规模集成计数器的使用及功能测试方法。

（3）运用集成计数计构成 1/*N* 分频器。

3.6.2　实验原理

计数器是一个用于实现计数功能的时序部件，它不仅可用来计量脉冲数，还常用作数字系统的定时、分频和执行数字运算，以及其他特定的逻辑功能。

计数器种类很多，按构成计数器中的各触发器是否使用一个时钟脉冲源来分，有同步计数器和异步计数器；根据计数制的不同，分为二进制计数器、十进制计数器和任意进制

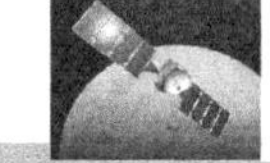

计数器；根据计数的增减趋势，又分为加法、减法和可逆计数器；还有可预置数和可编程序功能计数器，等等。目前，无论是 TTL 还是 CMOS 集成电路，都有品种较齐全的中规模集成计数器。使用者只要借助器件手册提供的功能表、工作波形图及引出端的排列，就能正确地运用这些器件。

1. 用 D 触发器构成异步二进制加/减计数器

图 3-32 所示是用 4 只 D 触发器构成的 4 位二进制异步加法计数器，它的连接特点是将每只 D 触发器接成 T′ 触发器，再由低位触发器的 $\overline{Q}$ 端和高一位的 CP 端相连接。

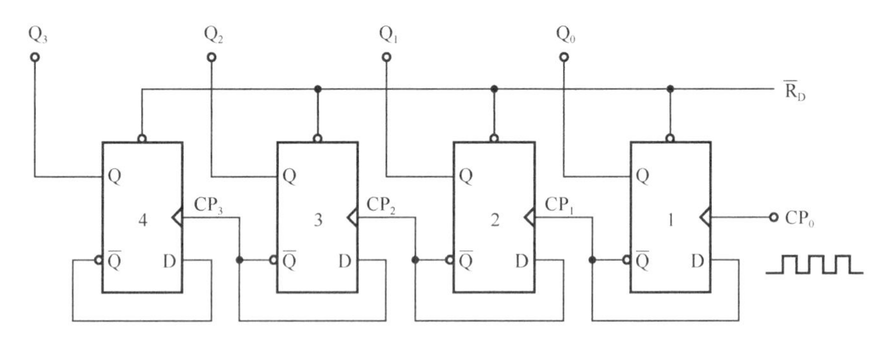

图 3-32　4 位二进制异步加法计数器

若将图 3-32 稍加改动，即将低位触发器的 Q 端与高一位的 CP 端相连接，即构成了一个 4 位二进制减法计数器。

2. 中规模十进制计数器

CC40192 是同步十进制可逆计数器，具有双时钟输入，并具有清除和置数等功能，其引脚排列及逻辑符号如图 3-33 所示。

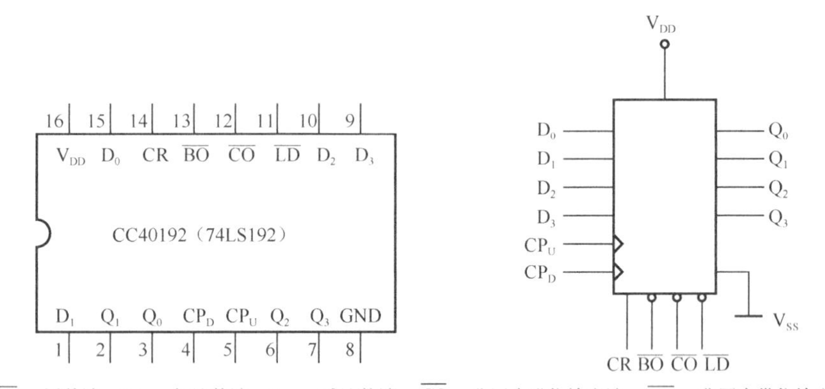

$\overline{LD}$ —置数端；CP_U—加计数端；CP_D—减计数端；$\overline{CO}$—非同步进位输出端；$\overline{BO}$—非同步借位输出端；

D_0、D_1、D_2、D_3—计数器输入端；Q_0、Q_1、Q_2、Q_3—数据输出端；CR—清除端

图 3-33　CC40192 引脚排列及逻辑符号

CC40192（同 74LS192，二者可互换使用）的功能见表 3-24，说明如下。

表 3-24　CC40192 的功能表

输入								输出			
CR	$\overline{LD}$	CP_U	CP_D	D_3	D_2	D_1	D_0	Q_3	Q_2	Q_1	Q_0
1	×	×	×	×	×	×	×	0	0	0	0
0	0	×	×	d	c	b	a	d	c	b	a
0	1	↑	1	×	×	×	×	加计数			
0	1	1	↑	×	×	×	×	减计数			

当清除端 CR 为高电平“1”时，计数器直接清零；CR 置低电平则执行其他功能。

当 CR 为低电平，置数端 $\overline{LD}$ 也为低电平时，数据直接从置数端 D_0、D_1、D_2、D_3 置入计数器。

当 CR 为低电平，$\overline{LD}$ 为高电平时，执行计数功能。执行加计数时，减计数端 CP_D 接高电平，计数脉冲由 CP_U 输入；在计数脉冲上升沿进行 8421 码十进制加法计数。执行减计数时，加计数端 CP_U 接高电平，计数脉冲由减计数端 CP_D 输入，表 3-25 所示为 8421 码十进制加、减计数器的状态转换表。

表 3-25　8421 码十进制加、减计数器的状态转换表

加计数 →

输入脉冲数		0	1	2	3	4	5	6	7	8	9
输出	Q_3	0	0	0	0	0	0	0	0	1	1
	Q_2	0	0	0	0	1	1	1	1	0	0
	Q_1	0	0	1	1	0	0	1	1	0	0
	Q_0	0	1	0	1	0	1	0	1	0	1

← 减计数

3. 计数器的级联使用

一个十进制计数器只能表示 0～9 十个数，为了扩大计数器范围，常用多个十进制计数器级联使用。

同步计数器往往设有进位（或借位）输出端，故可选用其进位（或借位）输出信号驱动下一级计数器。

图 3-34 所示是由 CC40192 利用进位输出 $\overline{CO}$ 控制高一位的 CP_U 端构成的加数级联电路。

4. 实现任意进制计数

1）用复位法获得任意进制计数器

假定已有 N 进制计数器，而需要得到一个 M 进制计数器时，只要 $M<N$，用复位法使计

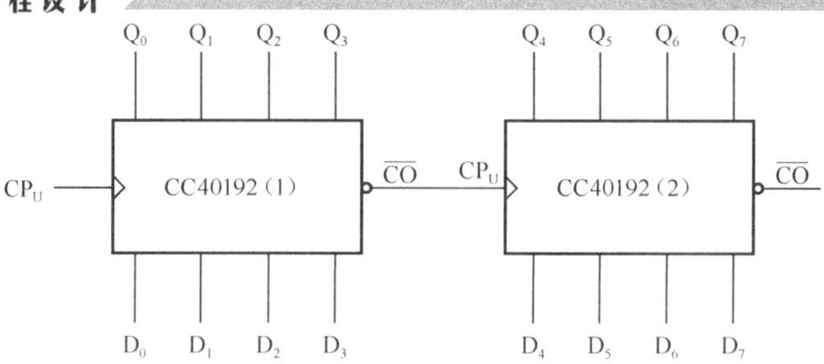

图 3-34　CC40192 级联电路

数器计数到 M 时置“0”，即获得 M 进制计数器。如图 3-35 所示为一个由 CC40192 十进制计数器接成的六进制计数器。

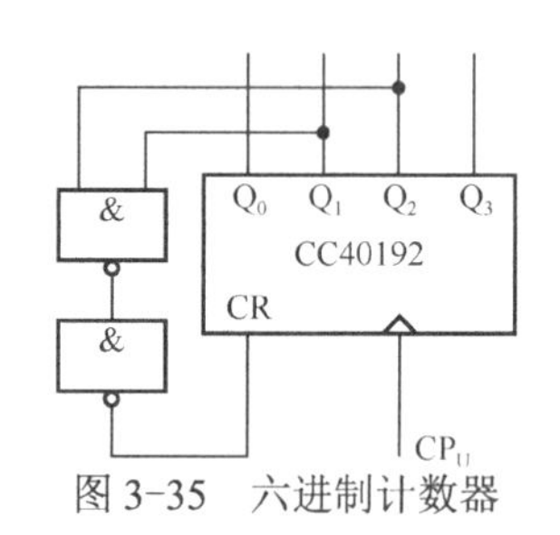

图 3-35　六进制计数器

2）利用预置功能获 M 进制计数器

图 3-36 所示为用 3 个 CC40192 组成的 421 进制计数器。

外加的由与非门构成的锁存器可以克服器件计数速度的离散性，保证在反馈置“0”信号作用下计数器可靠置“0”。

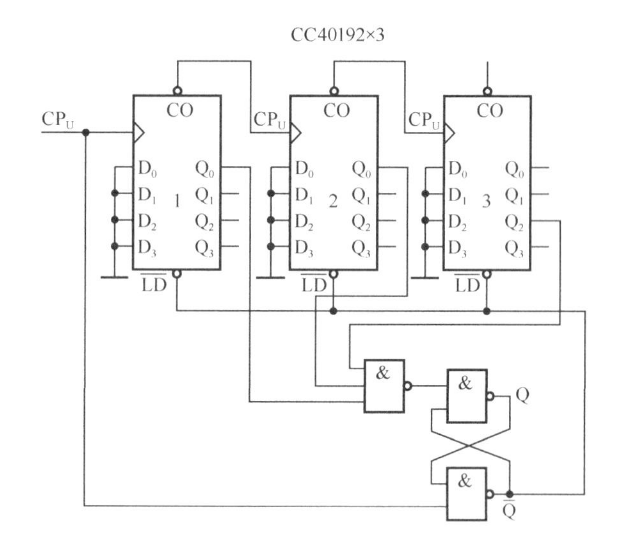

图 3-36　421 进制计数器

图 3-37 所示是一个特殊十二进制的计数器电路方案。在数字钟里，对时位的计数序列是 1、2、⋯、11、12，1、⋯是十二进制的，且无 0 数。如图所示，当计数到 13 时，通过与非门产生一个复位信号，使 CC40192(2)〔时十位〕直接置成 0000，而 CC40192(1)，即时的个位直接置成 0001，从而实现了 1～12 计数。

3.6.3　实验设备与器件

（1）+5 V 直流电源；

（2）双踪示波器；

（3）连续脉冲源；

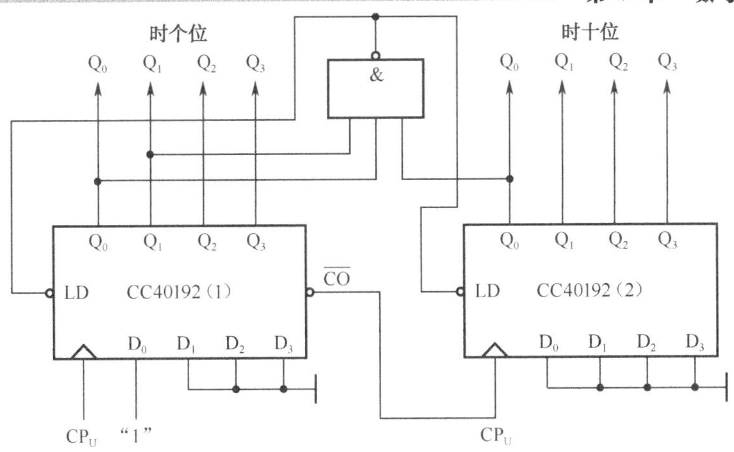

图 3-37　特殊 12 进制计数器

（4）单次脉冲源；

（5）逻辑电平开关；

（6）逻辑电平显示器；

（7）译码显示器；

（8）CC4013×2（74LS74），CC40192×3（74LS192），CC4011（74LS00），CC4012（74LS20）。

3.6.4　实验内容

（1）用 CC4013 或 74LS74 D 触发器构成 4 位二进制异步加法计数器。

① 按图 3-32 所示接线，$\overline{R}_D$ 接至逻辑开关输出插口，将低位 CP_0 端接单次脉冲源，输出端 Q_3、Q_2、Q_3、Q_0 接逻辑电平显示输入插口，各 $\overline{S}_D$ 接高电平“1”。

② 清零后，逐个送入单次脉冲，观察并列表记录 Q_3～Q_0 状态。

③ 将单次脉冲改为 1 Hz 的连续脉冲，观察 Q_3～Q_0 的状态。

④ 将 1 Hz 的连续脉冲改为 1 kHz，用双踪示波器观察 CP、Q_3、Q_2、Q_1、Q_0 端波形，描绘之。

⑤ 将图 3-32 所示电路中的低位触发器的 Q 端与高一位的 CP 端相连接，构成减法计数器，按前述实验内容进行实验，观察并列表记录 Q_3～Q_0 的状态。

（2）测试 CC40192 或 74LS192 同步十进制可逆计数器的逻辑功能。

计数脉冲由单次脉冲源提供，清除端 CR、置数端 $\overline{LD}$ 及数据输入端 D_3、D_2、D_1、D_0 分别接逻辑开关，输出端 Q_3、Q_2、Q_1、Q_0 接实验设备的一个译码显示输入相应插口 A、B、C、D；$\overline{CO}$ 和 $\overline{BO}$ 接逻辑电平显示插口。按表 3-24 逐项测试并判断该集成块的功能是否正常。

① 清除。令 CR=1，其他输入为任意态，这时 $Q_3Q_2Q_1Q_0$=0000，译码数字显示为 0。清除功能完成后，置 CR=0。

② 置数。CR=0，CP_U、CP_D 任意，数据输入端输入任意一组二进制数，令 $\overline{LD}$=0，观察计数译码显示输出，预置功能是否完成，此后置 $\overline{LD}$=1。

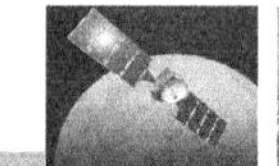

③ 加计数。CR=0，$\overline{LD}$=CP_D=1，CP_U 接单次脉冲源。清零后送入 10 个单次脉冲，观察译码数字显示是否按 8421 码十进制状态转换表进行；输出状态变化是否发生在 CP_U 的上升沿。

④ 减计数。CR=0，$\overline{LD}$=CP_U=1，CP_D 接单次脉冲源。参照步骤③进行实验。

（3）按图 3-34 所示，用两片 CC40192 组成两位十进制加法计数器，输入 1Hz 连续计数脉冲，进行由 00—99 累加计数，记录之。

（4）按图 3-35 所示电路进行实验，记录之。

（5）按图 3-37 所示进行实验，记录之。

3.6.5 实验报告

（1）画出实验线路图，记录、整理实验现象及实验所得的有关波形。对实验结果进行分析。

（2）总结使用集成计数器的体会。

实验 3.7 移位寄存器及其应用

3.7.1 实验目的

（1）掌握中规模 4 位双向移位寄存器逻辑功能及使用方法。

（2）熟悉移位寄存器的应用——实现数据的串行、并行转换和构成环形计数器。

3.7.2 实验原理

1. 移位寄存器的功能

移位寄存器是一个具有移位功能的寄存器，是指寄存器中所存的代码能够在移位脉冲的作用下依次左移或右移。既能左移又能右移的称为双向移位寄存器，只需要改变左、右移的控制信号便可实现双向移位要求。根据移位寄存器存取信息的方式不同，可将其分为串入串出、串入并出、并入串出、并入并出四种形式。

本实验选用的 4 位双向通用移位寄存器，型号为 CC40194 或 74LS194，两者功能相同，可互换使用，其逻辑符号及引脚排列如图 3-38 所示。

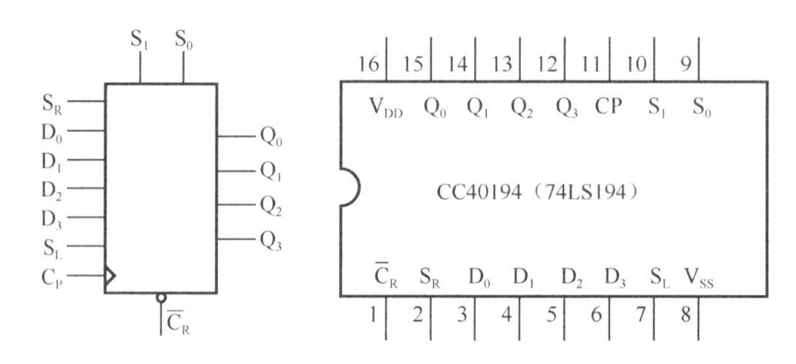

图 3-38　CC40194 的逻辑符号及引脚功能

其中，D_0、D_1 、D_2 、D_3 为并行输入端；Q_0、Q_1、Q_2、Q_3 为并行输出端；S_R 为右移串行输入端，S_L 为左移串行输入端；S_1、S_0 为操作模式控制端；$\overline{C}_R$ 为直接无条件清零端；CP 为时钟脉冲输入端。

CC40194 有 5 种不同操作模式，即并行送数寄存、右移（方向由 $Q_0 \to Q_3$）、左移（方向由 $Q_3 \to Q_0$）、保持及清零。

S_1、S_0 和 $\overline{C}_R$ 端的控制作用见表 3-26。

表 3-26　CC40194 功能表

功能	输　入										输　出			
	CP	$\overline{C}_R$	S_1	S_0	S_R	S_L	D_0	D_1	D_2	D_3	Q_0	Q_1	Q_2	Q_3
清除	×	0	×	×	×	×	×	×	×	×	0	0	0	0
送数	↑	1	1	1	×	×	a	b	c	d	a	b	c	d
右移	↑	1	0	1	D_{SR}	×	×	×	×	×	D_{SR}	Q_0	Q_1	Q_2
左移	↑	1	1	0	×	D_{SL}	×	×	×	×	Q_1	Q_2	Q_3	D_{SL}
保持	↑	1	0	0	×	×	×	×	×	×	Q_0^n	Q_1^n	Q_2^n	Q_3^n
保持	↓	1	×	×	×	×	×	×	×	×	Q_0^n	Q_1^n	Q_2^n	Q_3^n

2. 移位寄存器的应用

移位寄存器应用很广，可构成移位寄存器型计数器、顺序脉冲发生器、串行累加器，可用作数据转换，即把串行数据转换为并行数据，或把并行数据转换为串行数据等。本实验研究移位寄存器用作环形计数器和数据的串、并行转换。

1）环形计数器

把移位寄存器的输出反馈到它的串行输入端，就可以进行循环移位，

如图 3-39 所示，把输出端 Q_3 和右移串行输入端 S_R 相连接，设初始状态 $Q_0Q_1Q_2Q_3$=1000，则在时钟脉冲作用下 $Q_0Q_1Q_2Q_3$ 将依次变为 0100→0010→0001→1000→……如表 3-27 所示，可见它是一个具有四个有效状态的计数器，这种类型的计数器通常称为环形计数器。图 3-39 所示电路可以由各个输出端输出在时间上有先后顺序的脉冲，因此也可作为顺序脉冲发生器。

表 3-27　环形计数器功能表

CP	Q_0	Q_1	Q_2	Q_3
0	1	0	0	0
1	0	1	0	0
2	0	0	1	0
3	0	0	0	1

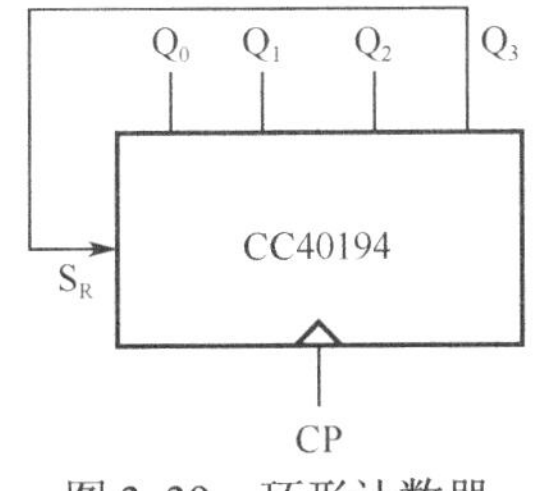

图 3-39　环形计数器

如果将输出 Q_0 与左移串行输入端 S_L 相连接，即可达左移循环移位。

2）实现数据串、并行转换

（1）串行/并行转换器

串行/并行转换是指串行输入的数码，经转换电路之后变换成并行输出。图 3-40 所示是用两片 CC40194（74LS194）4 位双向移位寄存器组成的 7 位串/并行数据转换电路。

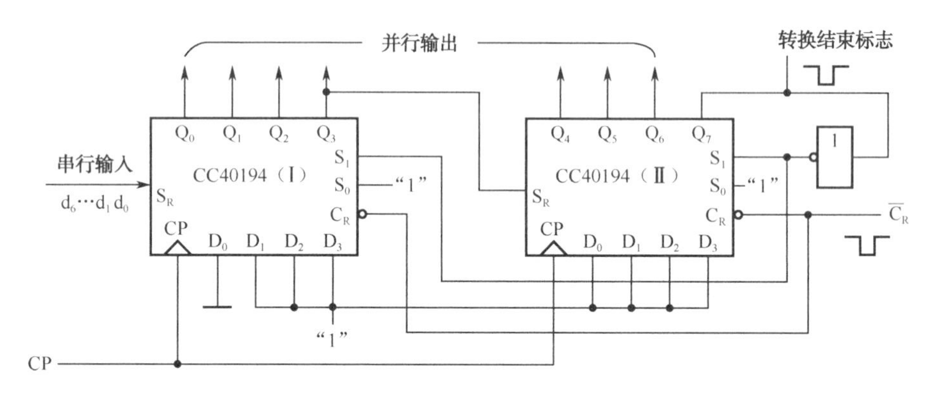

图 3-40　7 位串行/并行转换器

电路中 S_0 端接高电平 1，S_1 受 Q_7 控制，两片寄存器连接成串行输入右移工作模式。Q_7 是转换结束标志。当 Q_7=1 时，S_1 为 0，使之成为 S_1S_0=01 的串入右移工作方式，当 Q_7=0 时，S_1=1，有 S_1S_0=10，则串行送数结束，标志着串行输入的数据已转换成并行输出了。

串行/并行转换的具体过程如下。

转换前，$\overline{C}_R$ 端加低电平，使 1、2 两片寄存器的内容清零，此时 S_1S_0=11，寄存器执行并行输入工作方式。当第一个 CP 脉冲到来后，寄存器的输出状态 Q_0～Q_7 为 01111111，与此同时 S_1S_0 变为 01，转换电路变为执行串入右移工作方式，串行输入数据由 1 片的 S_R 端加入。随着 CP 脉冲的依次加入，输出状态的变化可列成表 3-28 所示。

表 3-28　输出状态的变化

CP	Q_0	Q_1	Q_2	Q_3	Q_4	Q_5	Q_6	Q_7	说明
0	0	0	0	0	0	0	0	0	清零
1	0	1	1	1	1	1	1	1	送数
2	d_0	0	1	1	1	1	1	1	右移操作七次
3	d_1	d_0	0	1	1	1	1	1	
4	d_2	d_1	d_0	0	1	1	1	1	
5	d_3	d_2	d_1	d_0	0	1	1	1	
6	d_4	d_3	d_2	d_1	d_0	0	1	1	
7	d_5	d_4	d_3	d_2	d_1	d_0	0	1	
8	d_6	d_5	d_4	d_3	d_2	d_1	d_0	0	
9	0	1	1	1	1	1	1	1	送数

由表 3-28 可见，右移操作 7 次之后，Q_7 变为 0，S_1S_0 又变为 11，说明串行输入结束。这时，串行输入的数码已经转换成了并行输出了。

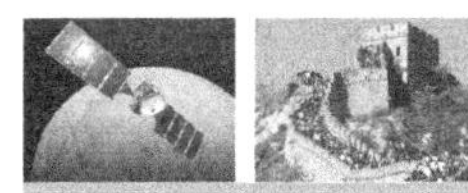

当再来一个 CP 脉冲时，电路又重新执行一次并行输入，为第二组串行数码转换做好了准备。

（2）并行/串行转换器

并行/串行转换器是指并行输入的数码经转换电路之后，换成串行输出。图 3-41 所示是用两片 CC40194（74LS194）组成的 7 位并行/串行转换电路，它比图 3-40 所示电路多了两只与非门 G_1 和 G_2，电路工作方式同样为右移。

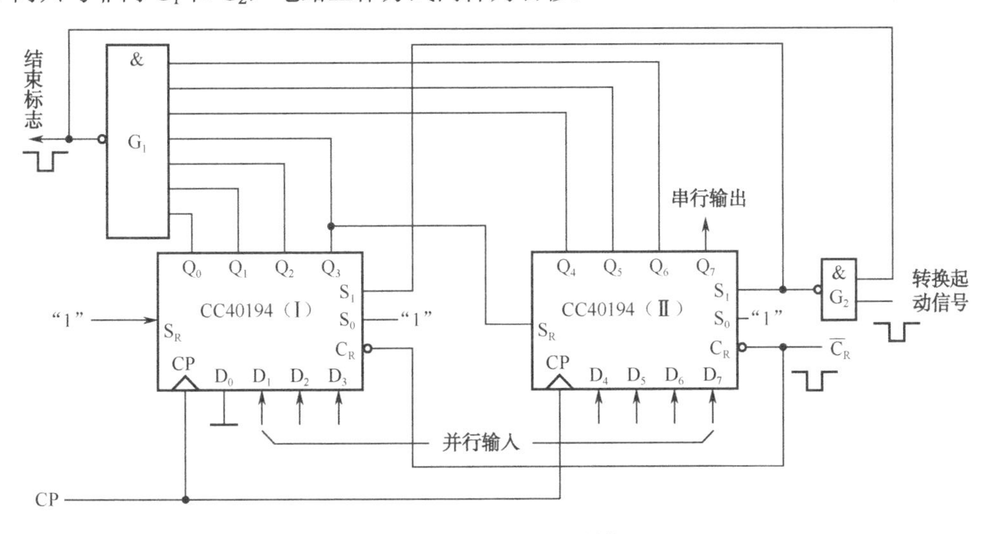

图 3-41　7 位并行/串行转换器

寄存器清零后，加一个转换启动信号（负脉冲或低电平）。此时，由于方式控制 S_1S_0 为 11，转换电路执行并行输入操作。当第一个 CP 脉冲到来后，$Q_0Q_1Q_2Q_3Q_4Q_5Q_6Q_7$ 的状态为 $0D_1D_2D_3D_4D_5D_6D_7$，并行输入数码存入寄存器。从而使得 G_1 输出为 1，G_2 输出为 0，结果，S_1S_2 变为 01，转换电路随着 CP 脉冲的加入，开始执行右移串行输出。随着 CP 脉冲的依次加入，输出状态依次右移，待右移操作 7 次后，Q_0～Q_6 的状态都为高电平 1，与非门 G_1 输出为低电平，G_2 门输出为高电平，S_1S_2 又变为 11，表示并/串行转换结束，且为第二次并行输入创造了条件。转换过程如表 3-29 所示。

表 3-29　转换过程

CP	Q_0	Q_1	Q_2	Q_3	Q_4	Q_5	Q_6	Q_7	串行输出						
0	0	0	0	0	0	0	0	0							
1	0	D_1	D_2	D_3	D_4	D_5	D_6	D_7							
2	1	0	D_1	D_2	D_3	D_4	D_5	D_6	D_7						
3	1	1	0	D_1	D_2	D_3	D_4	D_5	D_6	D_7					
4	1	1	1	0	D_1	D_2	D_3	D_4	D_5	D_6	D_7				
5	1	1	1	1	0	D_1	D_2	D_3	D_4	D_5	D_6	D_7			
6	1	1	1	1	1	0	D_1	D_2	D_3	D_4	D_5	D_6	D_7		
7	1	1	1	1	1	1	0	D_1	D_2	D_3	D_4	D_5	D_6	D_7	
8	1	1	1	1	1	1	1	0	D_1	D_2	D_3	D_4	D_5	D_6	D_7
9	0	D_1	D_2	D_3	D_4	D_5	D_6	D_7							

中规模集成移位寄存器，其位数往往以 4 位居多，当需要的位数多于 4 位时，可用几片移位寄存器以级连的方法扩展位数。

3.7.3 实验设备及器件

（1）+5 V 直流电源；
（2）单次脉冲源；
（3）逻辑电平开关；
（4）逻辑电平显示器；
（5）CC40194×2（74LS194），CC4011（74LS00），CC4068（74LS30）。

3.7.4 实验内容

1. 测试 CC40194（或 74LS194）的逻辑功能

按图 3-42 所示接线，$\overline{C}_R$、S_1、S_0、S_L、S_R、D_0、D_1、D_2、D_3 分别接至逻辑开关的输出插口；Q_0、Q_1、Q_2、Q_3 接至逻辑电平显示输入插口。CP 端接单次脉冲源。按表 3-30 所规定的输入状态，逐项进行测试。

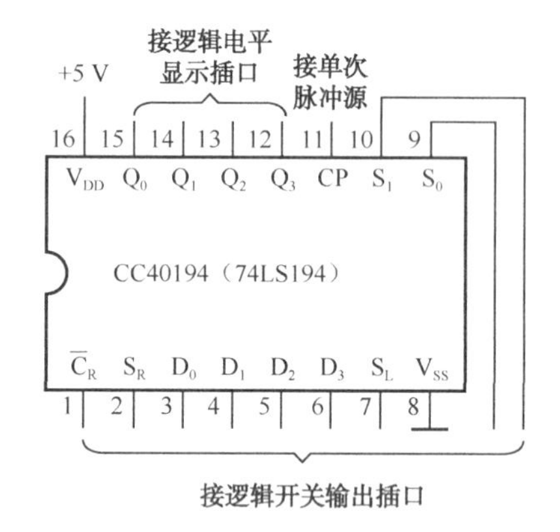

图 3-42 CC40194 逻辑功能测试

表 3-30 测试 CC40194 的逻辑功能

清除	模 式		时钟	串 行		输 入	输 出	功能总结
$\overline{C}_R$	S_1	S_0	CP	S_L	S_R	D_0 D_1 D_2 D_3	Q_0 Q_1 Q_2 Q_3	
0	×	×	×	×	×	××××		
1	1	1	↑	×	×	a b c d		
1	0	1	↑	×	0	××××		
1	0	1	↑	×	1	××××		
1	0	1	↑	×	0	××××		

续表

清除	模式		时钟	串行		输入	输出	功能总结
$\overline{C}_R$	S_1	S_0	CP	S_L	S_R	D_0 D_1 D_2 D_3	Q_0 Q_1 Q_2 Q_3	
1	0	1	↑	×	0	××××		
1	1	0	↑	1	×	××××		
1	1	0	↑	1	×	××××		
1	1	0	↑	1	×	××××		
1	1	0	↑	1	×	××××		
1	0	0	↑	×	×	××××		

（1）清除：令 $\overline{C}_R=0$，其他输入均为任意态，这时寄存器输出 Q_0、Q_1、Q_2、Q_3 应均为 0。清除后，置 $\overline{C}_R=1$ 。

（2）送数：令 $\overline{C}_R=S_1=S_0=1$ ，送入任意 4 位二进制数，如 $D_0D_1D_2D_3$=abcd，加 CP 脉冲，观察 CP=0、CP 由 0→1、CP 由 1→0 三种情况下寄存器输出状态的变化，观察寄存器输出状态变化是否发生在 CP 脉冲的上升沿。

（3）右移：清零后，令 $\overline{C}_R=1$，$S_1=0$，$S_0=1$，由右移输入端 S_R 送入二进制数码如 0100，由 CP 端连续加 4 个脉冲，观察输出情况，记录之。

（4）左移：先清零或预置，再令 $\overline{C}_R=1$，$S_1=1$，$S_0=0$，由左移输入端 S_L 送入二进制数码如 1111，连续加 4 个 CP 脉冲，观察输出端情况，记录之。

（5）保持：寄存器预置任意 4 位二进制数码 abcd，令 $\overline{C}_R=1$，$S_1=S_0=0$，加 CP 脉冲，观察寄存器输出状态，记录之。

2. 环形计数器

自拟实验线路用并行送数法预置寄存器为某二进制数码（如 0100），然后进行右移循环，观察寄存器输出端状态的变化，记入表 3-31 中。

表 3-31　测试环形计数器

CP	Q_0	Q_1	Q_2	Q_3
0	0	1	0	0
1				
2				
3				
4				

3. 实现数据的串、并行转换

1）串行输入，并行输出

按图 3-40 接线，进行右移串入、并出实验，串入数码自定；改接线路用左移方式实现

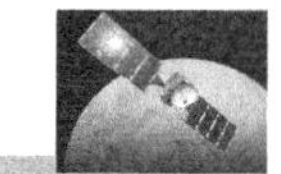

并行输出。自拟表格，记录之。

2）并行输入，串行输出

按图 3-41 所示接线，进行右移并入、串出实验，并入数码自定。再改接线路用左移方式实现串行输出。自拟表格，记录之。

3.7.5 实验报告

（1）分析表 3-29 的实验结果，总结移位寄存器 CC40194 的逻辑功能并写入表格功能总结一栏中。

（2）根据环形计数器实验内容的结果，画出 4 位环形计数器的状态转换图及波形图。

（3）分析串/并、并/串转换器所得结果的正确性。

实验 3.8 555 时基电路及其应用

3.8.1 实验目的

（1）熟悉 555 型集成时基电路结构、工作原理及其特点。

（2）掌握 555 型集成时基电路的基本应用。

3.8.2 实验原理

集成时基电路又称为集成定时器或 555 电路，是一种数字、模拟混合型的中规模集成电路，应用十分广泛。它是一种产生时间延迟和多种脉冲信号的电路，由于内部电压标准使用了三个 5 kΩ电阻，故取名 555 电路。其电路类型有双极型和 CMOS 型两大类，二者的结构与工作原理类似。几乎所有双极型产品型号最后的三位数码都是 555 或 556；所有 CMOS 产品型号最后四位数码都是 7555 或 7556，二者的逻辑功能和引脚排列完全相同，易于互换。555 和 7555 是单定时器，556 和 7556 是双定时器。双极型的电源电压 V_{CC}=+5 V～+15 V，输出的最大电流可达 200 mA，CMOS 型的电源电压为+3～+18 V。

1. 555 电路的工作原理

555 电路的内部电路方框图如图 3-43 所示。它含有两个电压比较器、一个基本 RS 触发器、一个放电开关管 T，比较器的参考电压由三只 5 kΩ 的电阻器构成的分压器提供。它们分别使高电平比较器 A_1 的同相输入端和低电平比较器 A_2 的反相输入端的参考电平为 $\frac{2}{3}V_{CC}$ 和 $\frac{1}{3}V_{CC}$。A_1 与 A_2 的输出端控制 RS 触发器状态和放电管开关状态。当输入信号自 6 引脚，即高电平触发输入并超过参考电平 $\frac{2}{3}V_{CC}$ 时，触发器复位，555 的输出端 3 引脚输出低电平，同时放电开关管导通；当输入信号自 2 引脚输入并低于 $\frac{1}{3}V_{CC}$ 时，触发器置位，555

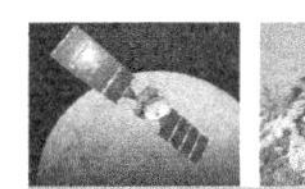

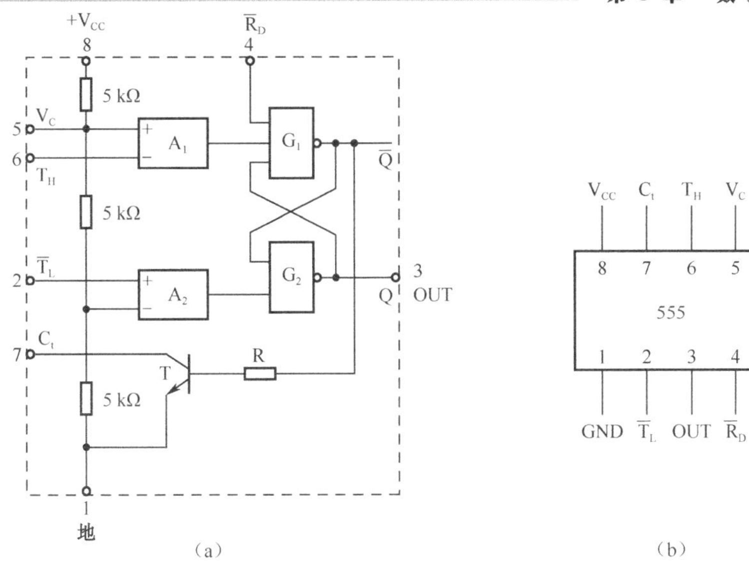

图 3-43　555 定时器内部框图及引脚排列

的 3 引脚输出高电平，同时放电开关管截止。

$\overline{R}_D$ 是复位端（4 引脚），当 $\overline{R}_D$=0，555 输出低电平。平时 $\overline{R}_D$ 端开路或接 V_{CC}。

V_C 是控制电压端（5 引脚），平时输出 $\frac{2}{3}V_{CC}$ 作为比较器 A_1 的参考电平，当 5 引脚外接一个输入电压，即改变了比较器的参考电平，从而实现对输出的另一种控制，在不接外加电压时，通常接一个 0.01 μF 的电容器到地，起滤波作用，以消除外来的干扰，确保参考电平的稳定。

T 为放电管，当 T 导通时，将给接于引脚 7 的电容器提供低阻放电通路。

555 定时器主要是与电阻、电容构成充放电电路，并由两个比较器来检测电容器上的电压，以确定输出电平的高低和放电开关管的通断。这就很方便地构成从几微秒到数十分钟的延时电路，可方便地构成单稳态触发器、多谐振荡器、施密特触发器等脉冲产生或波形变换电路。

2. 555 定时器的典型应用

1）构成单稳态触发器

图 3-44（a）所示为由 555 定时器和外接定时元件 *R*、*C* 构成的单稳态触发器。触发电路由 C_1、R_1、D 构成，其中 D 为钳位二极管。稳态时 555 电路输入端处于电源电平，内部放电开关管 T 导通，输出端 F 输出低电平。当有一个外部负脉冲触发信号经 C_1 加到 2 端，并使 2 端电位瞬时低于 $\frac{1}{3}V_{CC}$，低电平比较器动作，单稳态电路即开始一个暂态过程，电容 C 开始充电，V_C 按指数规律增长。当 V_C 充电到 $\frac{2}{3}V_{CC}$ 时，高电平比较器动作，比较器 A_1 翻转，输出 V_O 从高电平返回低电平，放电开关管 T 重新导通，电容 C 上的电荷很快经放电开关管放电，暂态结束，恢复稳态，为下个触发脉冲的来到作好准备。波形图如图 3-44（b）所示。

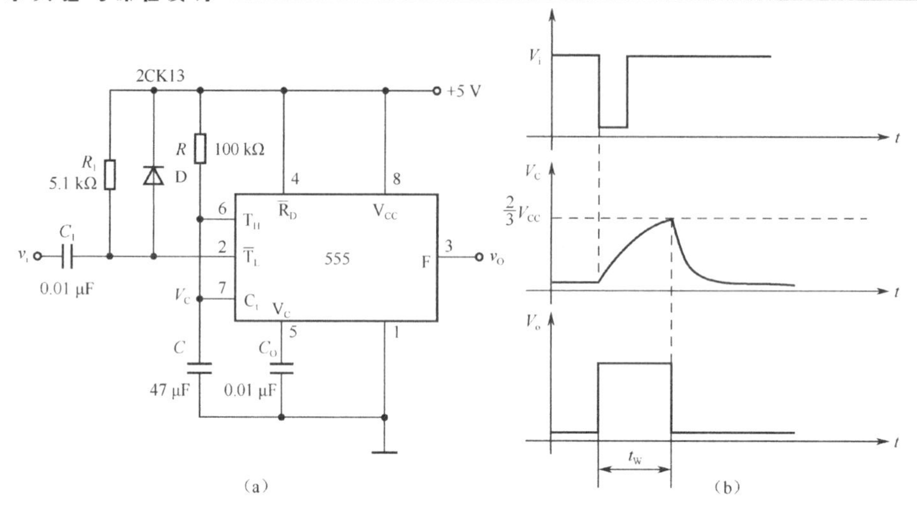

图 3-44　单稳态触发器

暂稳态的持续时间 t_W（即为延时时间）决定于外接元件 R、C 值的大小。

$$t_W = 1.1RC$$

通过改变 R、C 的大小，可使延时时间在几微秒到几十分钟之间变化。当这种单稳态电路作为计时器时，可直接驱动小型继电器，并可以使用复位端（4 脚）接地的方法来中止暂态，重新计时。此外尚须用一个续流二极管与继电器线圈并接，以防继电器线圈反电势损坏内部功率管。

2）构成多谐振荡器

如图 3-45（a）所示，由 555 定时器和外接元件 R_1、R_2、C 构成多谐振荡器，引脚 2 与引脚 6 直接相连。电路没有稳态，仅存在两个暂稳态，电路亦不需要外加触发信号，利用电源通过 R_1、R_2 向 C 充电，以及 C 通过 R_2 向放电端 C_t 放电，使电路产生振荡。电容 C 在 $\frac{1}{3}V_{CC}$ 和 $\frac{2}{3}V_{CC}$ 之间充电和放电，其波形如图 3-45（b）所示。输出信号的时间参数是：

$$T = t_{w1} + t_{w2}，\quad t_{w1} = 0.7(R_1 + R_2)C，\quad t_{w2} = 0.7R_2C$$

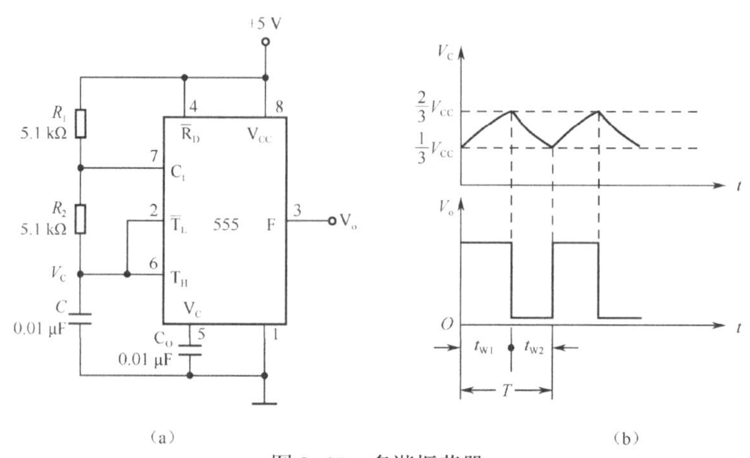

图 3-45　多谐振荡器

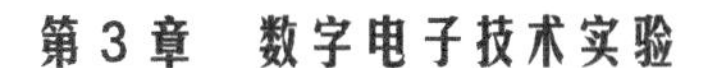

555 电路要求 R_1 与 R_2 均应大于或等于 1 kΩ ，但 R_1+R_2 应小于或等于 3.3 MΩ。

外部元件的稳定性决定了多谐振荡器的稳定性，555 定时器配以少量的元件即可获得较高精度的振荡频率和具有较强的功率输出能力，因此这种形式的多谐振荡器应用很广。

3）组成占空比可调的多谐振荡器

电路如图 3-46，它比图 3-45 所示电路增加了一个电位器和两个导引二极管。D_1、D_2 用来决定电容充、放电电流流经电阻的途径（充电时 D_1 导通，D_2 截止；放电时 D_2 导通，D_1 截止）。

占空比：$P=\dfrac{t_{w1}}{t_{w1}+t_{w2}}\approx\dfrac{0.7R_AC}{0.7C(R_A+R_B)}=\dfrac{R_A}{R_A+R_B}$。

可见，若取 $R_A=R_B$，电路即可输出占空比为 50%的方波信号。

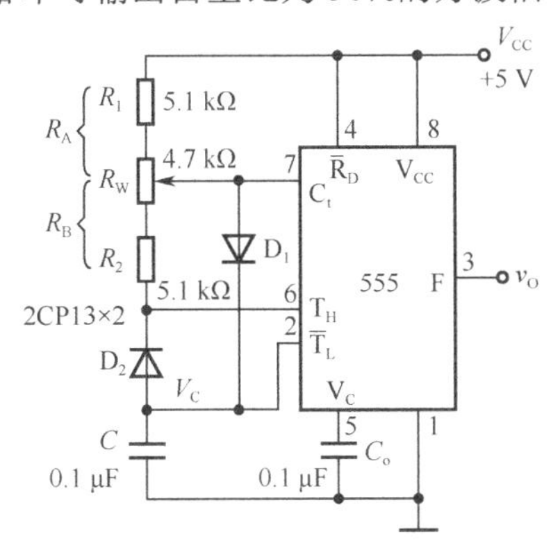

图 3-46　占空比可调的多谐振荡器

4）组成占空比连续可调并能调节振荡频率的多谐振荡器

电路如图 3-47 所示。对 C_1 充电时，充电电流通过 R_1、D_1、R_{W2} 和 R_{W1}；放电时通过 R_{W1}、R_{W2}、D_2、R_2。当 $R_1=R_2$，R_{W2} 调至中心点，因充放电时间基本相等，其占空比约为 50%，此时调节 R_{W1} 仅改变频率，占空比不变。如 R_{W2} 调至偏离中心点，再调节 R_{W1}，不仅振荡频率改变，而且对占空比也有影响。R_{W1} 不变，调节 R_{W2}，仅改变占空比，对频率无影响。因此，当接通电源后，应首先调节 R_{W1} 使频率至规定值，再调节 R_{W2}，以获得需要的占空比。若频率调节的范围比较大，还可以用波段开关改变 C_1 的值。

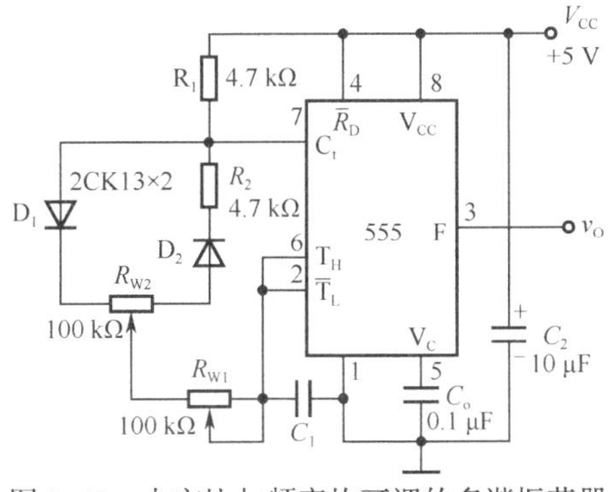

图 3-47　占空比与频率均可调的多谐振荡器

5）组成施密特触发器

电路如图 3-48 所示，只要将引脚 2、6 连在一起作为信号输入端，即得到施密特触发器。图 3-49 所示为 v_S、v_i 和 v_O 的波形图。

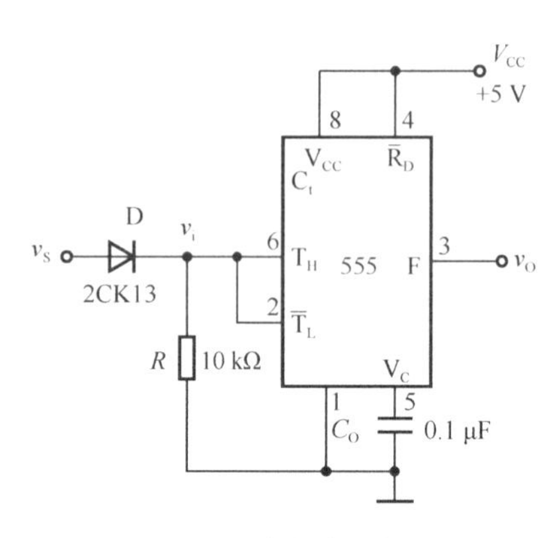

图 3-48　施密特触发器

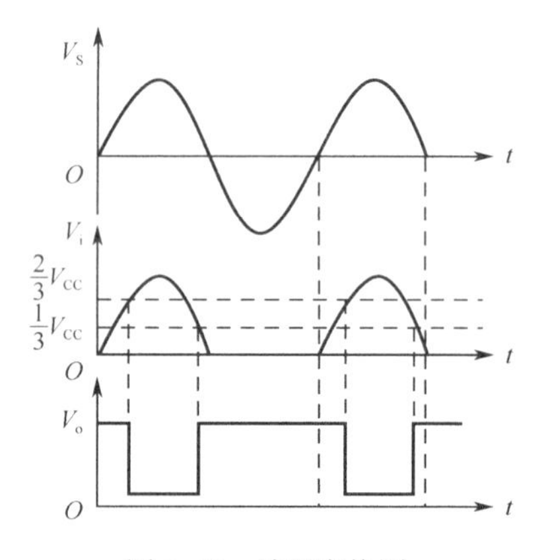

图 3-49　波形变换图

设被整形变换的电压为正弦波 v_s，其正半波通过二极管 D 同时加到 555 定时器的 2 引脚和 6 引脚，得 v_i 为半波整流波形。当 v_i 上升到 $\frac{2}{3}V_{CC}$ 时，v_O 从高电平翻转为低电平；当 v_i 下降到 $\frac{1}{3}V_{CC}$ 时，v_O 又从低电平翻转为高电平。电路的电压传输特性曲线如图 3-50 所示。

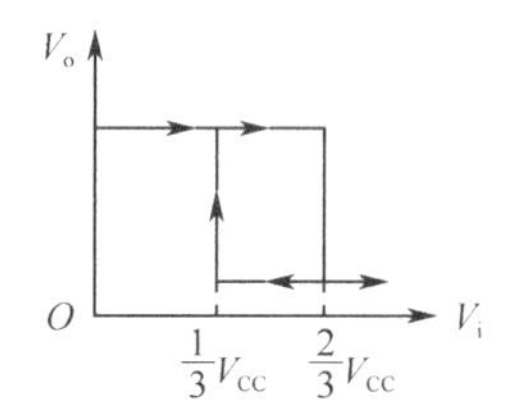

图 3-50　电压传输特性

回差电压：$\Delta V=\frac{2}{3}V_{CC}-\frac{1}{3}V_{CC}=\frac{1}{3}V_{CC}$。

3.8.3　实验设备与器件

（1）+5 V 直流电源；
（2）双踪示波器；
（3）连续脉冲源；
（4）单次脉冲源；
（5）音频信号源；
（6）数字频率计；
（7）逻辑电平显示器；
（8）555×2，2CK13×2，电位器、电阻、电容若干。

3.8.4　实验内容

1. 单稳态触发器

（1）按图 3-44 所示连线，取 R=100 kΩ，C=47 μF，输入信号 v_i 由单次脉冲源提供，用双踪示波器观测 v_i、v_C、v_O 波形。测定幅度与暂稳时间。

（2）将 R 改为 1 kΩ，C 改为 0.1 μF，输入端加 1 kHz 的连续脉冲，观测波形 v_i、v_C、v_O，测定幅度及暂稳时间。

2. 多谐振荡器

（1）按图 3-45 所示接线，用双踪示波器观测 v_C 与 v_O 的波形，测定频率并记录。

（2）按图 3-46 所示接线，组成占空比为 50%的方波信号发生器。观测 v_C、v_O 波形，测定波形参数并记录。

（3）按图 3-47 所示接线，通过调节 R_{W1} 和 R_{W2} 来观测输出波形并记录。

3. 施密特触发器

按图 3-48 所示接线，输入信号由音频信号源提供，预先调好 v_S 的频率为 1 kHz，接通电源，逐渐加大 v_S 的幅度，观测输出波形，测绘电压传输特性，算出回差电压ΔU。

3.8.5　实验报告

（1）绘出详细的实验线路图，定量绘出观测到的波形。

（2）分析、总结实验结果。

实验 3.9　D/A、A/D 转换器的实现

3.9.1　实验目的

（1）了解 D/A 和 A/D 转换器的基本工作原理和基本结构。

（2）掌握大规模集成 D/A 和 A/D 转换器的功能及其典型应用。

3.9.2　实验原理

在数字电子技术的很多应用场合，往往需要把模拟量转换为数字量，这种电路称为模/数转换器（A/D 转换器，简称 ADC）；或把数字量转换成模拟量，称为数/模转换器（D/A 转换器，简称 DAC）。完成这种转换的线路有多种，特别是单片大规模集成 A/D、D/A 转换器问世，为实现上述转换提供了极大的方便。使用者借助于手册提供的器件性能指标及典型应用电路，即可正确使用这些器件。本实验将采用大规模集成电路 DAC0832 实现 D/A 转换，用 ADC0809 实现 A/D 转换。

1. D/A 转换器 DAC0832

DAC0832 是采用 CMOS 工艺制成的单片电流输出型 8 位数/模转换器。图 3-51 所示为 DAC0832 的逻辑框图及引脚排列。

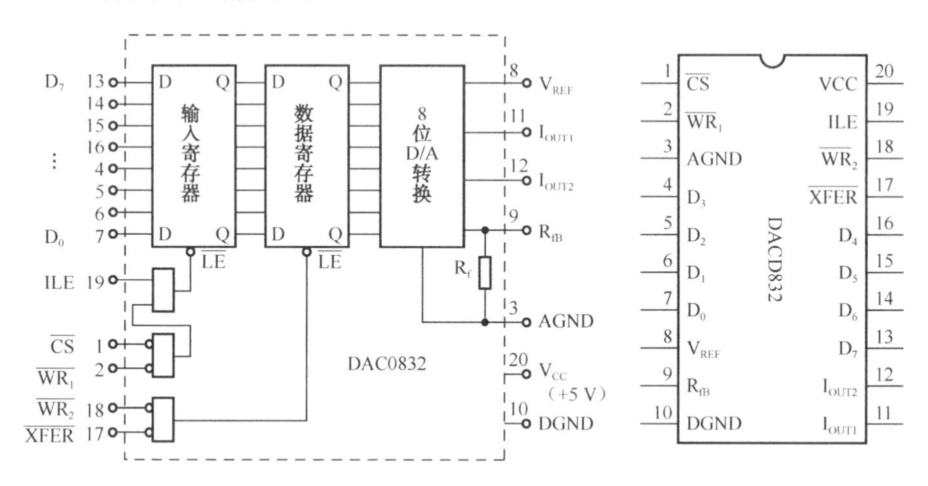

图 3-51 DAC0832 单片 D/A 转换器逻辑框图和引脚排列

该器件的核心部分采用倒 T 型电阻网络的 8 位 D/A 转换器，如图 3-52 所示。它是由倒 T 型 R-2R 电阻网络、模拟开关、运算放大器和参考电压 V_{REF} 四部分组成的。

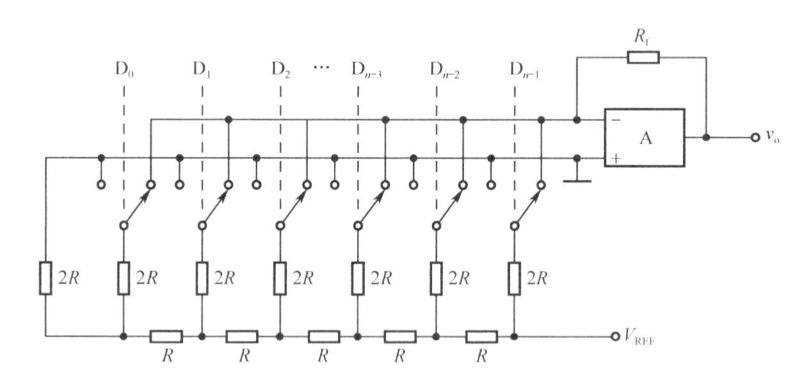

图 3-52 倒 T 型电阻网络 D/A 转换电路

运放的输出电压为：

$$V_o = \frac{V_{REF} \cdot R_f}{2^n R}(D_{n-1} \cdot 2^{n-1} + D_{n-2} \cdot 2^{n-2} + \cdots + D_0 \cdot 2^0)$$

由上式可见，输出电压 V_o 与输入的数字量成正比，这就实现了从数字量到模拟量的转换。

一个 8 位的 D/A 转换器，有 8 个输入端，每个输入端是 8 位二进制数的一位，有一个模拟输出端，输入可有 2^8=256 个不同的二进制组态，输出为 256 个电压之一，即输出电压不是整个电压范围内任意值，只能是 256 个可能值。

DAC0832 的引脚功能说明如下。

D_0～D_7：数字信号输入端。

ILE：输入寄存器允许，高电平有效。

$\overline{CS}$：片选信号，低电平有效。

$\overline{WR_1}$：写信号 1，低电平有效。

$\overline{XFER}$：传送控制信号，低电平有效。

$\overline{WR_2}$：写信号 2，低电平有效。

I_{OUT1}，I_{OUT2}：DAC 电流输出端。

R_{fB}：反馈电阻，是集成在片内的外接运放的反馈电阻。

V_{REF}：基准电压（-10～+10）V。

V_{CC}：电源电压（+5～+15）V。

AGND：模拟地。

NGND：数字地。

DAC0832 输出的是电流，要转换为电压，还必须经过一个外接的运算放大器，实验线路如图 3-53 所示。

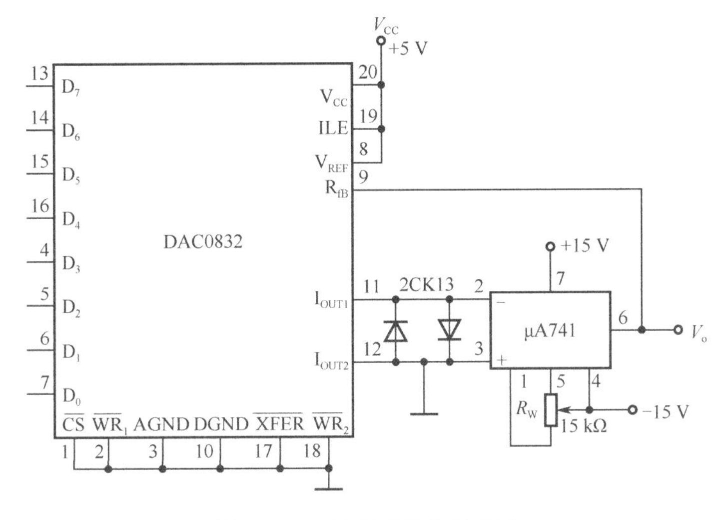

图 3-53　D/A 转换器实验线路

2. A / D 转换器 ADC0809

ADC0809 是采用 CMOS 工艺制成的单片 8 位 8 通道逐次渐近型模/数转换器，其逻辑框图及引脚排列如图 3-54 所示。

该器件的核心部分是 8 位 A/D 转换器，它由比较器、逐次渐近寄存器、D/A 转换器及控制和定时 5 部分组成。

ADC0809 的引脚功能说明如下。

IN_0～IN_7：8 路模拟信号输入端。

A_2、A_1、A_0：地址输入端。

ALE：地址锁存允许输入信号。在此引脚施加正脉冲，上升沿有效，此时锁存地址码，从而选通相应的模拟信号通道，以便进行 A/D 转换。

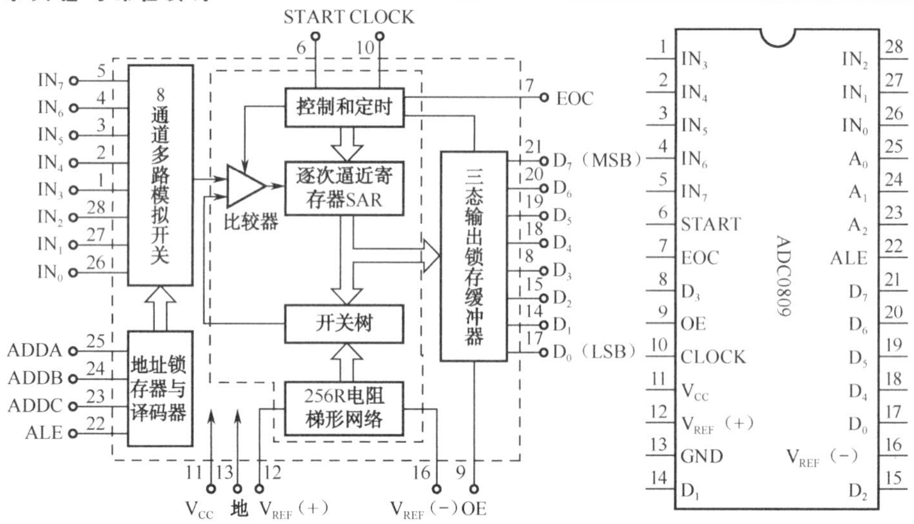

图 3-54　ADC0809 转换器逻辑框图及引脚排列。

START：启动信号输入端。应在此引脚施加正脉冲，当上升沿到达时，内部逐次逼近寄存器复位，在下降沿到达后，开始 A/D 转换过程。

EOC：转换结束输出信号（转换结束标志），高电平有效。

OE：输入允许信号，高电平有效。

CLOCK(CP)：时钟信号输入端，外接时钟频率一般为 640 kHz。

Vcc：+5V 单电源供电。

$V_{REF}(+)$、$V_{REF}(-)$：基准电压的正极、负极。一般 $V_{REF}(+)$接+5V 电源，$V_{REF}(-)$接地。

D_7～D_o：数字信号输出端。

1）模拟量输入通道选择

8 路模拟开关由 A_2、A_1、A_0 三地址输入端选通 8 路模拟信号中的任何一路进行 A / D 转换，地址译码与模拟输入通道的选通关系见表 3-32。

表 3-32　地址译码与模拟输入通道的选通关系

被选模拟通道		IN_0	IN_1	IN_2	IN_3	IN_4	IN_5	IN_6	IN_7
地址	A_2	0	0	0	0	1	1	1	1
	A_1	0	0	1	1	0	0	1	1
	A_0	0	1	0	1	0	1	0	1

2）D / A 转换过程

在启动端（START）加启动脉冲（正脉冲），D/A 转换即开始。如将启动端（START）与转换结束端（EOC）直接相连，转换将是连续的，在用这种转换方式时，开始应在外部加启动脉冲。

3.9.3 实验设备及器件

（1）+5 V、±15V 直流电源；
（2）双踪示波器；
（3）计数脉冲源；
（4）逻辑电平开关；
（5）逻辑电平显示器；
（6）直流数字电压表；
（7）DAC0832，ADC0809，μA741，电位器、电阻、电容若干。

3.9.4 实验内容

1. D/A 转换器——DAC0832

（1）按图 3-53 所示接线，电路接成直通方式，即 $\overline{CS}$、$\overline{WR_1}$、$\overline{WR_2}$、$\overline{XFER}$ 接地；ALE、V_{CC}、V_{REF} 接+5V 电源；运放电源接±15V；D_0～D_7 接逻辑开关的输出插口，输出端 v_O 接直流数字电压表。

（2）调零，令 D_0～D_7 全置零，调节运放的电位器使 μA741 输出为零。

（3）按表 3-33 所列的输入数字信号，用数字电压表测量运放的输出电压 V_o，并将测量结果填入表中，并与理论值进行比较。

表 3-33 测量运放的输出电压

输入数字量								输出模拟量 V_o（V）
D_7	D_6	D_5	D_4	D_3	D_2	D_1	D_0	V_{CC}=+5 V
0	0	0	0	0	0	0	0	
0	0	0	0	0	0	0	1	
0	0	0	0	0	0	1	0	
0	0	0	0	0	1	0	0	
0	0	0	0	1	0	0	0	
0	0	0	1	0	0	0	0	
0	0	1	0	0	0	0	0	
0	1	0	0	0	0	0	0	
1	0	0	0	0	0	0	0	
1	1	1	1	1	1	1	1	

2. A / D 转换器——ADC0809

按图 3-55 所示接线。

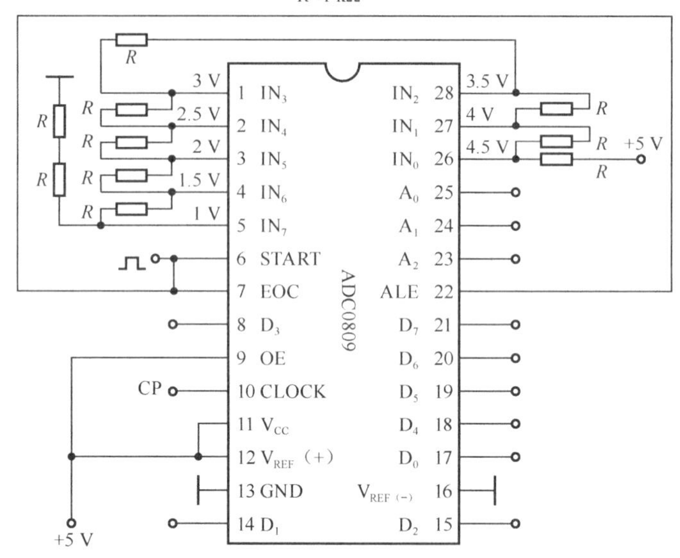

图 3-55 ADC0809 实验线路

（1）8 路输入模拟信号 1～4.5 V，由+5 V 电源经电阻 R 分压组成；变换结果 D_0～D_7 接逻辑电平显示器输入插口，CP 时钟脉冲由计数脉冲源提供，取 f=100 kHz；A_0～A_2 地址端接逻辑电平输出插口。

（2）接通电源后，在启动端（START）加一正单次脉冲，下降沿一到即开始 A/D 转换。

（3）按表 3-34 的要求观察，记录 IN_0～IN_7 8 路模拟信号的转换结果，并将转换结果换算成十进制数表示的电压值，并与数字电压表实测的各路输入电压值进行比较，分析误差原因。

表 3-34 模拟信号的转换结果

被选模拟通道	输入模拟量	地址			输出数字量								
IN	v_i（V）	A_2	A_1	A_0	D_7	D_6	D_5	D_4	D_3	D_2	D_1	D_0	十进制
IN_0	4.5	0	0	0									
IN_1	4.0	0	0	1									
IN_2	3.5	0	1	0									
IN_3	3.0	0	1	1									
IN_4	2.5	1	0	0									
IN_5	2.0	1	0	1									
IN_6	1.5	1	1	0									
IN_7	1.0	1	1	1									

3.9.5 实验报告

整理实验数据，分析实验结果。

综合实验课题 4.1 智力竞赛抢答装置设计

4.1.1 实验目的

（1）学习数字电路中 D 触发器、分频电路、多谐振荡器、CP 时钟脉冲源等单元电路的综合运用。

（2）熟悉智力竞赛抢赛器的工作原理。

（3）了解简单数字系统实验、调试及故障排除方法。

4.1.2 实验原理

图 4-1 所示为供四人用的智力竞赛抢答装置线路，用于判断抢答优先权。

图中 F_1 为四 D 触发器 74LS175，它具有公共置 0 端和公共 CP 端，引脚排列见附录；F_2 为双 4 输入与非门 74LS20；F_3 是由 74LS00 组成的多谐振荡器；F_4 是由 74LS74 组成的四分频电路，F_3、F_4 组成抢答电路中的 CP 时钟脉冲源。

抢答开始时，由主持人清除信号，按下复位开关 S，74LS175 的输出 Q_1～Q_4 全为 0，所有发光二极管 LED 均熄灭，当主持人宣布“抢答开始”后，首先作出判断的参赛者立即按下开关，对应的发光二极管点亮；同时，通过与非门 F_2 送出信号锁住其余三个抢答者的电路，不再接收其他信号，直到主持人再次清除信号为止。

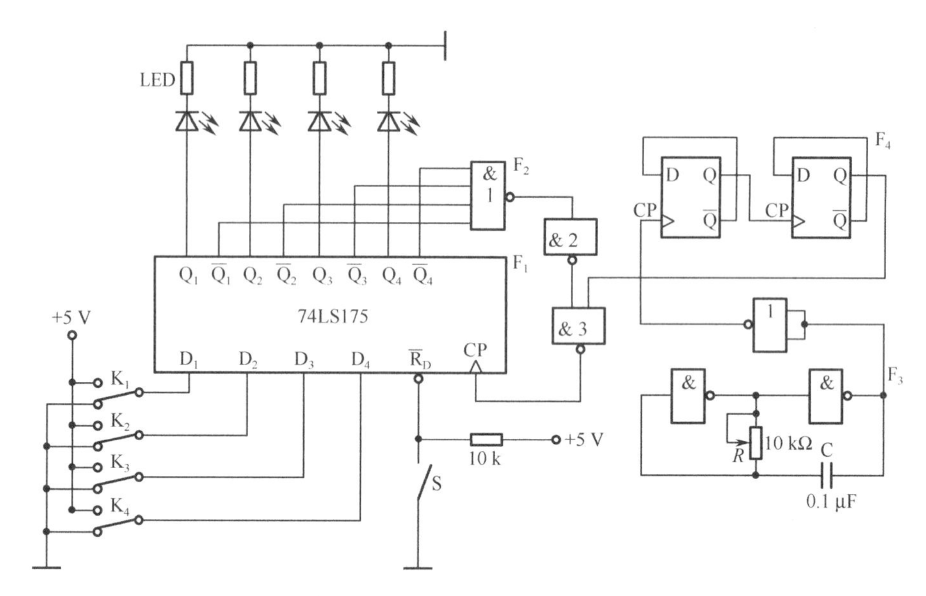

图 4-1　智力竞赛抢答装置原理图

4.1.3　实验设备与器件

（1）+5 V 直流电源；

（2）逻辑电平开关；

（3）逻辑电平显示器；

（4）双踪示波器；

（5）数字频率计；

（6）直流数字电压表；

（7）74LS175、74LS20、74LS74、74LS00。

4.1.4　实验内容

（1）测试各触发器及各逻辑门的逻辑功能。

（2）按图 4-1 所示接线，抢答器五个开关接实验装置上的逻辑开关，发光二极管接逻辑电平显示器。

（3）断开抢答器电路中 CP 脉冲源电路，单独对多谐振荡器 F_3 及分频器 F_4 进行调试，调整多谐振荡器 10 kΩ电位器，使其输出脉冲频率约 4 kHz，观察 F_3 和 F_4 输出波形及测试其频率。

（4）测试抢答器电路功能。接通+5 V 电源，CP 端接实验装置上连续脉冲源，取重复频率约 1 kHz。

① 抢答开始前，开关 K_1、K_2、K_3、K_4 均置“0”，准备抢答，将开关 S 置“0”，发光二极管全熄灭，再将 S 置“1”。抢答开始，K_1、K_2、K_3、K_4 中某一开关置“1”，观察发光二极管的亮、灭情况，然后再将其他三个开关中任一个置“1”，观察发光二极管的亮、灭是否改变。

② 重复步骤①的内容，改变 K_1、K_2、K_3、K_4 中任一个开关状态，观察抢答器的工作情况。

③ 整体测试。断开实验装置上的连续脉冲源，接入 F_3 及 F_4，再进行实验。

4.1.5　实验报告

（1）分析智力竞赛抢答装置各部分功能及工作原理。

（2）总结数字系统的设计、调试方法。

（3）分析实验中出现的故障及解决办法。

综合实验课题 4.2　电子秒表设计

4.2.1　实验目的

（1）学习数字电路中基本 RS 触发器、单稳态触发器、时钟发生器及计数、译码显示等单元电路的综合应用。

（2）学习电子秒表的调试方法。

4.2.2　实验原理

图 4-2 所示为电子秒表的电原理图。按功能将其分成四个单元电路进行分析。

1. 基本 RS 触发器

图 4-2 中单元 I 为用集成与非门构成的基本 RS 触发器，属于低电平直接触发的触发器，有直接置位、复位的功能。它的一路输出 $\overline{Q}$ 作为单稳态触发器的输入，另一路输出 Q 作为与非门 5 的输入控制信号。

按动按钮开关 K_2（接地），则门 1 输出 $\overline{Q}=1$，门 2 输出 Q=0，K_2 复位后 Q、$\overline{Q}$ 状态保持不变。再按动按钮开关 K_1，则 Q 由 0 变为 1，门 5 开启，为计数器启动做好准备。$\overline{Q}$ 由 1 变 0，送出负脉冲，启动单稳态触发器工作。

基本 RS 触发器在电子秒表中的职能是启动和停止秒表的工作。

2. 单稳态触发器

图 4-2 中单元Ⅱ为用集成与非门构成的微分型单稳态触发器，图 4-3 所示为各点波形图。

单稳态触发器的输入触发负脉冲信号 v_i 由基本 RS 触发器 $\overline{Q}$ 端提供，输出负脉冲 v_O 通过非门加到计数器的清除端 R。

静态时，门 4 应处于截止状态，故电阻 R 必须小于门的关门电阻 R_{Off}。定时元件 R、C 取值不同，输出脉冲宽度也不同。当触发脉冲宽度小于输出脉冲宽度时，可以省去输入微分电路的 R_P 和 C_P。

单稳态触发器在电子秒表中的职能是为计数器提供清零信号。

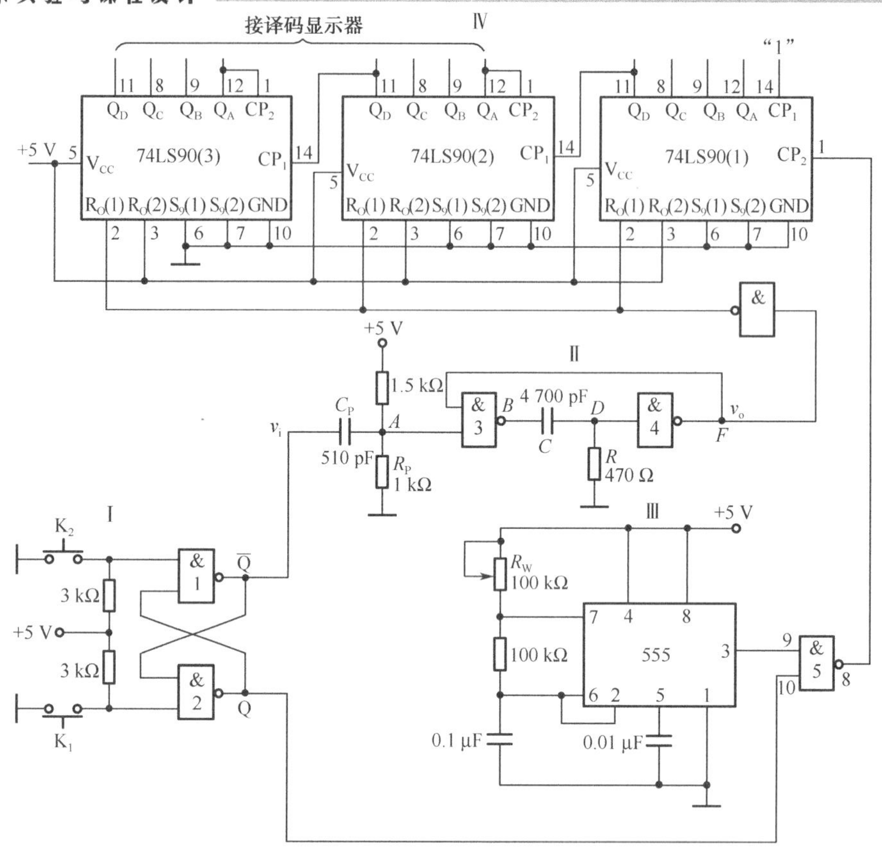

图 4-2　电子秒表原理图

3. 时钟发生器

图 4-2 中单元Ⅲ为用 555 定时器构成的多谐振荡器，是一种性能较好的时钟源。

调节电位器 R_W，使在输出端 3 获得频率为 50 Hz 的矩形波信号，当基本 RS 触发器 Q=1 时，门 5 开启，此时 50 Hz 脉冲信号通过门 5 作为计数脉冲加于计数器①的计数输入端 CP_2。

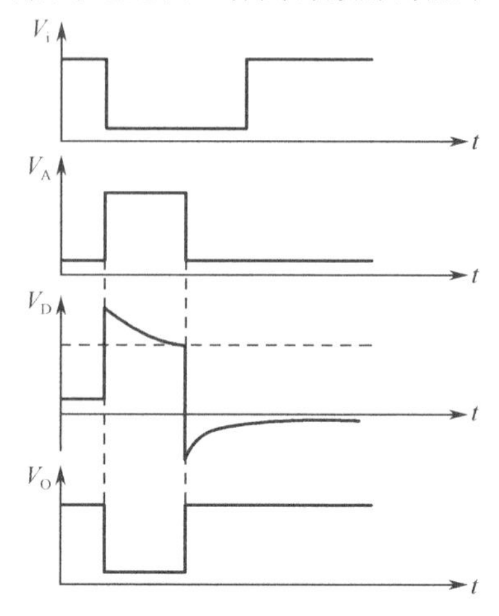

图 4-3　单稳态触发器波形图

4. 计数及译码显示

二－五－十 进制加法计数器 74LS90 构成电子秒表的计数单元，如图 4-2 中单元Ⅳ所示。其中计数器①接成五进制形式，对频率为 50 Hz 的时钟脉冲进行五分频，在输出端 Q_D 获得周期为 0.1 s 的矩形脉冲，作为计数器②的时钟输入。计数器②及计数器③接成 8421 码十进制形式，其输出端与实验装置上译码显示单元的相应输入端连接，可显示 0.1～0.9 s，1～9.9 s 计时。

注：集成异步计数器 74LS90 是异步二－五－十 进制加法计数器，它既可以作二进制加法计数器，又可以作五进制和十进制加法计数器。

图 4-4 所示为 74LS90 引脚排列，表 4-1 为其功能表。

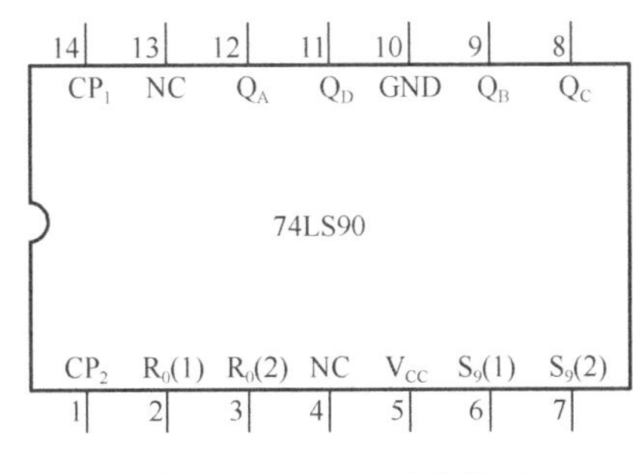

图 4-4　74LS90 引脚排列

表 4-1　74LS90 功能表

<table>
<tr><th colspan="6">输　　入</th><th colspan="4">输　　出</th><th rowspan="3">功　　能</th></tr>
<tr><th colspan="2">清 0</th><th colspan="2">置 9</th><th colspan="2">时钟</th><th colspan="4" rowspan="2">Q_D　Q_C　Q_B　Q_A</th></tr>
<tr><th colspan="2">$R_0(1)$、$R_0(2)$</th><th colspan="2">$S_9(1)$、$S_9(2)$</th><th>CP_1</th><th>CP_2</th></tr>
<tr><td>1</td><td>1</td><td>0
×</td><td>×
0</td><td>×</td><td>×</td><td>0</td><td>0</td><td>0</td><td>0</td><td>清　零</td></tr>
<tr><td>0
×</td><td>×
0</td><td>1</td><td>1</td><td>×</td><td>×</td><td>1</td><td>0</td><td>0</td><td>1</td><td>置　9</td></tr>
<tr><td colspan="2" rowspan="5">0　×
×　0</td><td colspan="2" rowspan="5">0　×
×　0</td><td>↓</td><td>1</td><td colspan="4">Q_A 输　出</td><td>二进制计数</td></tr>
<tr><td>1</td><td>↓</td><td colspan="4">$Q_DQ_CQ_B$ 输出</td><td>五进制计数</td></tr>
<tr><td>↓</td><td>Q_A</td><td colspan="4">$Q_DQ_CQ_BQ_A$ 输出
8421BCD 码</td><td>十进制计数</td></tr>
<tr><td>Q_D</td><td>↓</td><td colspan="4">$Q_AQ_DQ_CQ_B$ 输出
5421BCD 码</td><td>十进制计数</td></tr>
<tr><td>1</td><td>1</td><td colspan="4">不　变</td><td>保　持</td></tr>
</table>

通过不同的连接方式，74LS90 可以实现四种不同的逻辑功能；而且还可借助 $R_0(1)$、$R_0(2)$对计数器清零，借助 $S_9(1)$、$S_9(2)$将计数器置 9。其具体功能详述如下：

（1）计数脉冲从 CP_1 输入，Q_A 作为输出端，为二进制计数器。

（2）计数脉冲从 CP_2 输入，$Q_DQ_CQ_B$ 作为输出端，为异步五进制加法计数器。

（3）若将 CP_2 和 Q_A 相连，计数脉冲由 CP_1 输入，Q_D、Q_C、Q_B、Q_A 作为输出端，则构成异步 8421 码十进制加法计数器。

（4）若将 CP_1 与 Q_D 相连，计数脉冲由 CP_2 输入，Q_A、Q_D、Q_C、Q_B 作为输出端，则构成异步 5421 码十进制加法计数器。

（5）清零、置 9 功能。

① 异步清零。当 $R_0(1)$、$R_0(2)$均为“1”，$S_9(1)$、$S_9(2)$中有“0”时，实现异步清零功能，即 $Q_DQ_CQ_BQ_A$=0000。

② 置 9 功能。当 $S_9(1)$、$S_9(2)$均为“1”，$R_0(1)$、$R_0(2)$中有“0”时，实现置 9 功能，即 $Q_DQ_CQ_BQ_A$=1001。

4.2.3 实验设备及器件

（1）+5V 直流电源；
（2）双踪示波器；
（3）直流数字电压表；
（4）数字频率计；
（5）单次脉冲源；
（6）连续脉冲源；
（7）逻辑电平开关；
（8）逻辑电平显示器；
（9）译码显示器；
（10）74LS00×2，555×1，74LS90×3；
（11）电位器、电阻、电容若干。

4.2.4 实验内容

由于实验电路中使用器件较多，实验前必须合理安排各器件在实验装置上的位置，使电路逻辑清楚，接线较短。

实验时，应按照实验任务的次序，将各单元电路逐个进行接线和调试，即分别测试基本 RS 触发器、单稳态触发器、时钟发生器及计数器的逻辑功能，待各单元电路工作正常后，再将有关电路逐级连接起来进行测试，直到测试电子秒表整个电路的功能。

这样的测试方法有利于检查和排除故障，保证实验顺利进行。

1. 基本 RS 触发器的测试

测试方法参考实验 3.5。

2. 单稳态触发器的测试

（1）静态测试。用直流数字电压表测量 A、B、D、F 各点的电位值，记录之。

（2）动态测试。输入端接 1 kHz 连续脉冲源，用示波器观察并描绘 D 点（v_D、）F 点

（v_O）波形，如嫌单稳输出脉冲持续时间太短，难以观察，可适当加大微分电容 C（如改为 0.1 μF），待测试完毕，再恢复 4 700 pF。

3. 时钟发生器的测试

测试方法参考实验 3.8，用示波器观察输出电压波形并测量其频率，调节 R_W，使输出矩形波频率为 50 Hz。

4. 计数器的测试

（1）计数器①接成五进制形式，$R_0(1)$、$R_0(2)$、$S_9(1)$、$S_9(2)$接逻辑开关输出插口，CP_2 接单次脉冲源，CP_1 接高电平“1”，Q_D～Q_A 接实验设备上译码显示输入端 D、C、B、A，按表 4-1 测试其逻辑功能，记录之。

（2）计数器②及计数器③接成 8421 码十进制形式，同步骤（1）进行逻辑功能测试，记录之。

（3）将计数器①、②、③级连，进行逻辑功能测试，记录之。

5. 电子秒表的整体测试

各单元电路测试正常后，按图 4-2 所示把几个单元电路连接起来，进行电子秒表的总体测试。

先按一下按钮开关 K_2，此时电子秒表不工作，再按一下按钮开关 K_1，则计数器清零后便开始计时，观察数码管显示计数情况是否正常，如不需要计时或暂停计时，按一下开关 K_2，计时立即停止，但数码管保留计时的值。

6. 电子秒表准确度的测试

利用电子钟或手表的秒计时功能对电子秒表进行校准。

4.2.5 实验报告

（1）总结电子秒表整个调试过程。

（2）分析调试中发现的问题及故障排除方法。

综合实验课题 4.3　$3\frac{1}{2}$位直流数字电压表设计

4.3.1 实验目的

（1）了解双积分式 A/D转换器的工作原理。

（2）熟悉 $3\frac{1}{2}$ 位 A/D转换器 CC14433 的性能及其引脚功能。

（3）掌握用 CC14433 构成直流数字电压表的方法。

4.3.2 实验原理

直流数字电压表的核心器件是一个间接型A/D转换器，它首先将输入的模拟电压信号变换成易于准确测量的时间量，然后在这个时间宽度里用计数器计时，计数结果就是正比于输入模拟电压信号的数字量。

1. V-T 变换型双积分 A/D转换器

图 4-5 所示是双积分 ADC 的控制逻辑框图。它由积分器（包括运算放大器 A_1 和 RC 积分网络）、过零比较器 A_2、N 位二进制计数器、开关控制电路、门控电路、参考电压 V_R 与时钟脉冲源 CP 组成。

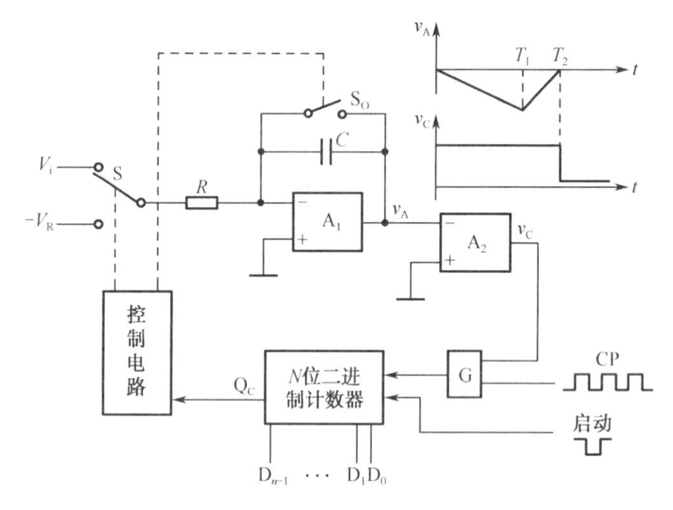

图 4-5 双积分 ADC 原理框图

转换开始前，先将计数器清零，并通过控制电路使开关 S_O 接通，将电容 C 充分放电。由于计数器进位输出 Q_C=0，控制电路使开关 S 接通 v_i，模拟电压与积分器接通；同时，门 G 被封锁，计数器不工作。积分器输出 v_A 线性下降，经过零比较器 A_2 获得一方波 v_C，打开门 G，计数器开始计数，当输入 2^n 个时钟脉冲后 $t=T_1$，各触发器输出端 D_{n-1}～D_0 由 111…1 回到 000…0，其进位输出 Q_C=1，作为定时控制信号，通过控制电路将开关 S 转换至基准电压源$-V_R$，积分器向相反方向积分，v_A 开始线性上升，计数器重新从 0 开始计数，直到 $t=T_2$，v_A 下降到 0，比较器输出的正方波结束，此时计数器中暂存的二进制数字就是 v_i 所对应的二进制数码。

2. $3\frac{1}{2}$ 位双积分 A/D转换器 CC14433 的性能特点

CC14433 是 CMOS 双积分式 $3\frac{1}{2}$ 位 A/D转换器，它将构成数字和模拟电路的约 7700 多个 MOS 晶体管集成在一个硅芯片上，芯片有 24 只引脚，采用双列直插式，其引脚排列与功能如图 4-6 所示。

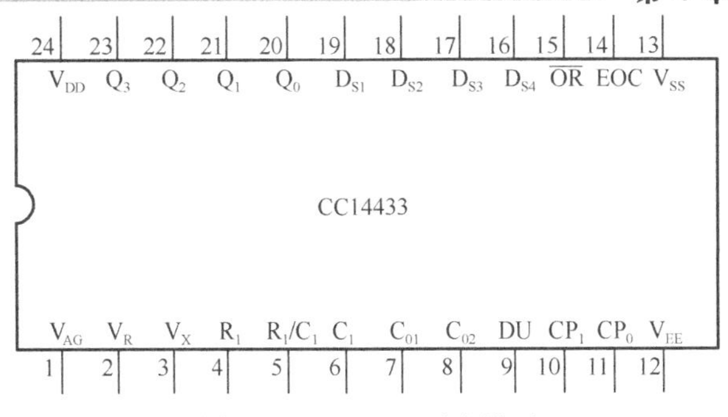

图 4-6 CC14433 引脚排列

引脚功能说明如下。

V_{AG}（1 脚）：被测电压 V_X 和基准电压 V_R 的参考地。

V_R（2 脚）：外接基准电压（2 V 或 200 mV）输入端。

V_X（3 脚）：被测电压输入端。

R_1（4 脚）、R_1/C_1（5 脚）、C_1（6 脚）：外接积分阻容元件端。

C_1=0.1 μF（聚酯薄膜电容器），R_1=470 kΩ（2 V 量程）

R_1=27 kΩ（200 mV 量程）

C_{01}（7 脚）、C_{02}（8 脚）：外接失调补偿电容端，典型值 0.1 μF。

DU（9 脚）：实时显示控制输入端。若与 EOC（14 脚）端连接，则每次 A/D 转换均显示。

CP_1（10 脚）、CP_0（11 脚）：时钟振荡外接电阻端，典型值为 470 kΩ。

V_{EE} （12 脚）：电路的电源最负端，接−5 V。

V_{SS} （13 脚）：除 CP 外所有输入端的低电平基准（通常与 1 脚连接）。

EOC（14 脚）：转换周期结束标记输出端，每一次 A/D 转换周期结束，EOC 输出一个正脉冲，宽度为时钟周期的二分之一。

$\overline{OR}$ （15 脚）：过量程标志输出端，当 $|V_X|>V_R$ 时，$\overline{OR}$ 输出为低电平。

DS_4～DS_1（16～19 脚）：多路选通脉冲输入端，DS_1 对应于千位，DS_2 对应于百位，DS_3 对应于十位，DS_4 对应于个位。

Q_0～Q_3（20～23 脚）：BCD 码数据输出端，DS_2、DS_3、DS_4 选通脉冲期间，输出三位完整的十进制数，在 DS_1 选通脉冲期间，输出千位 0 或 1 及过量程、欠量程和被测电压极性标志信号。

CC14433 具有自动调零、自动极性转换等功能，可测量正或负的电压值。当 CP_1、CP_0 端接入 470 kΩ 电阻时，时钟频率≈66 kHz，每秒钟可进行 4 次 A/D 转换。它的使用调试简便，能与微处理机或其他数字系统兼容，故广泛用于数字面板表、数字万用表、数字温度计、数字量具及遥测、遥控系统。

3. $3\frac{1}{2}$ 位直流数字电压表的组成（实验线路）

线路结构如图 4-7 所示。

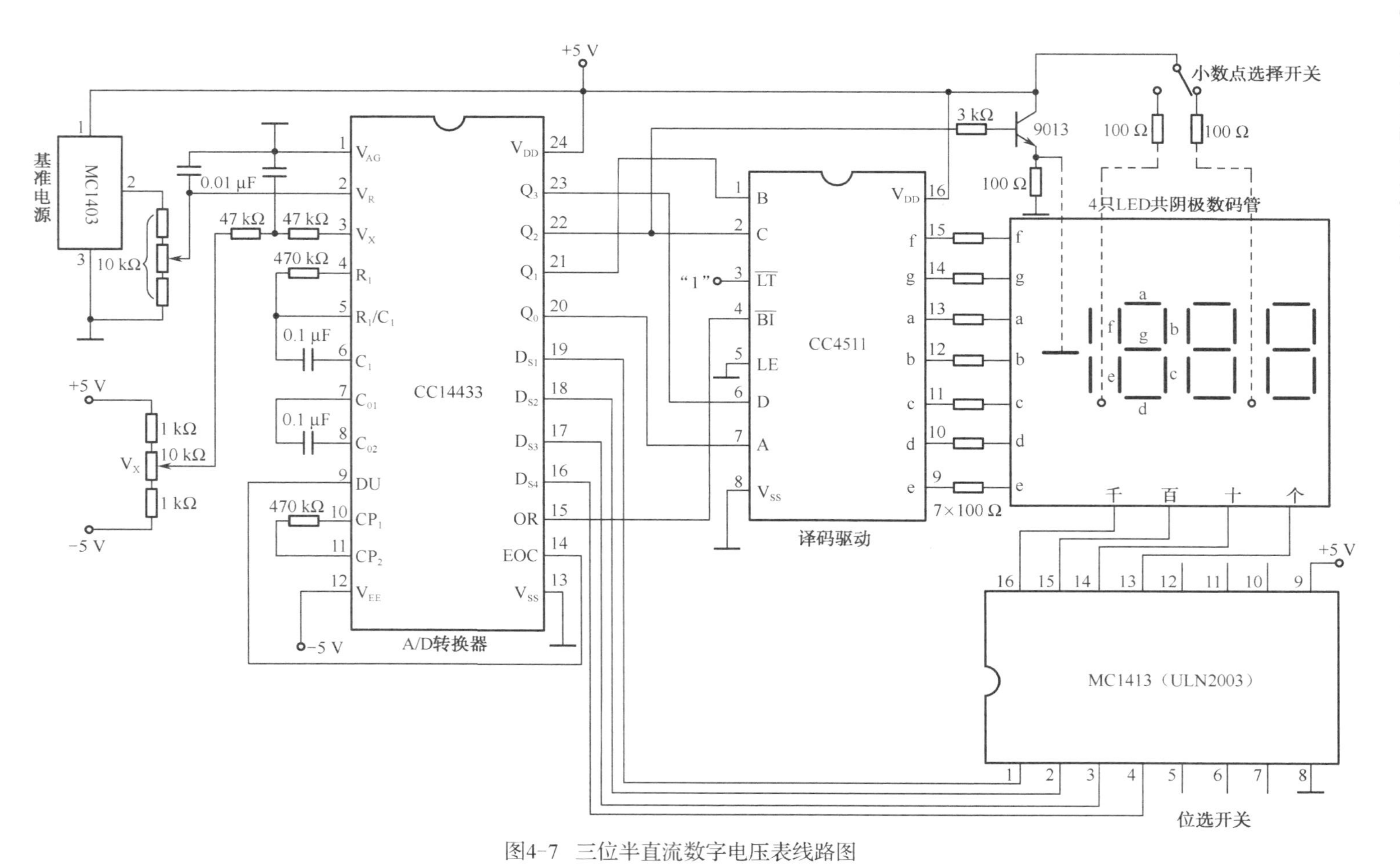

图4-7　三位半直流数字电压表线路图

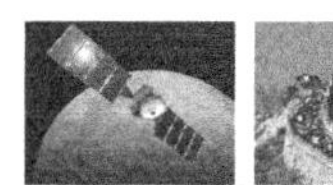  

（1）被测直流电压 V_X 经 A / D 转换后以动态扫描形式输出，数字量输出端 Q_0 Q_1 Q_2 Q_3 上的数字信号(8421 码)按照时间先后顺序输出。位选信号 DS_1、DS_2、DS_3、DS_4 通过位选开关 MC1413 分别控制着千位、百位、十位和个位上的四只 LED 数码管的公共阴极。数字信号经七段译码器 CC4511 译码后，驱动四只 LED 数码管的各段阳极。这样就把 A/D 转换器按时间顺序输出的数据以扫描形式在四只数码管上依次显示出来，由于选通重复频率较高，工作时从高位到低位以每位每次约 300 μs 的速率循环显示，即一个 4 位数的显示周期是 1.2 ms，所以人的肉眼就能清晰地看到四位数码管同时显示三位半十进制数字量。

（2）当参考电压 V_R=2 V 时，满量程显示 1.999 V；V_R=200 mV 时，满量程为 199.9 mV。可以通过选择开关来控制千位和十位数码管的 h 笔经限流电阻实现对相应的小数点显示的控制。

（3）最高位（千位）显示时只有 b、c 两根线与 LED 数码管的 b、c 脚相接，所以千位只显示 1 或不显示，用千位的 g 笔段来显示模拟量的负值（正值不显示），即由 CC14433 的 Q_2 端通过 NPN 晶体管 9013 来控制 g 段。

（4）精密基准电源 MC1403

A/D 转换需要外接标准电压源作为参考电压。标准电压源的精度应当高于 A/D 转换器的精度。本实验采用 MC1403 集成精密稳压源作参考电压，MC1403 的输出电压为 2.5 V，当输入电压在 4.5～15 V 范围内变化时，输出电压的变化不超过 3 mV，一般只有 0.6 mV 左右，输出最大电流为 10 mA。

MC1403 引脚排列如图 4-8 所示。

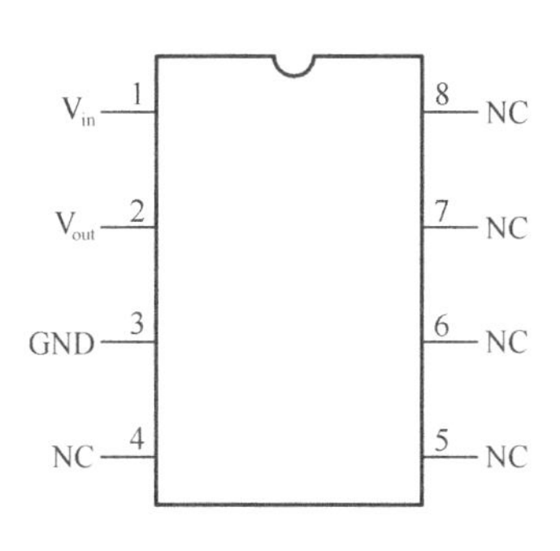

图 4-8　MC1403 引脚排列

（5）实验中使用 CMOS BCD 七段译码/驱动器 CC4511。

（6）七路达林顿晶体管列阵 MC1413。

MC1413 采用 NPN 达林顿复合晶体管的结构，因此有很高的电流增益和输入阻抗，可直接接收 MOS 或 CMOS 集成电路的输出信号，并把电压信号转换成足够大的电流信号驱动各种负载。该电路内含有 7 个集电极开路反相器（也称 OC 门）。MC1413 电路结构和引脚排列如图 4-9 所示，它采用 16 引脚的双列直插式封装。每一驱动器输出端均接有一释放电感负载能量的抑制二极管。

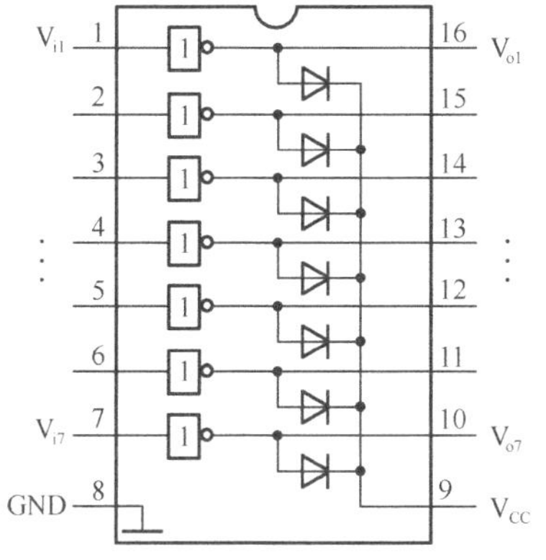

图 4-9　MC1413 引脚排列和电路结构图

4.3.3 实验设备及器件

（1）±5V 直流电源；
（2）双踪示波器；
（3）直流数字电压表；
（4）按线路图 4-7 要求自拟元、器件清单。

4.3.4 实验内容

本实验要求按图 4-7 组装并调试好一台三位半直流数字电压表，实验时应一步步地进行。

1. 数码显示部分的组装与调试

（1）建议将 4 只数码管插入 40P 集成电路插座上，将 4 个数码管同名笔划段与显示译码的相应输出端连在一起，其中最高位只要将 b、c、g 三笔段接入电路，按图 4-7 接好连线，但暂不插所有的芯片，待用。

（2）插好芯片 CC4511 与 MC1413，并将 CC4511 的输入端 A、B、C、D 接至拨码开关对应的 A、B、C、D 四个插口处；将 MC1413 的 1、2、3、4 脚接至逻辑开关输出插口上。

（3）将 MC1413 的 2 脚置“1”，1、3、4 引脚置“0”，接通电源，拨动码盘（按“+”或“-”键）自 0～9 变化，检查数码管是否按码盘的指示值变化。

（4）按实验原理说明项的要求，检查译码显示是否正常。

（5）分别将 MC1413 的 3、4、1 引脚单独置“1”，重复（3）的内容。

如果所有 4 位数码管显示正常，则去掉数字译码显示部分的电源，备用。

2. 标准电压源的连接和调整

插上 MC1403 基准电源，用标准数字电压表检查输出是否为 2.5 V，然后调整 10 kΩ 电位器，使其输出电压为 2.00 V，调整结束后去掉电源线，供总装时备用。

3. 总装总调

（1）插好芯片 MC14433，按图 4-7 所示接好全部线路。

（2）将输入端接地，接通+5 V、-5 V 电源（先接好地线），此时显示器将显示“000”值，如果不是，应检测电源正负电压。用示波器测量、观察 D_{S1}～D_{S4}、Q_0～Q_3 波形，判别故障所在。

（3）用电阻、电位器构成一个简单的输入电压 V_X 调节电路，调节电位器，4 位数码将相应变化，然后进入下一步精调。

（4）用标准数字电压表（或用数字万用表代替）测量输入电压，调节电位器，使 V_X=1.000V，这时被调电路的电压指示值不一定显示“1.000”，应调整基准电压源，使指示值与标准电压表误差的个位数在 5 之内。

（5）改变输入电压 V_X 的极性，使 V_i=−1.000 V，检查“−”是否显示，并按步骤（4）的方法校准显示值。

（6）在+1.999 V～0～−1.999 V 量程内再一次仔细调整（调基准电源电压）使全部量程内的误差个位数在 5 之内。

至此一个测量范围在±1.999 的三位半数字直流电压表便调试成功。

4. 记录数字电压值

记录输入电压为±1.999、±1.500、±1.000、±0.500、0.000 时（标准数字电压表的读数）被调数字电压表的显示值，列表记录之。

5. 测量电源电压

用自制数字电压表测量正、负电源电压。试设计扩程测量电路。

*6. 观察测量精度变化

若积分电容 C_1、C_{02}（0.1 μF）换用普通金属化纸介电容，观察测量精度的变化。

4.3.5 实验报告

（1）绘出三位半直流数字电压表的电路接线图。
（2）阐明组装、调试步骤。
（3）说明调试过程中遇到的问题和解决的方法。
（4）组装、调试数字电压表的心得体会。

综合实验课题 4.4　数字频率计设计

数字频率计是用于测量信号（方波、正弦波或其他脉冲信号）的频率，并用十进制数字显示，它具有精度高、测量迅速、读数方便等优点。

4.4.1 工作原理

脉冲信号的频率就是在单位时间内所产生的脉冲个数，其表达式为 $f=N/T$，其中 f 为被测信号的频率，N 为计数器所累计的脉冲个数，T 为产生 N 个脉冲所需的时间。计数器所记录的结果就是被测信号的频率。如在 1 s 内记录 1 000 个脉冲，则被测信号的频率为 1 000 Hz。

本实验课题仅讨论一种简单易制的数字频率计，其原理方框图如图 4-10 所示。

晶振产生较高的标准频率，经分频器后可获得各种时基脉冲（1 ms、10 ms、0.1 s、1 s 等），时基信号的选择由开关 S_2 控制。被测频率的输入信号经放大整形后变成矩形脉冲加到主控门的输入端，如果被测信号为方波，放大整形可以不要，将被测信号直接加到主控门的输入端。时基信号经控制电路产生闸门信号至主控门，只有在闸门信号采样期间内（时基信号的一个周期），输入信号才通过主控门。若时基信号的周期为 T，进入计数器

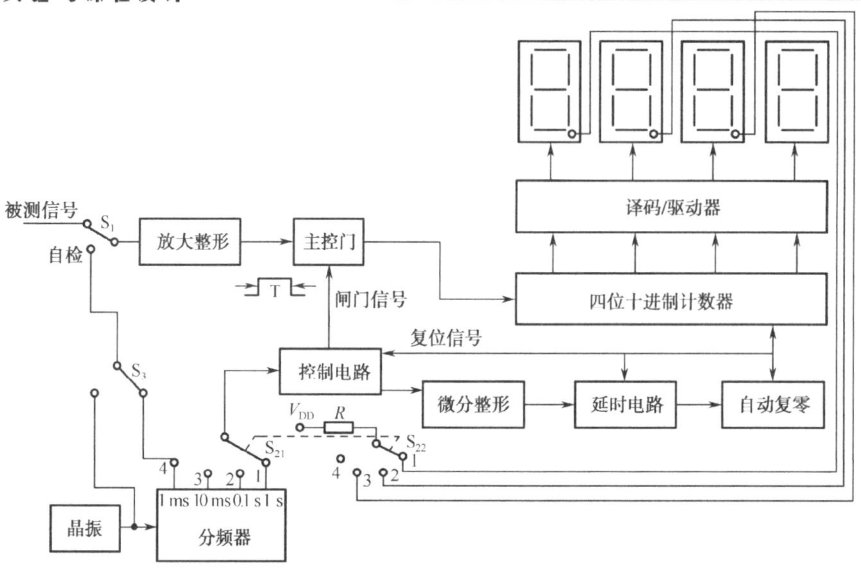

图 4-10 数字频率计原理框图

的输入脉冲数为 N，则被测信号的频率 $f=N//T$，改变时基信号的周期 T，即可得到不同的测频范围。当主控门关闭时，计数器停止计数，显示器显示记录结果。此时控制电路输出一个置零信号，经延时、整形电路的延时，当达到所调节的延时时间时，延时电路输出一个复位信号，使计数器和所有的触发器置 0，为后续新的一次取样做好准备，即能锁住一次显示的时间，使其保留到接受新的一次取样为止。

当开关 S_2 改变量程时，小数点能自动移位。

若开关 S_1、S_3 配合使用，可将测试状态转为“自检”工作状态（即用时基信号本身作为被测信号输入）。

4.4.2 有关单元电路的设计及工作原理

1. 控制电路

控制电路与主控门电路如图 4-11 所示。

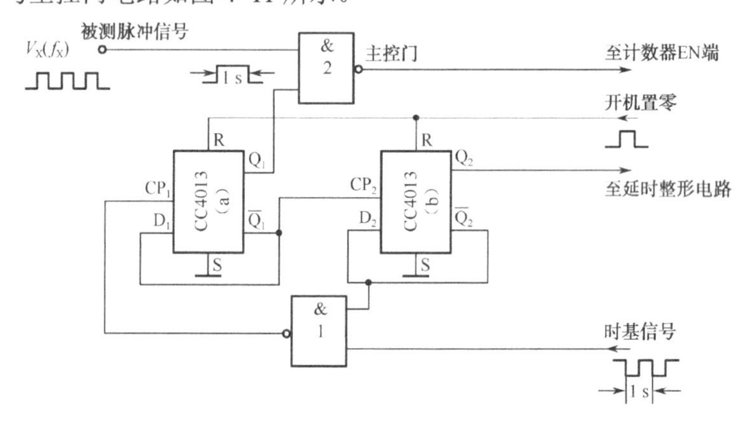

图 4-11 控制电路及主控门电路

主控电路由双 D 触发器 CC4013 及与非门 CC4011 构成。CC4013（a）的任务是输出闸门控制信号，以控制主控门（2）的开启与关闭。如果通过开关 S_2 选择一个时基信号，当给与非门（1）输入一个时基信号的下降沿时，门 1 就输出一个上升沿，则 CC4013（a）的 Q_1 端就由低电平变为高电平，将主控门 2 开启。允许被测信号通过该主控门并送至计数器输入端进行计数。相隔 1 s（或 0.1 s、10 ms、1 ms）后，又给与非门 1 输入一个时基信号的下降沿，与非门 1 输出端又产生一个上升沿，使 CC4013（a）的 Q_1 端变为低电平，将主控门关闭，使计数器停止计数，同时 $\overline{Q}_1$ 端产生一个上升沿，使 CC4013（b）翻转成 Q_2=1，$\overline{Q}_2$=0，由于 $\overline{Q}_2$=0，它立即封锁与非门 1 不再让时基信号进入 CC4013（a），保证在显示读数的时间内 Q_1 端始终保持低电平，使计数器停止计数。

利用 Q_2 端的上升沿送到下一级的延时、整形单元电路。当到达所调节的延时时间时，延时电路输出端立即输出一个正脉冲，将计数器和所有 D 触发器全部置“0”。复位后，Q_1=“0”，$\overline{Q}_1$=1，为下一次测量做好准备。当时基信号又产生下降沿时，则重复上述过程。

2. 微分、整形电路

电路如图 4-12 所示。CC4013（b）的 Q_2 端所产生的上升沿经微分电路后，送到由与非门 CC4011 组成的斯密特整形电路的输入端，在其输出端可得到一个边沿十分陡峭且具有一定脉冲宽度的负脉冲，然后再送至下一级延时电路。

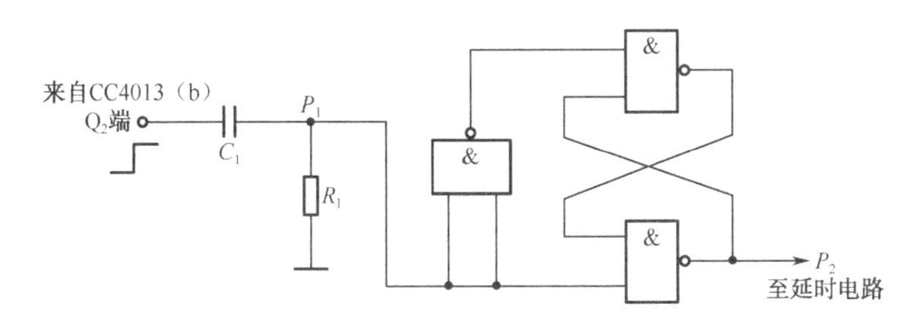

图 4-12 微分、整形电路

3. 延时电路

延时电路由 D 触发器 CC4013（c）、积分电路（由电位器 R_{W1} 和电容器 C_2 组成）、非门（3）及单稳态电路组成，如图 4-13 所示。由于 CC4013（c）的 D_3 端接 V_{DD}，所以在 P_2 点所产生的上升沿作用下，CC4013（c）翻转，翻转后 $\overline{Q}_3$=0，由于开机置“0”时或门（1）（如图 4-14 所示）输出的正脉冲将 CC4013（c）的 Q_3 端置“0”，所以 $\overline{Q}_3$=1，经二极管 2AP9 迅速给电容 C_2 充电，使 C_2 两端的电压达“1”电平，而此时 $\overline{Q}_3$=0，电容器 C_2 经电位器 R_{W1} 缓慢放电。当电容器 C_2 上的电压放电降至非门（3）的阈值电平 V_T 时，非门（3）的输出端立即产生一个上升沿，触发下一级单稳态电路。此时，P_3 点输出一个正脉冲，该脉冲宽度主要取决于时间常数 $R_t C_t$ 的值，延时时间为上一级电路的延时时间及这一级延时时间之和。

由实验求得，如果电位器 R_{W1} 用 510 Ω 的电阻代替，C_2 取 3 μF，则总的延迟时间也就是显示器所显示的时间为 3 s 左右。如果电位器 R_{W1} 用 2 MΩ 的电阻取代，C_2 取 22 μF，则显示时间可达 10 s 左右。可见，调节电位器 R_{W1} 可以改变显示时间。

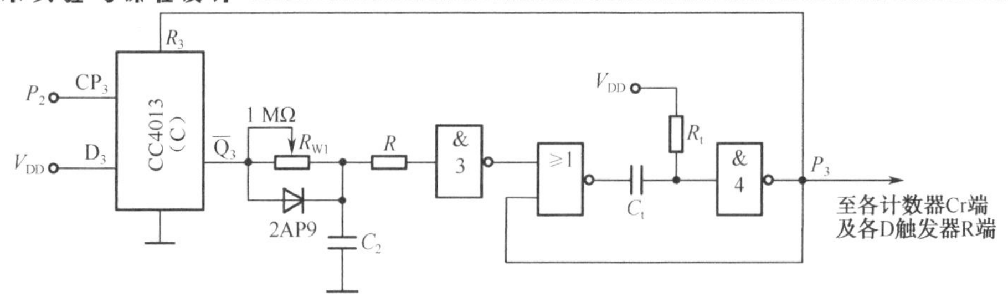

图 4-13　延时电路

4. 自动清零电路

P_3 点产生的正脉冲送到图 4-14 所示的或门组成的自动清零电路，将各计数器及所有的触发器置“0”。在复位脉冲的作用下，Q_3=0，$\overline{Q}_3$=1，于是 $\overline{Q}_3$ 端的高电平经二极管 2AP9 再次对电容 C_2 充电，补上刚才放掉的电荷，使 C_2 两端的电压恢复为高电平，又因为 CC4013（b）复位后使 Q_2 再次变为高电平，所以与非门 1 又被开启，电路重复上述变化过程。

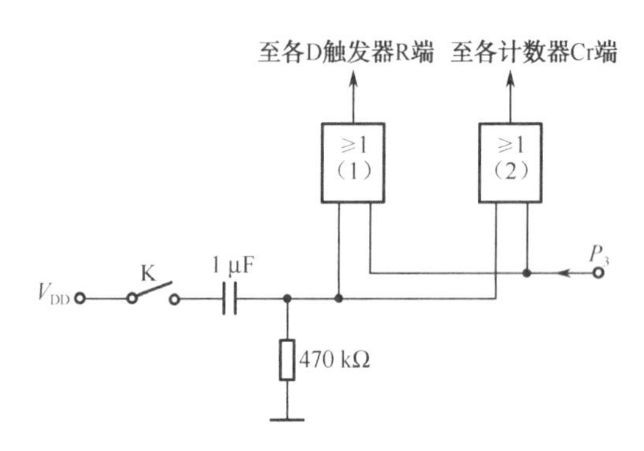

图 4-14　自动清零电路

4.4.3　设计任务和要求

使用中、小规模集成电路设计与制作一台简易的数字频率计，应具有下述功能。

（1）位数。计 4 位十进制数。计数位数主要取决于被测信号频率的高低，如果被测信号频率较高，精度又较高，可相应增加显示位数。

（2）量程。

第一挡：最小量程挡，最大读数是 9.999 kHz，闸门信号的采样时间为 1 s。

第二挡：最大读数为 99.99 kHz，闸门信号的采样时间为 0.1 s。

第三挡：最大读数为 999.9 kHz，闸门信号的采样时间为 10 ms。

第四挡：最大读数为 9999 kHz，闸门信号的采样时间为 1 ms。

（3）显示方式。

① 用七段 LED 数码管显示读数，做到显示稳定、不跳变。

② 小数点的位置跟随量程的变更而自动移位。

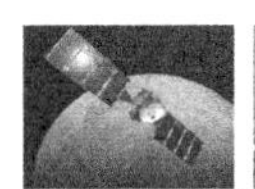

③ 为了便于读数，要求数据显示的时间在 0.5～5 s 内连续可调。

（4）具有“自检”功能。

（5）被测信号为方波信号。

（6）画出设计的数字频率计的电路总图。

（7）组装和调试。

① 时基信号通常使用石英晶体振荡器输出的标准频率信号经分频电路获得。为了实验调试方便，可用实验设备上脉冲信号源输出的 1 kHz 方波信号经 3 次 10 分频获得。

② 按设计的数字频率计逻辑图在实验装置上布线。

③ 用 1 kHz 方波信号送入分频器的 CP 端，用数字频率计检查各分频级的工作是否正常。用周期为 1 s 的信号作控制电路的时基信号输入，用周期等于 1 ms 的信号作被测信号，用示波器观察和记录控制电路输入、输出波形，检查控制电路所产生的各控制信号能否按正确的时序要求控制各个子系统。用周期为 1 s 的信号送入各计数器的 CP 端，用发光二极管指示检查各计数器的工作是否正常。用周期为 1 s 的信号作延时、整形单元电路的输入，用两只发光二极管作指示，检查延时、整形单元电路的输入，用两只发光二极管作指示，检查延时、整形单元电路的工作是否正常。若各个子系统的工作都正常了，再将各子系统连起来统调。

（8）调试合格后，写出综合实验报告。

4.4.4 实验设备与器件

（1）+5 V 直流电源；

（2）双踪示波器；

（3）连续脉冲源；

（4）逻辑电平显示器；

（5）直流数字电压表；

（6）数字频率计；

（7）主要元、器件（供参考）：

CC4518（二－十进制同步计数器）	4 只
CC4553（三位十进制计数器）	2 只
CC4013（双 D 型触发器）	2 只
CC4011（四 2 输入与非门）	2 只
CC4069（六反相器）	1 只
CC4001（四 2 输入或非门）	1 只
CC4071（四 2 输入或门）	1 只
2AP9　（二极管）	1 只
电位器（1 MΩ）	1 只
电阻、电容	若干

注意：① 若测量的频率范围低于 1 MHz，分辨率为 1 Hz，建议采用如图 4-15 所示的电路，只要选择参数正确，连线无误，通电后即能正常工作，无须调试。其工作原理请同学们自行研究分析。

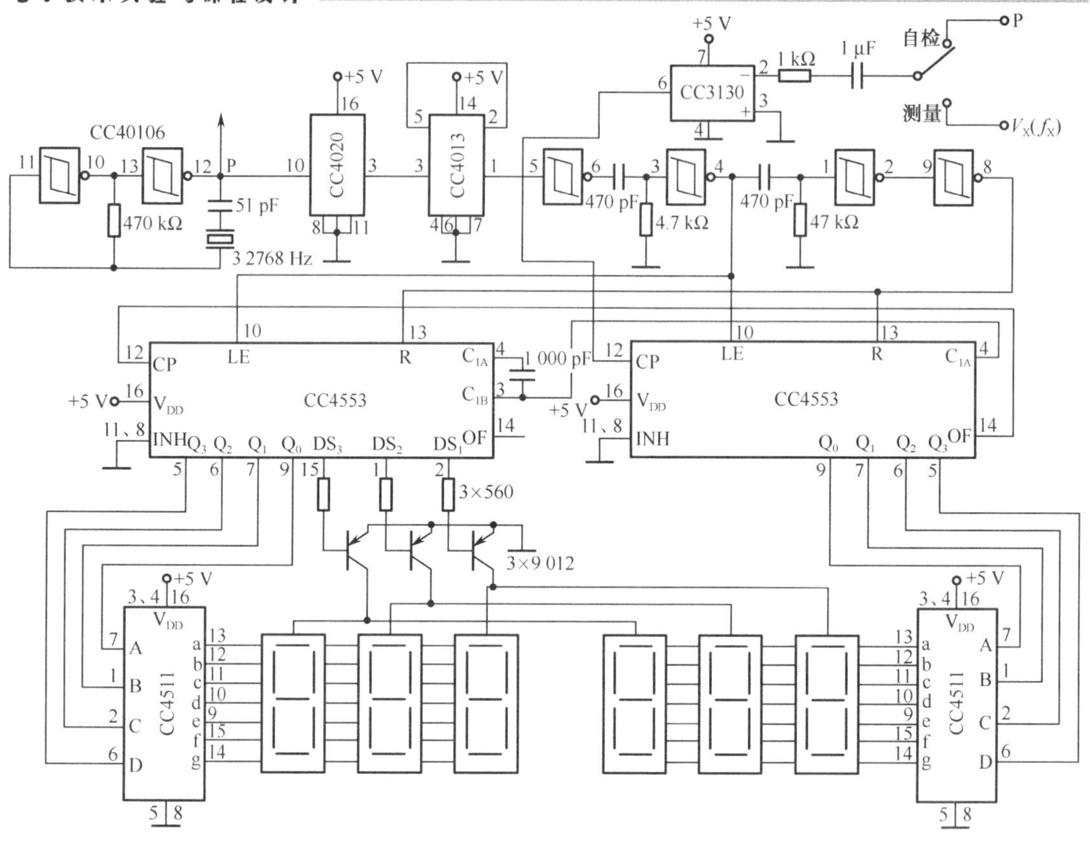

图 4-15　0～999 999 Hz 数字频率计线路图

② CC4553 三位十进制计数器引脚排列及功能分别见图 4-16 和表 4-2。

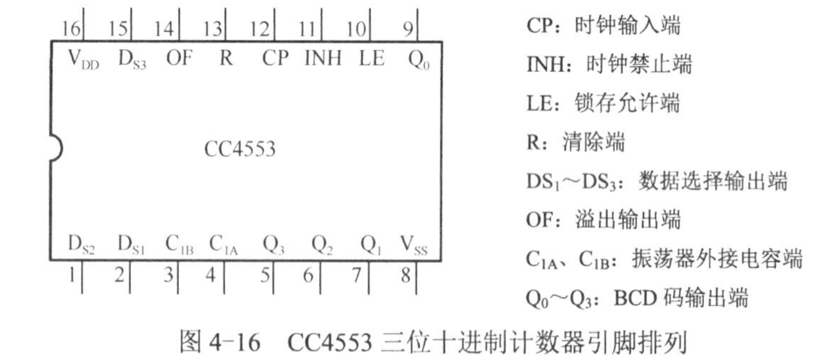

图 4-16　CC4553 三位十进制计数器引脚排列

表 4-2　CC4553 三位十进制计数器功能表

输　入				输　出
R	CP	INH	LE	
0	↑	0	0	不　变
0	↓	0	0	计　数
0	×	1	×	不　变

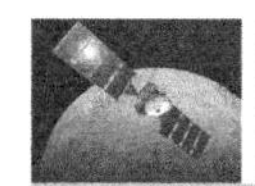

续表

输　入				输　出
R	CP	INH	LE	
0	1	↑	0	计　数
0	1	↓	0	不　变
0	0	×	×	不　变
0	×	×	↑	锁　存
0	×	×	1	锁　存
1	×	×	0	$Q_0 \sim Q_3 = 0$

综合实验课题 4.5　拔河游戏机设计

4.5.1　实验任务

给定实验设备和主要元器件，按照电路将各部分组合成一个完整的拔河游戏机。

（1）拔河游戏机需用 15 个（或 9 个）发光二极管排列成一行，开机后只有中间一个点亮，以此作为拔河的中心线，游戏双方各持一个按键，迅速地、不断地按动产生脉冲，谁按得快，亮点向谁方向移动，每按一次，亮点移动一次。移到任一方终端二极管点亮，这一方就得胜，此时双方按键均无作用，输出保持，只有经复位后才使亮点恢复到中心线。

（2）显示器显示胜者的盘数。

4.5.2　实验电路

（1）实验电路框图如图 4-17 所示。

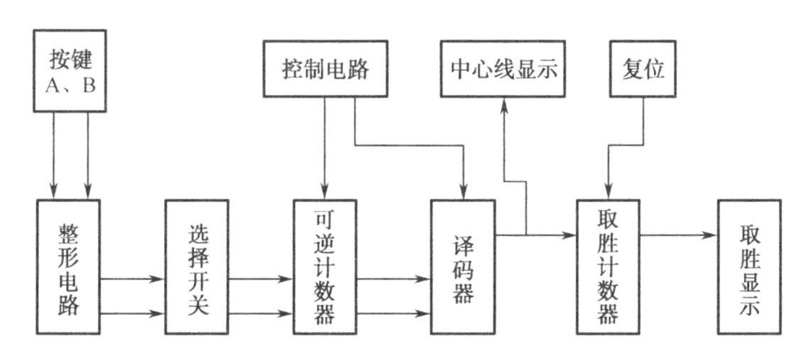

图 4-17　拔河游戏机线路框图

（2）整机电路图如图 4-18 所示。

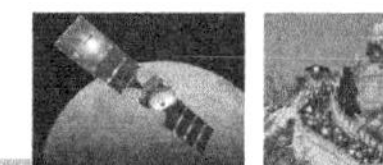

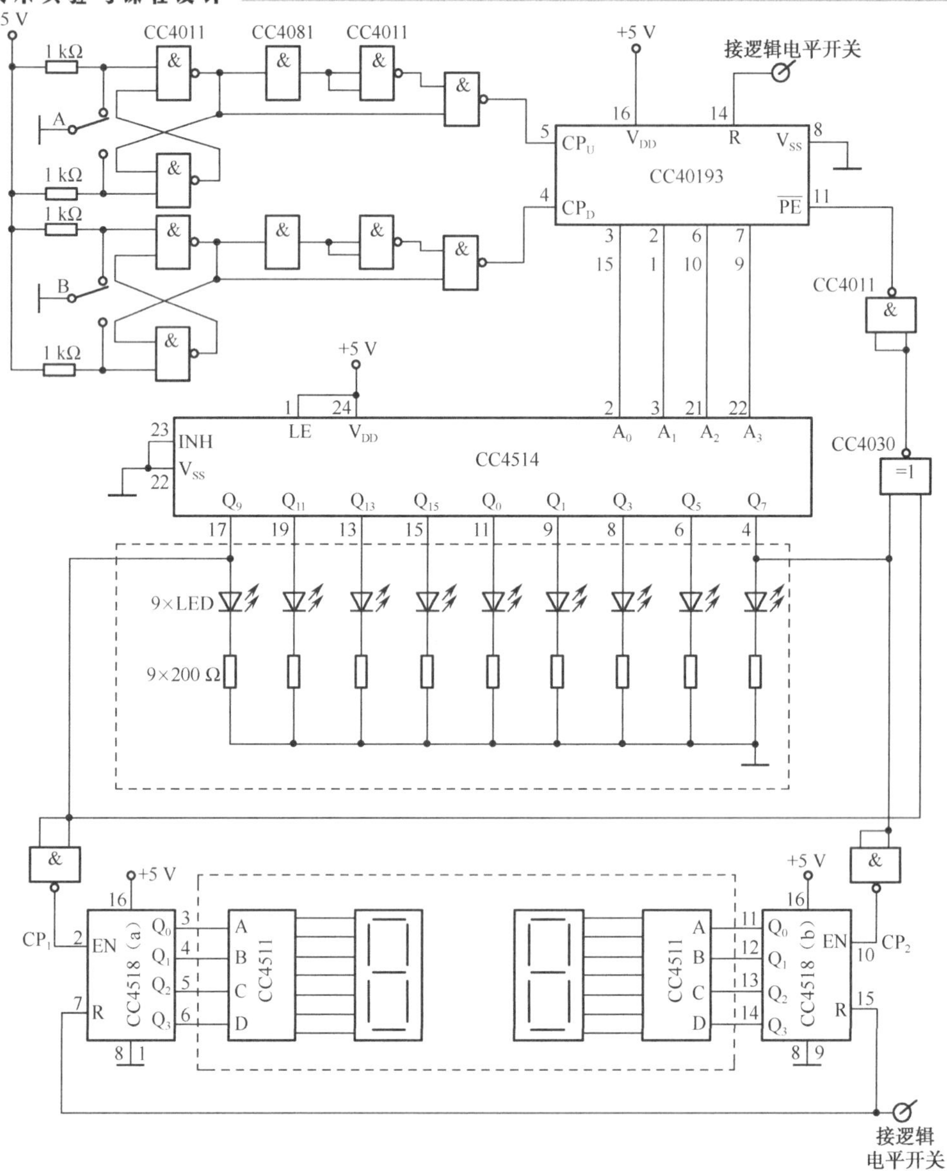

图 4-18　拔河游戏机整机电路图

4.5.3　实验设备及元器件

（1）+5 V 直流电源；

（2）译码显示器；

（3）逻辑电平开关；

（4）CC4514：4 线-16 线译码/分配器，CC40193：同步递增/递减二进制计数器，CC4518：十进制计数器，CC4081：与门，CC4011×3：与非门，CC4030：异或门；

（5）电阻 1 kΩ×4。

4.5.4 设计步骤

图 4-18 为拔河游戏机整机电路图。

可逆计数器 CC40193 原始状态输出 4 位二进制数 0000，经译码器输出使中间的一只发光二极管点亮。当按动 A、B 两个按键时，分别产生两个脉冲信号，经整形后分别加到可逆计数器上，可逆计数器输出的代码经译码器译码后驱动发光二极管点亮并产生位移，当亮点移到任何一方终端后，由于控制电路的作用，使这一状态被锁定，而对输入脉冲不起作用。如按动复位键，亮点又回到中点位置，比赛又可重新开始。

将双方终端二极管的正端分别经两个与非门后接至两个十进制计数器 CC4518 的允许控制端 EN，当任一方取胜时，该方终端二极管点亮，产生一个下降沿使其对应的计数器计数。这样，计数器的输出即显示了胜者取胜的盘数。

1. 编码电路

编码器有两个输入端、四个输出端，要进行加/减计数，因此选用 CC40193 双时钟二进制同步加/减计数器来完成。

2. 整形电路

CC40193 是可逆计数器，控制加减的 CP 脉冲分别加至 5 引脚和 4 引脚，此时当电路要求进行加法计数时，减法输入端 CP_D 必须接高电平；进行减法计数时，加法输入端 CP_U 也必须接高电平，若直接由 A、B 键产生的脉冲加到 5 引脚或 4 引脚，那就有很多时机在进行计数输入时另一计数输入端为低电平，使计数器不能计数，双方按键均失去作用，拔河比赛不能正常进行。加一整形电路，使 A、B 键出来的脉冲经整形后变为一个占空比很大的脉冲，这样就降低了进行某一计数时另一计数输入为低电平的可能性，从而使每按一次键都有可能进行有效的计数。整形电路由与门 CC4081 和与非门 CC4011 实现。

3. 译码电路

选用 4 线-16 线 CC4514 译码器。译码器的输出 Q_0～Q_{14} 分别接 15 个（或 9 个）发光二极管，二极管的负端接地，而正端接译码器。这样，当输出为高电平时发光二极管点亮。

比赛准备时，译码器输入为 0000，Q_0 输出为“1”，中心处二极管首先点亮，当编码器进行加法计数时，亮点向右移，进行减法计数时，亮点向左移。

4. 控制电路

为指示出谁胜谁负，需用一个控制电路。当亮点移到任何一方的终端时，判该方为胜，此时双方的按键均宣告无效。此电路可用异或门 CC4030 和非门 CC4011 来实现。将双方终端二极管的正极接至异或门的两个输入端，当获胜一方为“1”时，另一方则为“0”，异或门输出为“1”，经非门产生低电平“0”，再送到 CC40193 计数器的置数端 $\overline{PE}$，于是计数器停止计数，处于预置状态。由于计数器数据端 A、B、C、D 和输出端 Q_A、Q_B、Q_C、

Q_D对应相连，输入也就是输出，从而使计数器对输入脉冲不起作用。

5. 胜负显示

将双方终端二极管正极经非门后的输出分别接到两个 CC4518 计数器的 EN 端，CC4518 的两组 4 位 BCD 码分别接到实验装置的两组译码显示器的 A、B、C、D 插口处。当一方取胜时，该方终端二极管发亮，产生一个上升沿，使相应的计数器进行加 1 计数，于是就得到了双方取胜次数的显示。若一位数不够，则进行两位数的级联。

6. 复位

为能进行多次比赛，需要进行复位操作，使亮点返回中心点，可用一个开关控制 CC40193 的清零端 R 实现。

胜负显示器的复位也应用一个开关来控制胜负计数器 CC4518 的清零端 R，使其重新计数。

4.5.5 实验报告

讨论实验结果，总结实验收获。

注意：

（1）CC40193 同步递增/递减二进制计数器引脚排列及功能参照 CC40192。

（2）CC4514　4 线-16 线译码器引脚排列及功能见图 4-19 和表 4-3。

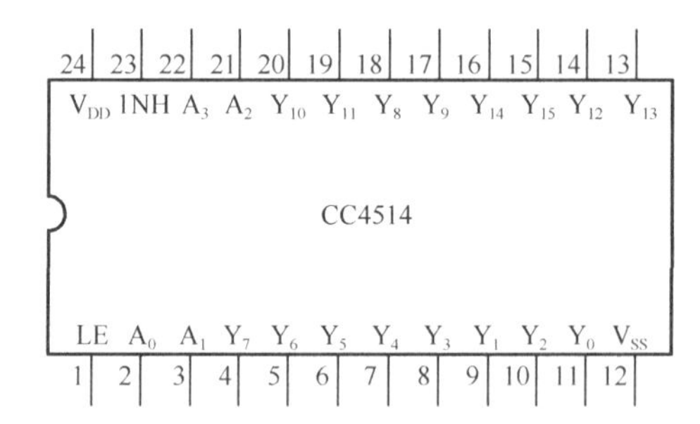

A_0～A_3—数据输入端；INH—输出禁止控制端；LE—数据锁存控制端；Y_0～Y_{15}—数据输出端

图 4-19　CC4514 引脚排列

表 4-3　CC4514 功能表

输　入						高电平输出端	输　入						高电平输出端
LE	INH	A_3	A_2	A_1	A_0		LE	INH	A_3	A_2	A_1	A_0	
1	0	0	0	0	0	Y_0	1	0	1	0	0	1	Y_9
1	0	0	0	0	1	Y_1	1	0	1	0	1	0	Y_{10}
1	0	0	0	1	0	Y_2	1	0	1	0	1	1	Y_{11}
1	0	0	0	1	1	Y_3	1	0	1	1	0	0	Y_{12}

续表

输　入						高电平输出端	输　入						高电平输出端
LE	INH	A_3	A_2	A_1	A_0		LE	INH	A_3	A_2	A_1	A_0	
1	0	0	1	0	0	Y_4	1	0	1	1	0	1	Y_{13}
1	0	0	1	0	1	Y_5	1	0	1	1	1	0	Y_{14}
1	0	0	1	1	0	Y_6	1	0	1	1	1	1	Y_{15}
1	0	0	1	1	1	Y_7	1	1	×	×	×	×	无
1	0	1	0	0	0	Y_8	0	0	×	×	×	×	①

① 输出状态锁定在上一个 LE=“1”时，A_0～A_3 的输入状态。

（3）CC4518 双十进制同步计数器引脚排列及功能见图 4-20 和表 4-4。

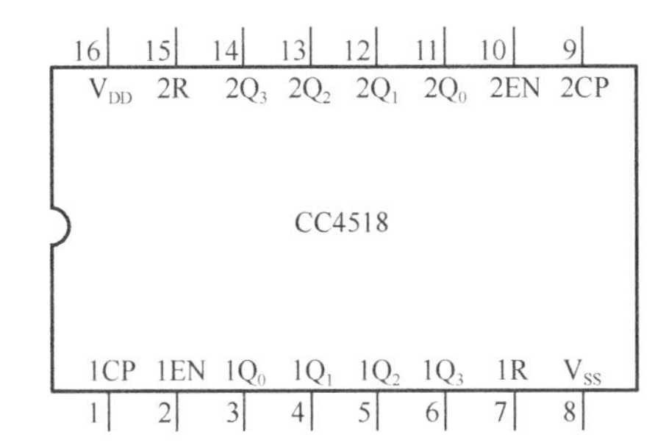

1CP、2CP—时钟输入端；1R、2R—清除端；1EN、2EN—计数允许控制端；$1Q_0$～$1Q_3$—计数器输出端；$2Q_0$～$2Q_3$—计数器输出端

图 4-20　CC4518 引脚排列

表 4-4　CC4518 功能表

输　入			输出功能
CP	R	EN	
↑	0	1	加计数
0	0	↓	加计数
↓	0	×	保持
×	0	↑	保持
↑	0	0	保持
1	0	↓	保持
×	1	×	全部为“0”

综合实验课题 4.6　随机存取存储器 2114A 及其应用

4.6.1　实验目的

了解集成随机存取存储器 2114A 的工作原理，通过实验熟悉它的工作特性、使用方法及应用。

4.6.2 实验原理

1. 随机存取存储器（RAM）

随机存取存储器（RAM）又称为读写存储器，它能存储数据、指令、中间结果等信息。在该存储器中，任何一个存储单元都能以随机次序迅速地存入（写入）信息或取出（读出）信息。随机存取存储器具有记忆功能，但停电（断电）后，所存信息（数据）会消失，不利于数据的长期保存，所以多用于中间过程暂存信息。

1）RAM 的结构和工作原理

图 4-21 所示是 RAM 的基本结构图，它主要由存储单元矩阵、地址译码器和读/写控制电路三部分组成。

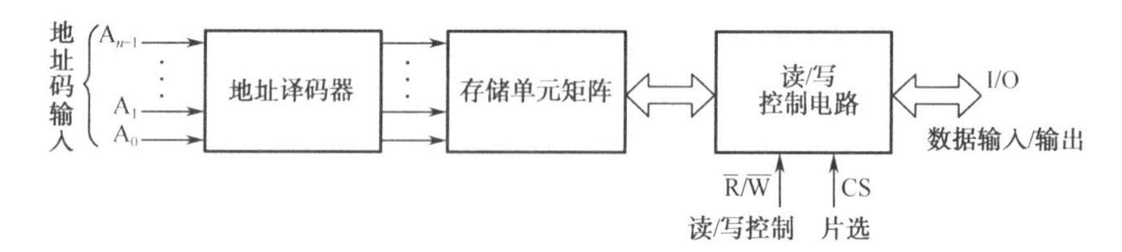

图 4-21 RAM 的基本结构图

（1）存储单元矩阵。存储单元矩阵是 RAM 的主体，一个 RAM 由若干个存储单元组成，每个存储单元可存放 1 位二进制数或 1 位二元代码。为了存取方便，通常将存储单元设计成矩阵形式，所以称为存储矩阵。存储器中的存储单元越多，存储的信息就越多，表示该存储器容量就越大。

（2）地址译码器。为了对存储矩阵中的某个存储单元进行读出或写入信息，必须首先对每个存储单元的所在位置（地址）进行编码，然后当输入一个地址码时，就可利用地址译码器找到存储矩阵中相应的一个（或一组）存储单元，以便通过读/写控制，对选中的一个（或一组）单元进行读出或写入信息。

（3）片选与读/写控制电路。由于集成度的限制，大容量的 RAM 往往由若干片 RAM 组成。当需要对某一个（或一组）存储单元进行读出或写入信息时，必须首先通过片选 CS，选中某一片（或几片），然后利用地址译码器找到对应的具体存储单元，以便读/写控制信号对该片（或几片）RAM 的对应单元进行读出或写入信息操作。

除了上面介绍的三个主要部分外，RAM 的输出常采用三态门作为输出缓冲电路。

MOS 随机存储器有动态 RAM（DRAM）和静态 RAM（SRAM）两类。DRAM 靠存储单元中的电容暂存信息，由于电容上的电荷要泄漏，故需定时充电（通称刷新）；SRAM 的存储单元是触发器，记忆时间不受限制，无须刷新。

2）2114A 静态随机存取存储器

2114A 是一种 1024 字×4 位的静态随机存取存储器，采用 HMOS 工艺制作。它的逻辑框图、引脚排列及逻辑符号如图 4-22 所示，表 4-5 是其引出端功能表。

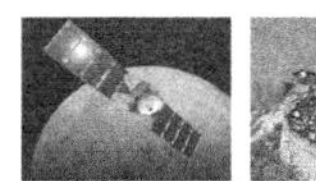

其中，有 4096 个存储单元排列成 64×64 矩阵。采用两个地址译码器，行译码（A_3～A_8）输出 X_0～X_{63}，从 64 行中选择指定的一行；列译码（A_0、A_1、A_2、A_9）输出 Y_0～Y_{15}，再从已选定的一行中选出 4 个存储单元进行读/写操作。I/O_0～I/O_3 既是数据输入端，又是数据输出端；$\overline{CS}$ 为片选信号；$\overline{WE}$ 是写使能，控制器件的读写操作。表 4-6 是器件的功能表。

（1）当器件要进行读操作时，首先输入要读出单元的地址码（A_0～A_9），并使 $\overline{WE}$ =1，给定的地址的存储单元内容（4 位）就经读/写控制传送到三态输出缓冲器，而且只能在 $\overline{CS}$=0 时才能把读出数据送到引脚（I/O_0～I/O_3）上。

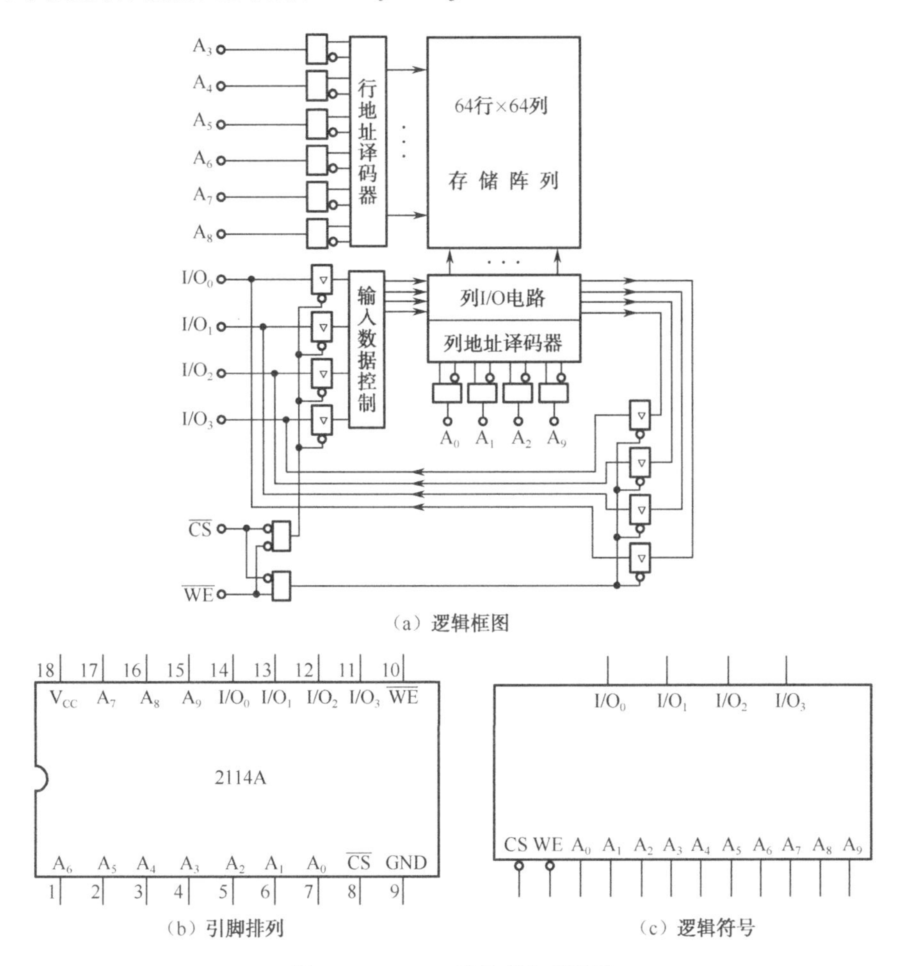

（a）逻辑框图

（b）引脚排列　　（c）逻辑符号

图 4-22　2114A 随机存取存储器

表 4-5　2114A 引出端功能

端　名	功　能
A_0～A_9	地址输入端
$\overline{WE}$	写选通
$\overline{CS}$	芯片选择
I/O_0～I/O_3	数据输入/输出端
V_{CC}	+5 V

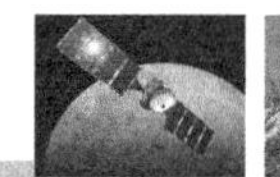

表4-6　2114A功能表

地　址	$\overline{CS}$	$\overline{WE}$	I/O_0～I/O_3
有效	1	×	高阻态
有效	0	1	读出数据
有效	0	0	写入数据

（2）当器件要进行写操作时，在 I/O_0～I/O_3 端输入要写入的数据，在 A_0～A_9 端输入要写入单元的地址码，然后再使 $\overline{WE}$=0，$\overline{CS}$=0。必须注意，在 $\overline{CS}$=0 时，$\overline{WE}$ 输入一个负脉冲，则能写入信息；同样，$\overline{WE}$=0 时，$\overline{CS}$ 输入一个负脉冲，也能写入信息。因此，在地址码改变期间，$\overline{WE}$ 或 $\overline{CS}$ 必须至少有一个为 1，否则会引起误写入，冲掉原来的内容。为了确保数据能可靠地写入，写脉冲宽度 t_{WP} 必须大于或等于手册所规定的时间区间，当写脉冲结束时，就标志这次写操作结束。

2114A具有下列特点。

（1）采用直接耦合的静态电路，不需要时钟信号驱动，也不需要刷新。

（2）不需要地址建立时间，存取特别简单。

（3）输入、输出同极性，读出是非破坏性的，使用公共的I/O端，能直接与系统总线相连接。

（4）使用单电源+5 供电，输入/输出与 TTL 电路兼容，输出能驱动一个 TTL 门和 C_L=100 pF 的负载（I_{OL}≈2.1～6 mA，I_{OH}≈-(1.0 ～1.4)mA）。

（5）具有独立的选片功能和三态输出。

（6）器件具有高速与低功耗性能。

（7）读/写周期均小于 250 ns。

随机存取存储器种类很多，2114A 是一种常用的静态存储器，是 2114 的改进型。实验中也可以使用其他型号的随机存储器。如 6116 是一种使用较广的 2048×8 的静态随机存取存储器，它的使用方法与 2114A 相似，仅多了一个 $\overline{DE}$ 输出使能端，当 $\overline{DE}$=0，$\overline{CS}$=0，$\overline{WE}$=1 时，读出存储器内信息；在 $\overline{DE}$=1，$\overline{CS}$=0，$\overline{WE}$=0 时，则把信息写入存储器。

2. 只读存储器（ROM）

只读存储器（ROM）只能进行读出操作，不能写入数据。

只读存储器可分为固定内容只读存储器 ROM、可编程只读存储器 PROM 和可抹编程只读存储器 EPROM 三大类，可抹编程只读存储器又分为紫外线擦除可编程 EPROM、电可擦编程 EEPROM 和电改写编程 EAPROM 等种类。由于 EEPROM 的改写编程更方便，所以深受用户欢迎。

1）固定内容只读存储器（ROM）

ROM 的结构与随机存取存储器（RAM）相类似，主要由地址译码器和存储单元矩阵组成，不同之处是 ROM 没有写入电路。在 ROM 中，地址译码器构成一个与门阵列，存储矩阵构成一个或门阵列。输入地址码与输出之间的关系是固定不变的，出厂前厂家已采用掩模编程的方法将存储矩阵中的内容固定，用户无法更改，所以只要给定一个地址码，就有

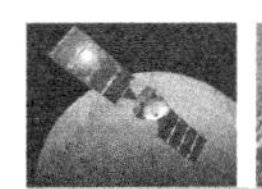

一个相应的固定数据输出。只读存储器往往还有附加的输入驱动器和输出缓冲电路。

2）可擦除编程只读存储（EPRAM）

可编程 PROM 只能进行一次编程，一经编程后，其内容就是永久性的，无法更改，用户进行设计时，常常带来很大风险，而可擦除编程只读存储器（EPROM）（或称可再编程只读存储器（RPROM）），可多次将存储器的存储内容抹去，再写入新的信息。

EPROM 可多次编程，但每次再编程写入新的内容之前，都必须采用紫外线照射以抹除存储器中原有的信息，给用户带来了一些麻烦。而另一种电可擦编程只读存储器（EEPROM），其编程和抹除是同时进行的，因此每次编程就以新的信息代替原来存储的信息。特别是一些 EEPROM 可在工作电压下随时进行改写，该特点类似随机存取存储器（RAM）的功能，只是写入时间长些（大约 20 ms）。断电后，写入 EEPROM 中的信息可长期保持不变。这些优点使得 EEPROM 广泛用于设计产品开发，特别是现场实时检测和记录，因此 EEPROM 备受用户的青睐。

3. 用 2114A 静态随机存取存储器实现数据的随机存取及顺序存取

图 4-23 所示为电路原理图，为实验接线方便，又不影响实验效果，2114A 中地址输入端保留前 4 位（A_0～A_3），其余输入端（A_4～A_9）均接地。

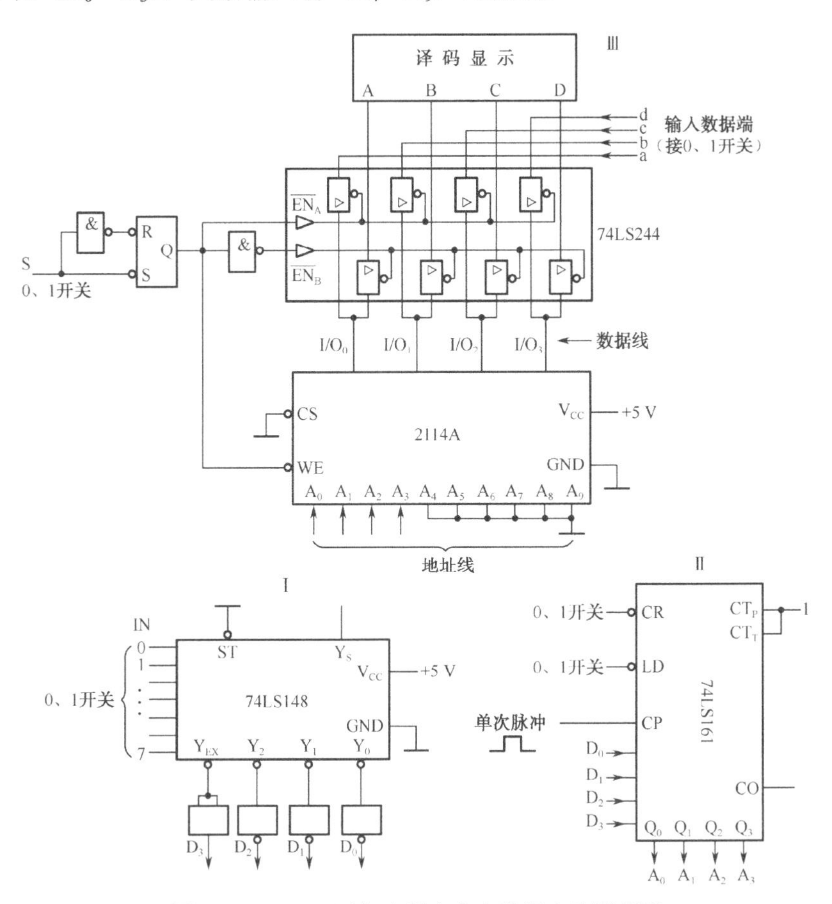

图 4-23　2114A 随机和顺序存取数据电路原理图

1）用 2114A 实现静态随机存取

如图 4-23 中单元Ⅲ所示，电路由三部分组成：①由与非门组成的基本 RS 触发器与反相器，控制电路的读写操作；②由 2114A 组成的静态 RAM；③由 74LS244 三态门缓冲器组成的数据输入输出缓冲和锁存电路。

（1）当电路要进行写操作时，输入要写入单元的地址码（A_0～A_3）或使单元地址处于随机状态；RS 触发器控制端 S 接高电平，触发器置“0”，Q=0、$\overline{EN_A}$=0，打开输入三态门缓冲器 74LS244，要写入的数据（abcd）经缓冲器送至 2114A 的输入端(I/O_0～I/O_3)。由于此时$\overline{CS}$=0，$\overline{WE}$=0，所以将数据写入了 2114A 中，为了确保数据能可靠地写入，写脉冲宽度 t_{WP} 必须大于或等于手册所规定的时间区间。

（2）当电路要进行读操作时，输入要读出单元的地址码（保持写操作时的地址码）；RS 触发器控制端 S 接低电平，触发器置“1”，Q=1，EN_B=0，打开输出三态门缓冲器 74LS244。由于此时$\overline{CS}$=0，$\overline{WE}$=1，要读出的数据（abcd）便由 2114A 内经缓冲器送至 ABCD 输出，并在译码器上显示出来。

注意：如果是随机存取，可不必关注 A_0～A_3（或 A_0～A_9）地址端的状态，A_0～A_3（或 A_0～A_9）可以是随机的，但在读/写操作中要保持一致性。

2）2114A 实现静态顺序存取

如图 4-23 所示，电路由三部分组成。单元Ⅰ：由 74LS148 组成的 8 线-3 线优先编码电路，主要是将 8 位的二进制指令进行编码形成 8421 码；单元Ⅱ：由 74LS161 二进制同步加法计数器组成的取址、地址累加等功能单元；单元Ⅲ：由基本 RS 触发器、2114A、74LS244 组成的随机存取电路。

由 74LS148 组成优先编码电路，将 8 位（IN_0～IN_7）的二进制指令编成 8421 码（D_0～D_3）输出，是以反码的形式出现的，因此输出端加了非门求反。

（1）写入。令二进制计数器 74LS161 $\overline{CR}$=0，则该计数器输出清零，清零后置$\overline{CR}$=1；令$\overline{LD}$=0，加 CP 脉冲，通过并行送数法将 D_0～D_3 赋值给 A_0～A_3，形成地址初始值，送数完成后置$\overline{LD}$=1。74LS161 为二进制加法计数器，随着每来一个 CP 脉冲，计数器输出将加 1，也即地址码将加 1，逐次输入 CP 脉冲，地址会以此累计形成一组单元地址；操作随机存取部分电路使之处于写入状态，改变数据输入端的数据 abcd，便可按 CP 脉冲所给地址依次写入一组数据。

（2）读出。给 74LS161 输出清零，通过并行送数方法将 D_0～D_3 赋值给（A_0～A_3），形成地址初始值，逐次送入单次脉冲，地址码累计形成一组单元地址；操作随机存取部分电路使之处于读出状态，便可按 CP 脉冲所给地址依次读出一组数据，并在译码显示器上显示出来。

4.6.3 实验设备与器件

（1）+5 直流电源；

（2）连续脉冲源；

（3）单次脉冲源；

（4）逻辑电平显示器；

（5）逻辑电平开关（0、1 开关）；

（6）译码显示器；

（7）2114A、74LS161、74LS148、74LS244、74LS00、74LS04。

4.6.4 实验内容

按图 4-23 接好实验线路，先断开各单元间连线。

1. 用 2114 实现静态随机存取

线路如图 4-23 中单元III所示。

（1）写入。输入要写入单元的地址码及要写入的数据；再操作基本 RS 触发器控制端 S，使 2114A 处于写入状态，即 $\overline{CS}$=0，$\overline{WE}$=0，$\overline{EN_A}$=0，则数据便写入了 2114A 中，选取三组地址码及三组数据，记入表 4-7 中。

表 4-7 测量结果 6-1

$\overline{WE}$	地址码（A_0～A_3）	数据（abcd）	2114A
0			
0			
0			

（2）读出。输入要读出单元的地址码；再操作基本 RS 触发器 S 端，使 2114A 处于读出状态，即 $\overline{CS}$=0，$\overline{WE}$=1，$\overline{EN_B}$=0，（保持写入时的地址码），要读出的数据便由数显显示出来，记入表 4-8 中，并与表 4-7 数据进行比较。

表 4-8 测量结果 6-2

$\overline{WE}$	地址码（A_0～A_3）	数据（abcd）	2114A
1			
1			
1			

2. 2114A 实现静态顺序存取

连接好图 4-23 中各单元。

（1）顺序写入数据。假设 74LS148 的 8 位输入指令中，IN_2=0，IN_0=1，IN_2～IN_7=1，经过编码得 $D_0D_1D_2D_3$=1 000，这个值送至 74LS161 输入端；给 74LS161 输出清零，然后用并行送数法将 $D_0D_1D_2D_3$=1 000 赋值给 $A_0A_1A_2A_3$=1 000，作为地址初始值；随后操作随机存取电路使之处于写入状态。至此，数据便写入了 2114A 中，如果相应地输入几个单次脉冲，改变数据输入端的数据，则能依次写入一组数据，记入表 4-9 中。

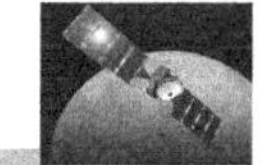

表 4-9 测量结果 6-3

CP 脉冲	地址码（A_0~A_3）	数据（abcd）	2114A
↑	1000		
↑	0100		
↑	1100		

（2）顺序读出数据。给 74LS161 输出清零，用并行送数法，将原有的 $D_0D_1D_2D_3$=1 000 赋值给 $A_0A_1A_2A_3$，操作随机存取电路使之处于读状态。连续输入几个单次脉冲，则按地址单元读出一组数据，并在译码显示器上显示出来，记入表 4-10 中，比较写入与读出数据是否一致。

表 4-10 测量结果 6-4

CP 脉冲	地址码（A_0~A_3）	数据（abcd）	2114A	显示
↑	1000			
↑	0100			
↑	1100			

4.6.5 实验报告

记录电路检测结果，并对结果进行分析。

附录A　集成电路明细表

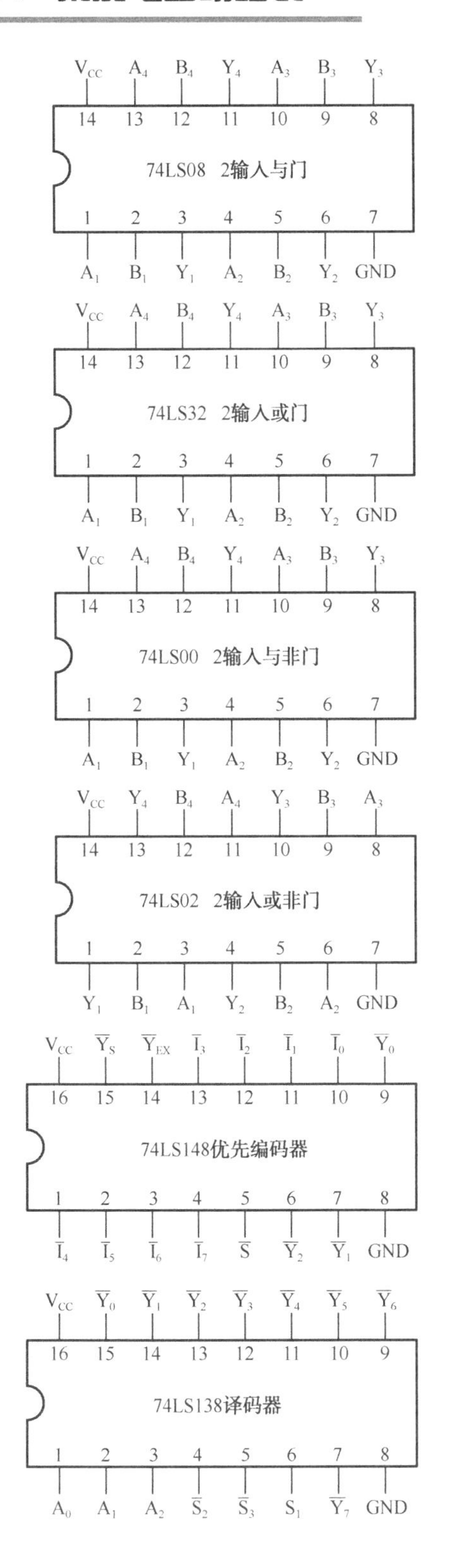

74LS08 2输入与门
74LS32 2输入或门
74LS00 2输入与非门
74LS02 2输入或非门
74LS148优先编码器
74LS138译码器

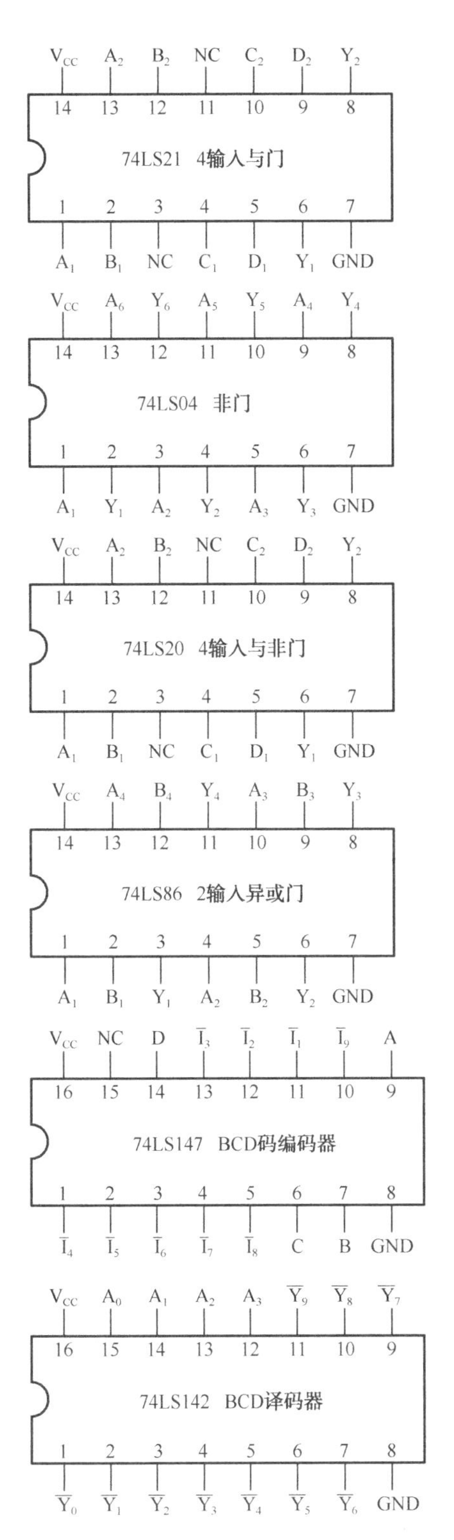

74LS21 4输入与门
74LS04 非门
74LS20 4输入与非门
74LS86 2输入异或门
74LS147 BCD码编码器
74LS142 BCD译码器

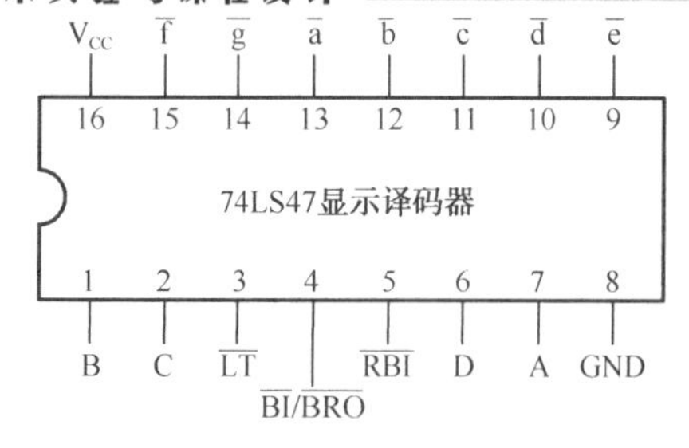
74LS47显示译码器
V_{CC} $\overline{f}$ $\overline{g}$ $\overline{a}$ $\overline{b}$ $\overline{c}$ $\overline{d}$ $\overline{e}$
16 15 14 13 12 11 10 9
1 2 3 4 5 6 7 8
B C $\overline{LT}$ $\overline{BI}/\overline{BRO}$ $\overline{RBI}$ D A GND

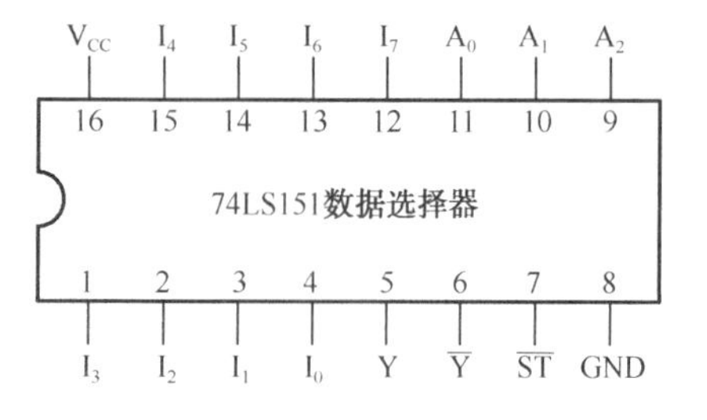
74LS151数据选择器
V_{CC} I_4 I_5 I_6 I_7 A_0 A_1 A_2
16 15 14 13 12 11 10 9
1 2 3 4 5 6 7 8
I_3 I_2 I_1 I_0 Y $\overline{Y}$ $\overline{ST}$ GND

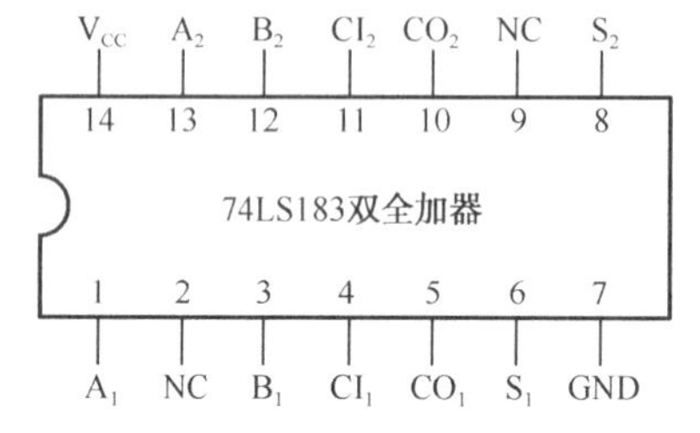
74LS183双全加器
V_{CC} A_2 B_2 CI_2 CO_2 NC S_2
14 13 12 11 10 9 8
1 2 3 4 5 6 7
A_1 NC B_1 CI_1 CO_1 S_1 GND

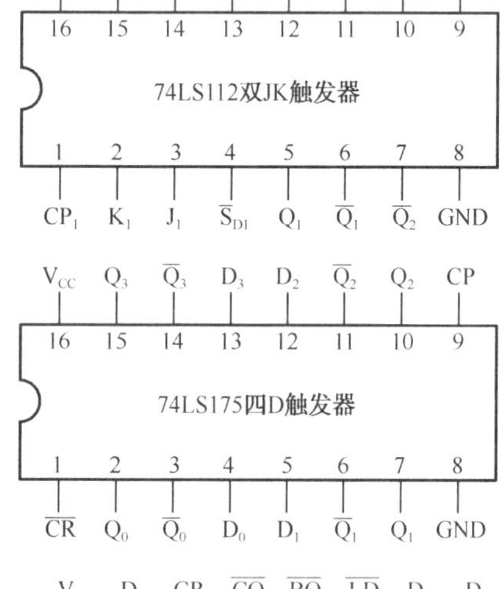
74LS112双JK触发器
V_{CC} $\overline{R}_{D1}$ $\overline{R}_{D2}$ CP_2 K_2 J_2 $\overline{S}_{D2}$ Q_2
16 15 14 13 12 11 10 9
1 2 3 4 5 6 7 8
CP_1 K_1 J_1 $\overline{S}_{D1}$ Q_1 $\overline{Q}_1$ $\overline{Q}_2$ GND
74LS175四D触发器
V_{CC} Q_3 $\overline{Q}_3$ D_3 D_2 $\overline{Q}_2$ Q_2 CP
16 15 14 13 12 11 10 9
1 2 3 4 5 6 7 8
$\overline{CR}$ Q_0 $\overline{Q}_0$ D_0 D_1 $\overline{Q}_1$ Q_1 GND

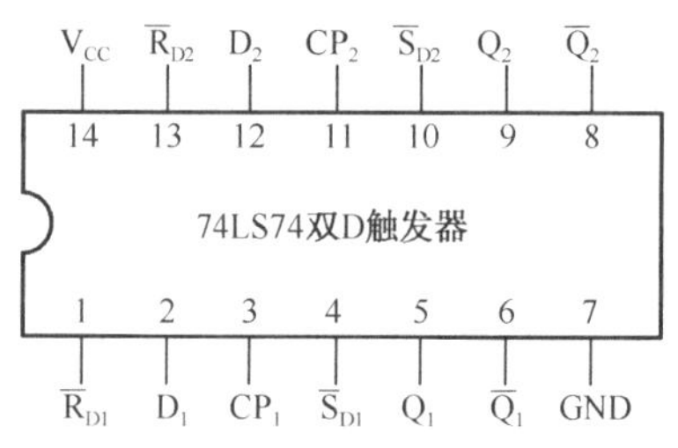
74LS74双D触发器
V_{CC} $\overline{R}_{D2}$ D_2 CP_2 $\overline{S}_{D2}$ Q_2 $\overline{Q}_2$
14 13 12 11 10 9 8
1 2 3 4 5 6 7
$\overline{R}_{D1}$ D_1 CP_1 $\overline{S}_{D1}$ Q_1 $\overline{Q}_1$ GND

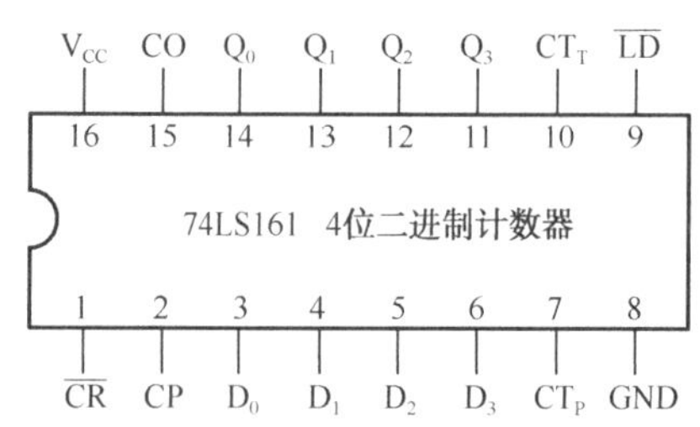
74LS161 4位二进制计数器
V_{CC} CO Q_0 Q_1 Q_2 Q_3 CT_T $\overline{LD}$
16 15 14 13 12 11 10 9
1 2 3 4 5 6 7 8
$\overline{CR}$ CP D_0 D_1 D_2 D_3 CT_P GND

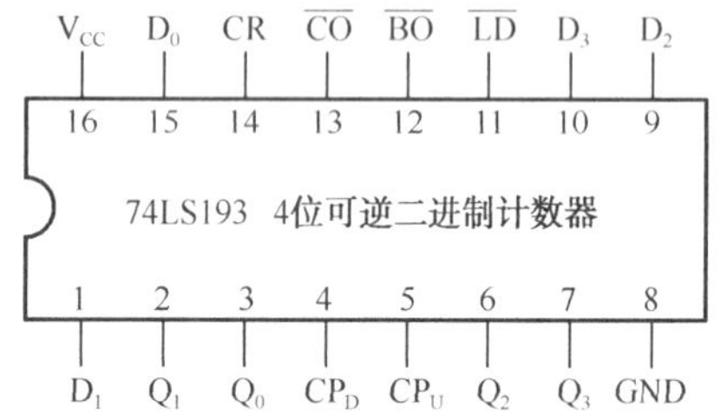
74LS193 4位可逆二进制计数器
V_{CC} D_0 CR $\overline{CO}$ $\overline{BO}$ $\overline{LD}$ D_3 D_2
16 15 14 13 12 11 10 9
1 2 3 4 5 6 7 8
D_1 Q_1 Q_0 CP_D CP_U Q_2 Q_3 GND

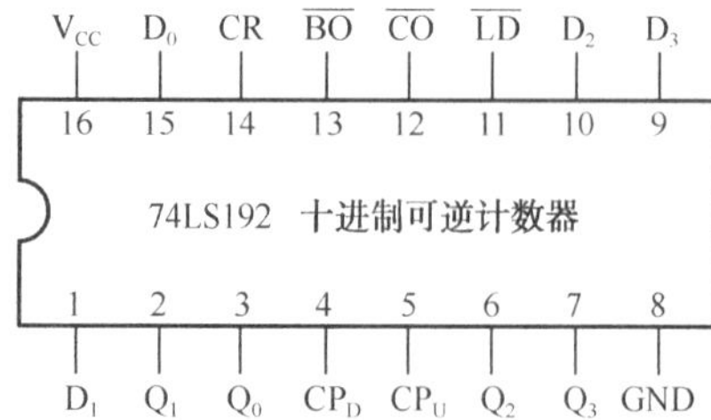
74LS192 十进制可逆计数器
V_{CC} D_0 CR $\overline{BO}$ $\overline{CO}$ $\overline{LD}$ D_2 D_3
16 15 14 13 12 11 10 9
1 2 3 4 5 6 7 8
D_1 Q_1 Q_0 CP_D CP_U Q_2 Q_3 GND

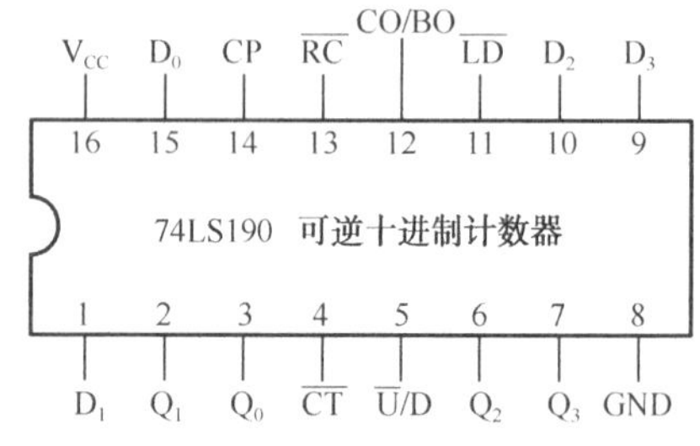
74LS190 可逆十进制计数器
V_{CC} D_0 CP $\overline{RC}$ CO/BO $\overline{LD}$ D_2 D_3
16 15 14 13 12 11 10 9
1 2 3 4 5 6 7 8
D_1 Q_1 Q_0 $\overline{CT}$ $\overline{U}/D$ Q_2 Q_3 GND

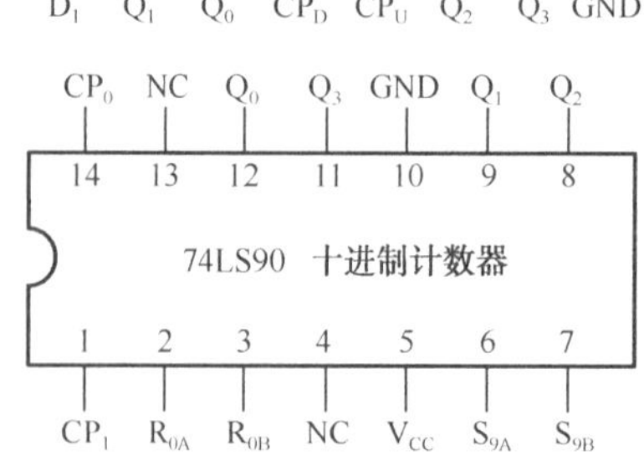
74LS90 十进制计数器
CP_0 NC Q_0 Q_3 GND Q_1 Q_2
14 13 12 11 10 9 8
1 2 3 4 5 6 7
CP_1 R_{0A} R_{0B} NC V_{CC} S_{9A} S_{9B}

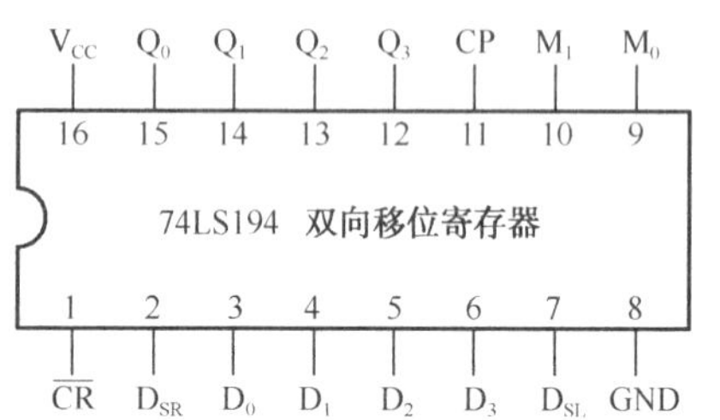
74LS194 双向移位寄存器
V_{CC} Q_0 Q_1 Q_2 Q_3 CP M_1 M_0
16 15 14 13 12 11 10 9
1 2 3 4 5 6 7 8
$\overline{CR}$ D_{SR} D_0 D_1 D_2 D_3 D_{SL} GND

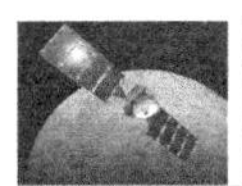

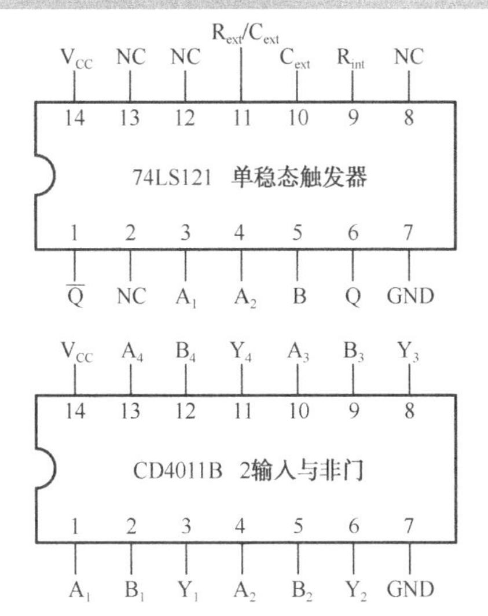

VCC NC NC Rext/Cext Cext Rint NC
14 13 12 11 10 9 8
74LS121 单稳态触发器
1 2 3 4 5 6 7
Q NC A1 A2 B Q GND
VCC A4 B4 Y4 A3 B3 Y3
14 13 12 11 10 9 8
CD4011B 2输入与非门
1 2 3 4 5 6 7
A1 B1 Y1 A2 B2 Y2 GND

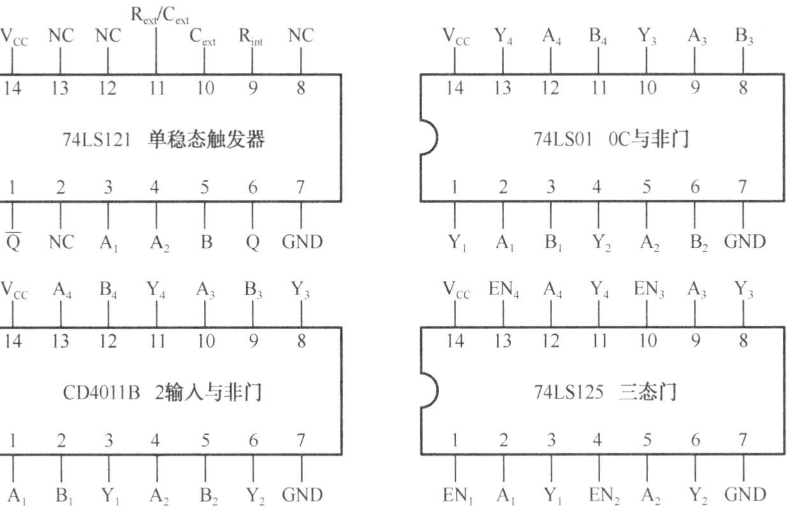

VCC Y4 A4 B4 Y3 A3 B3
14 13 12 11 10 9 8
74LS01 0C与非门
1 2 3 4 5 6 7
Y1 A1 B1 Y2 A2 B2 GND
VCC EN4 A4 Y4 EN3 A3 Y3
14 13 12 11 10 9 8
74LS125 三态门
1 2 3 4 5 6 7
EN1 A1 Y1 EN2 A2 Y2 GND

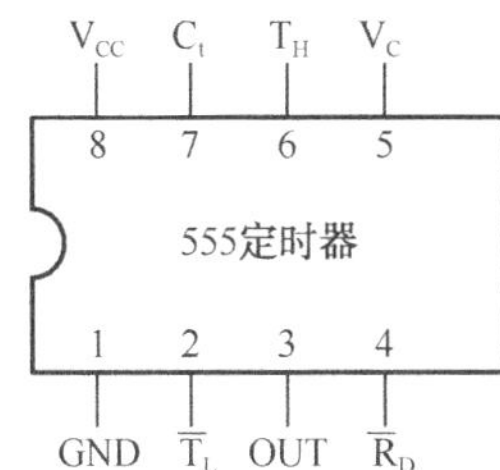

VCC C1 TH VC
8 7 6 5
555定时器
1 2 3 4
GND TL OUT RD

附录B　综合设计实训报告样例——数字频率计

一、内容提要

数字频率计是一种用十进制数字显示被测信号频率的数字测量仪器。它的基本功能是测量正弦信号、方波信号、尖脉冲信号及其他各种单位时间内变化的物理量。

报告讲述了数字频率计的工作原理及其各个组成部分，记述了整个设计过程中对各个部分的设计思路、对各部分电路设计方案的选择、元器件的筛选，以及对它们的调试、对调试结果的分析，最后得到比较满意的实验结果的过程。

二、设计内容及要求

要求设计一个简易的数字频率计，其信号是给定的脉冲信号，是比较稳定的。

（1）测量信号：方波。

（2）测量频率范围：1～9 999 Hz，10～10 kHz。

（3）显示方式：4 位十进制数显示。

（4）时基电路由 555 定时器及分频器组成，555 振荡器产生脉冲信号，经分频器分频产生时基信号，其脉冲宽度分别为：1 s 和 0.1 s。

当被测信号的频率超出测量范围时报警。

三、设计思路及原理

数字频率计由四部分组成：时基电路、闸门电路、逻辑控制电路及可控制的计数、译码、显示电路。

由 555 定时器、分级分频系统及门控制电路得到具有固定宽度 T 的方波脉冲作门控制信号，时间基准 T 称为闸门时间。宽度为 T 的方波脉冲控制闸门的一个输入端 B，被测信号频率为 f_x，周期为 T_x，到闸门另一输入端 A。当门控制电路的信号到来后，闸门开启，周期为 T_x 的信号脉冲和周期为 T 的门控制信号结束时过闸门，于输出端 C 产生脉冲信号到计数器，计数器开始工作，直到门控信号结束，闸门关闭。在整个电路中，时基电路是关键，闸门信号脉冲宽度是否精确直接决定了测量结果是否精确。

因此可得出数字频率计的原理框图如图 B-1 所示。

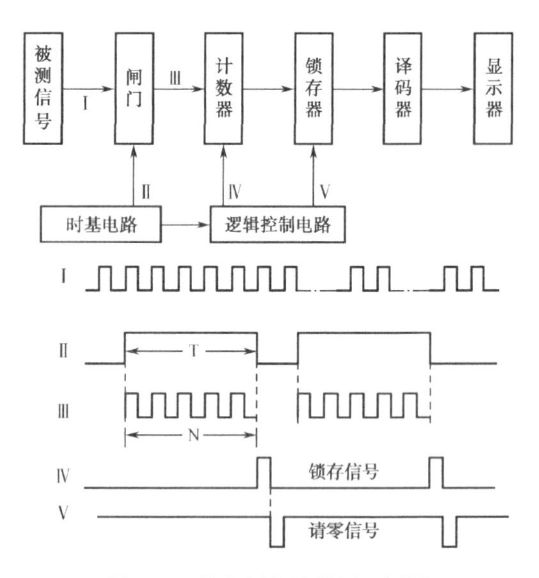

图 B-1　数字频率计的原理框图

四、设计分析

1. 时基电路

其基本电路图如图 B-2 所示。

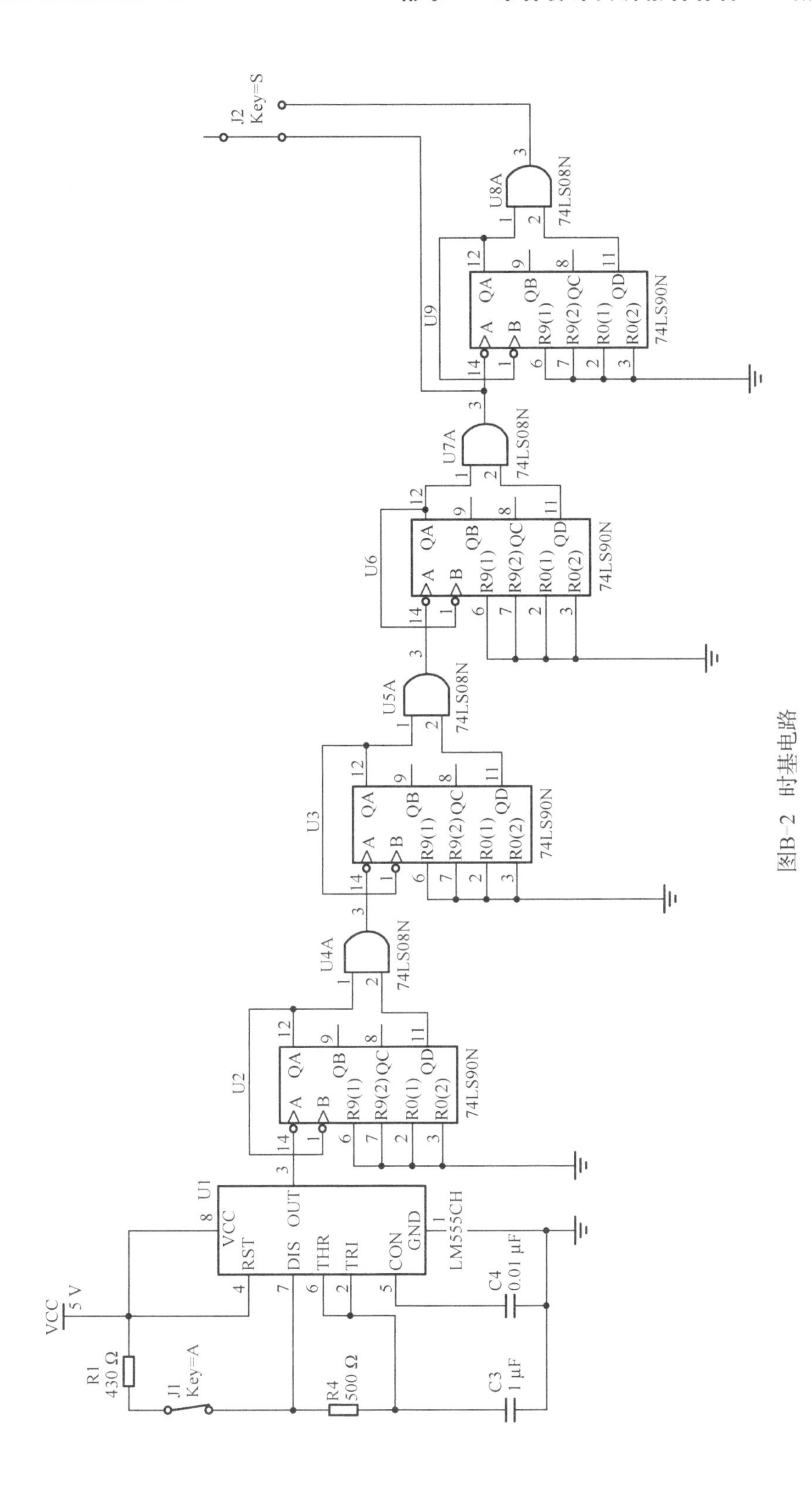
VCC
5 V
R1
430 Ω
J1
Key=A
R4
500 Ω
C3
1 μF
C4
0.01 μF
U1
LM555CH
VCC
RST
DIS
THR
TRI
CON
GND
OUT
U2
U3
U6
U9
74LS90N
QA
QB
QC
QD
A
B
R9(1)
R9(2)
R0(1)
R0(2)
U4A
U5A
U7A
U8A
74LS08N
J2
Key=S

图B-2 时基电路

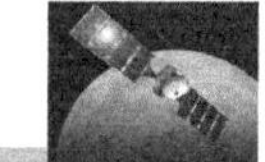

它由两部分组成。

第一部分为 555 定时器组成的振荡器（即脉冲产生电路），要求其产生 1 000 Hz 的脉冲。振荡器的频率计算公式为：$f=1.43/((R_1+2\times R_2)\times C)$。因此可以计算出各个参数。通过计算确定了 R_1 取 430 Ω，R_2 取 500 Ω，电容取 1 μF。这样可以得到比较稳定的脉冲。

第二部分为分频电路，主要由 74LS90 组成。因为振荡器产生的是 1 000 Hz 的脉冲，也就是其周期是 0.001 s，而时基信号要求为 0.1 s 和 1 s。因此，利用十分频的电路比较好。分频后的脉冲宽度计算公式为：$t_w=T$（T 为振荡器的周期）。而其周期 $T_1=10T$，所以一级分频后 t_w=0.001 s，T_1=0.01 s。依次类推 0.1 s 的脉冲宽度需要三次分频，1 s 的脉冲宽度需要四次分频。

分频电路如图 B-3 所示。

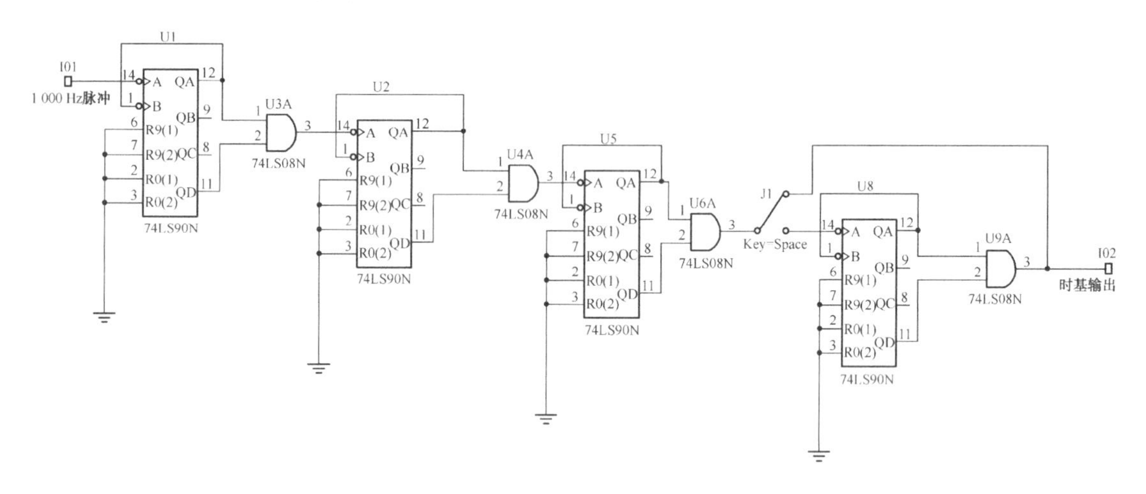

图 B-3　分频电路

其中一级分频后的波形如图 B-4 所示。

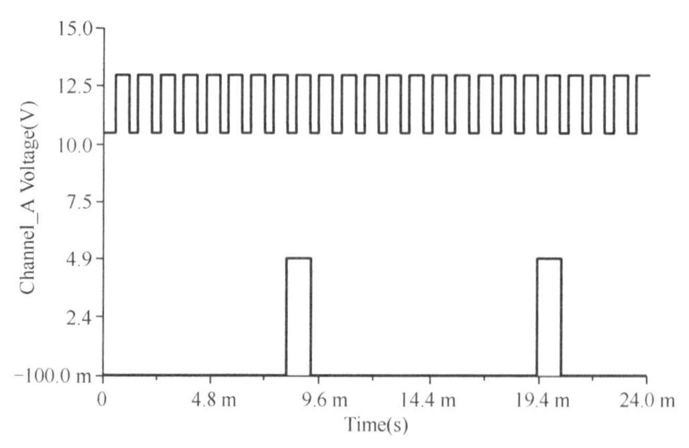

注：上面的波形为振荡器产生的。

图 B-4　一级分频波形比较

由此可见，设计的电路是正确的。

2. 逻辑控制电路

根据原理框图所示的波形，在时基信号 II 结束时产生的负跳变用来产生锁存信号 IV，锁存信号 IV 的负跳变又用来产生清零信号 V，脉冲信号 IV 和 V 可由两个单稳态触发器 74LS121 产生，它们的脉冲宽度由电路的时间常数决定。设锁存信号 IV 和清零信号 V 的脉冲宽度 t_w 相同，根据 $t_w=0.7R_{ext}\times C_{ext}$ 可以计算出各个参数。这样脉冲从 A1 端输入可以产生锁存信号和清零信号，其要求刚好满足 IV 和 V 的要求，当手动开关按下时，计数器清零。

其电路图如图 B-5 所示。

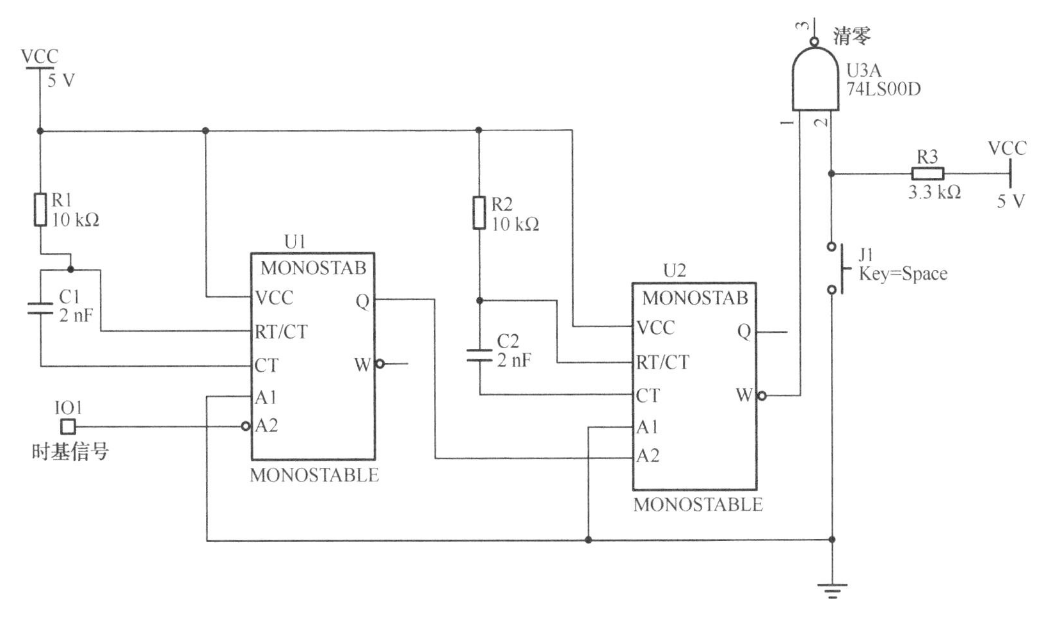

图 B-5

锁存信号波形比较如图 B-6 所示。

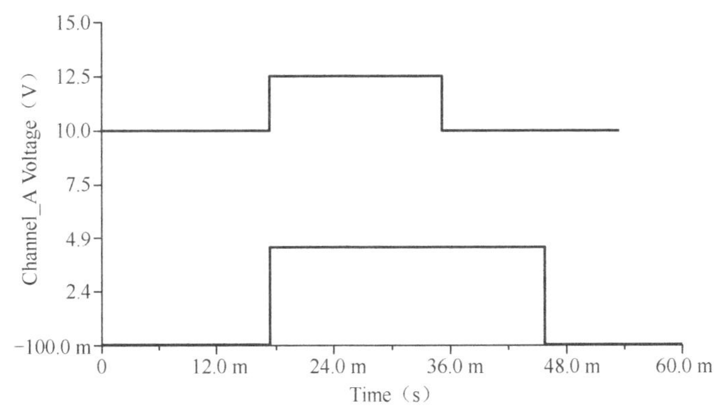

注：上面的波形为输入信号。

图 B-6　锁存信号波形比较

清零信号调试结果如图 B-7 所示。

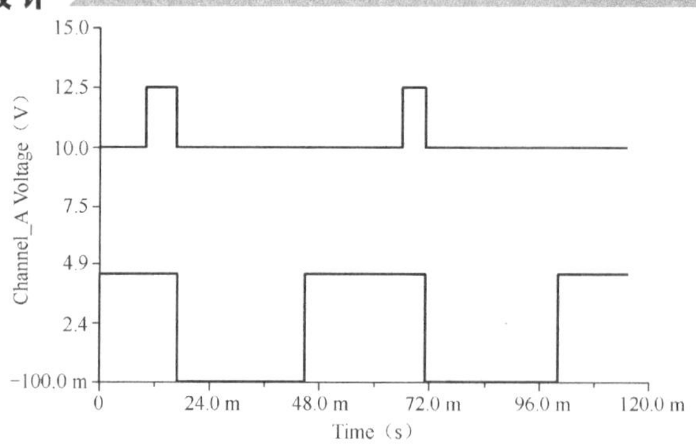

注：上面的波形为输入信号。

图 B-7　清零信号调试结果

由调试波形可以看出设计的电路是正确的。

3. 计数、译码、显示电路

计数、译码、显示电路原理图如图 B-8 所示。

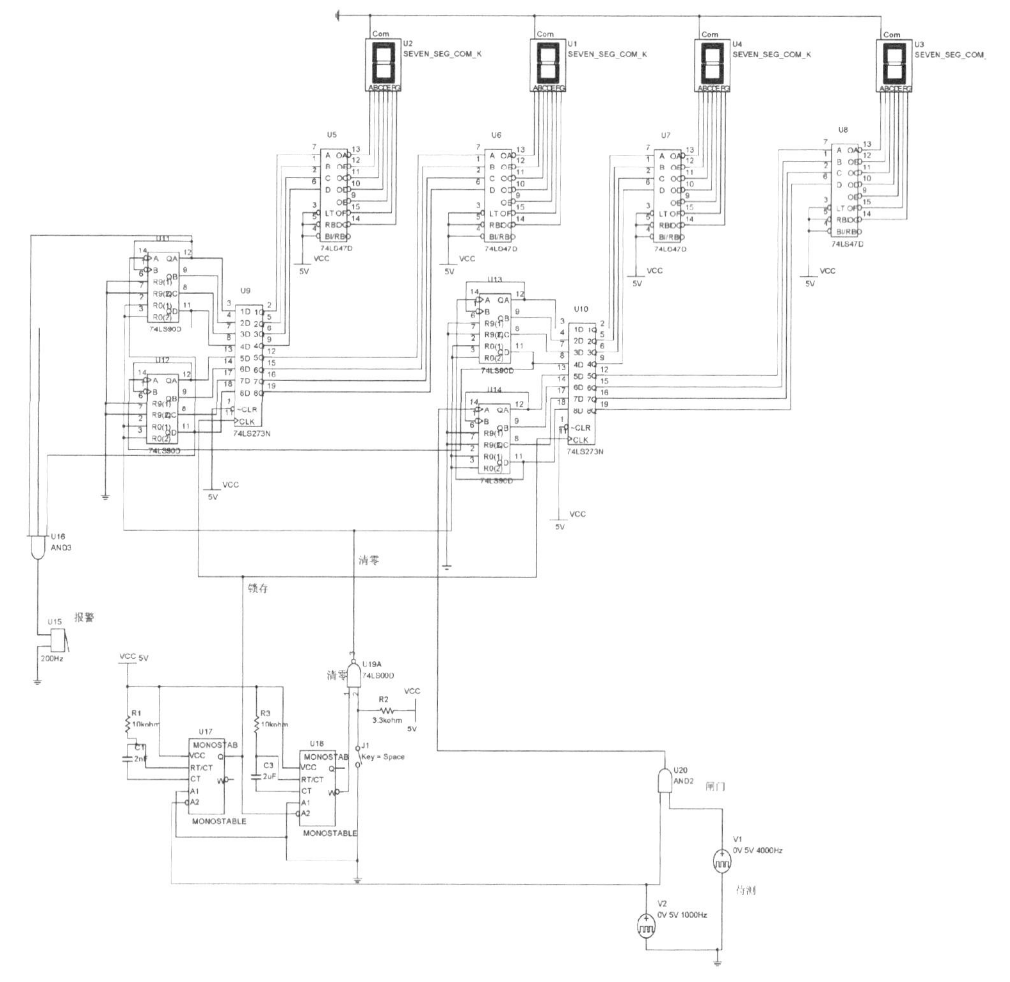

图 B-8　原理电路图

4. 报警系统

本电路要求用 4 位数字显示，最高显示为 9999。因此，超过 9999 就要报警，即当千位达到 9（即 1001）时，如果百位上再来一个时钟脉冲（即进位脉冲），就可以利用此系统来控制蜂鸣器报警。电路如图 B-9 所示。

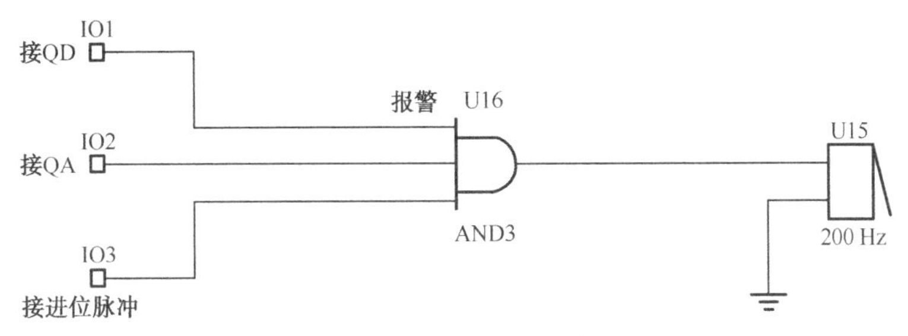

图 B-9 报警系统电路

五、使用的元器件

使用的元器件见表 B-1。

表 B-1 元器件列表

元 件 名 称	规格及用途	数 量
74LS90N	时基电路	4
74LS90D	计数器	4
74LS273N	锁存器	2
74LS47D	译码器	4
74LS121	逻辑控制电路	2
74LS00	（与非门）闸门	1
74LS08	与门	4
555 定时器	产生 1000Hz 脉冲	1
蜂鸣器	报警系统	1
七段显示器	显示频率值	4
电容	2.0 nF	2
电容	1 μF，0.01 μF	各 1 个
电阻	10 kΩ	2
电阻	500 Ω、3.3 kΩ、430 Ω	各 1 个
三输入与门	U16、AND3	1

六、参考文献

[1] 张祥丽．数字电子技术实验与课程设计[M]．北京：北京理工大学出版社，2011.
[2] 候传教．数字逻辑电路实验[M]．北京：电子工业出版社，2009.

七、心得体会

本次实习是我到目前为止收获最大的一次实习。设计是我们将来必需的技能，这次实习恰恰给我们提供了一个应用自己所学知识的机会，从到图书馆查找资料到对电路的设计、对电路的调试，再到最后电路的成型，都对我所学的知识进行了检验。可以说，本次实习有苦也有甜。

设计思路是最重要的，只要设计思路是成功的，设计就已经成功了一半。因此我们应该在设计前做好充分的准备，如查找详细的资料，这将为我们设计的成功打下坚实的基础。

制作过程是一个考验人耐心的过程，不能有丝毫的急躁、马虎，对电路的调试要一步一步来，不能急躁，因为是在计算机上调试，比较慢，又要求我们有一个比较正确的调试方法，如把频率调快等。这就要我们要灵活处理，在不影响试验的前提下可以加快进度。只有熟练地掌握课本上的知识，才能对试验中出现的问题进行分析和解决。

参 考 文 献

[1] [美] Thomas L. Floyd. 数字电子技术（第10版）余璆，译. 北京：电子工业出版社，2014.
[2] 毕秀梅. 数字电子技术. 北京：化学工业出版社，2014.
[3] 海波. 数字电子技术基础. 北京：清华大学出版社，2013.
[4] 陈杰，戴丽萍. 模拟电子技术. 北京：经济科学出版社，2010.
[5] 崔玫，姜献忠. 模拟电子技术. 北京：清华大学出版社，2011.
[6] 黎一强，刘冬香. 模拟电子技术. 北京：中国人民大学出版社，2014.
[7] 季忠华，李哲. 电工电子技术（第 2 版）. 北京：北京航空航天大学出版社，2010.
[8] 贾海瀛. 数字电子技术. 北京：中国电力出版社，2013.
[9] 陈颖. 电子技术. 北京：中国人民大学出版社，2013.
[10] 徐旻. 电子技术及技能训练（第2版）. 北京：电子工业出版社，2011.

反侵权盗版声明